大数据技术丛书

Hadoop 3 大数据技术快速入门

牛搞 编著

清华大学出版社
北京

内 容 简 介

本书基于 Hadoop 3.3.0，覆盖 Hadoop、HBase、Hive 的核心概念、实践应用、程序开发等方面的内容，帮你快速解决大数据是什么和怎么用的问题，书中还利用 Docker 来部署 Hadoop 分布式集群，让你同时学会 4 种流行的技术。

本书共 9 章，主要内容包括 Hadoop 概述、HDFS 原理详解、Yarn 原理详解、Hadoop 系统配置、高可用 Hadoop 配置、HDFS 编程、MapReduce 编程、Hive 实战、HBase 实战。

本书从案例入手、通俗易懂，能使读者在最短时间内迅速掌握 Hadoop 大数据技术。本书既适合 Hadoop 大数据初学者、大数据应用开发人员、大数据处理人员使用，也适合高等院校和培训机构大数据相关专业的师生教学参考。

本书封面贴有清华大学出版社防伪标签，无标签者不得销售。
版权所有，侵权必究。举报：010-62782989，beiqinquan@tup.tsinghua.edu.cn。

图书在版编目（CIP）数据

Hadoop 3 大数据技术快速入门 / 牛搞编著. —北京：清华大学出版社，2021.8（2023.8重印）
（大数据技术丛书）
ISBN 978-7-302-58646-3

Ⅰ. ①H… Ⅱ. ①牛… Ⅲ. ①数据处理软件—教材 Ⅳ. ①TP274

中国版本图书馆 CIP 数据核字（2021）第 142457 号

责任编辑：夏毓彦
封面设计：王 翔
责任校对：闫秀华
责任印制：曹婉颖

出版发行：清华大学出版社
网　　址：http://www.tup.com.cn，http://www.wqbook.com
地　　址：北京清华大学学研大厦 A 座　　　　邮　编：100084
社 总 机：010-83470000　　　　　　　　　　邮　购：010-62786544
投稿与读者服务：010-62776969，c-service@tup.tsinghua.edu.cn
质量反馈：010-62772015，zhiliang@tup.tsinghua.edu.cn

印 装 者：三河市君旺印务有限公司
经　　销：全国新华书店
开　　本：190mm×260mm　　　印 张：16　　　字　数：431 千字
版　　次：2021 年 9 月第 1 版　　　　　　　　印　次：2023 年 8 月第 4 次印刷
定　　价：59.00 元

产品编号：093197-01

前　　言

当前已完全进入大数据时代，人们忽然发现积累十几年的老数据里竟然埋着巨大的财富。大数据技术无处不在，正在迅速深度融入金融、汽车、零售、餐饮、电信、能源、政务、医疗、体育、娱乐等在内的社会各行各业，并为它们带来效益的显著提升。所以说：数据就是生产力！大数据技术的广泛应用以及国家层面的大力推进，使得大数据人才的需求相当巨大。

对软件工程师来讲，大数据几乎已成必备技能或为自己加分的辅助技能，每个程序员都应该了解大数据，快速学习大数据技术已成为程序员的一种迫切需求。然而，找一本既系统讲解Hadoop的主要概念和原理，又通俗易懂、适合零基础入门的大数据图书是很难的，而本书就是为解决这个问题创作的。作者认为，世上没有难以理解的技术，只是因为说了行话而没有说"人"话。本书没有事无巨细地将所有内容都罗列进来，因为本书不是开发手册，本书关注的是快速理解、无痛入门，为读者自学和提高奠定基础，铺平道路。

代码下载与技术支持

本书配套的代码，请用微信扫描右边的二维码下载，可以按扫描后的页面提示，填写自己的邮箱，把链接转发到邮箱中下载。如果有疑问，请联系技术支持邮箱 booksaga@163.com，邮件主题为"Hadoop3 大数据技术快速入门"。

读者对象

- Hadoop 大数据技术初学者
- Hadoop 大数据应用开发人员
- Hadoop 大数据处理人员
- 高等院校、中职学校和培训机构的师生

编　者
2021 年 5 月

目 录

第1章 概述 ·· 1
1.1 什么是大数据 ·· 1
1.1.1 大数据系统的定位 ·· 1
1.1.2 与传统分布式系统的区别 ·· 1
1.1.3 成功的大数据系统项目 ·· 2
1.2 Hadoop 的原理 ·· 2
1.2.1 存储与资源调度 ·· 2
1.2.2 计算框架原理 ·· 2
1.3 总结 ··· 5

第2章 HDFS 原理详解 ··· 6
2.1 主从节点架构 ··· 6
2.2 数据冗余 ··· 7
2.3 fsimage 与 edits ··· 8
2.4 SecondaryNameNode ·· 9
2.5 HA ·· 10
2.6 自动故障转移 ·· 11
2.7 ZooKeeper ··· 13
2.8 防脑裂 ·· 14
2.9 联邦 ·· 15
2.10 总结 ··· 16

第3章 Yarn 原理详解 ·· 17
3.1 概述 ·· 17
3.2 作业调度策略 ·· 19
3.2.1 容量调度器 ·· 19
3.2.2 公平调度器 ·· 21
3.2.3 队列其他事项 ·· 22

3.3　Yarn 与 MapReduce 程序 ·· 22

第 4 章　配置 Hadoop 系统 ··· 24

4.1　Docker 简介 ·· 24
4.2　安装 Docker ·· 25
　　4.2.1　Windows、macOS 做宿主系统 ·· 25
　　4.2.2　Linux 做宿主系统 ·· 26
　　4.2.3　测试 Docker 容器 ·· 30
4.3　创建 Hadoop 容器 ··· 32
4.4　配置独立模式 Hadoop ··· 34
4.5　配置伪分布 Hadoop ··· 37
　　4.5.1　安装并配置 SSH ·· 37
　　4.5.2　安装其他命令行程序 ·· 38
　　4.5.3　编辑 core-site.xml ·· 38
　　4.5.4　编辑 hdfs-site.xml ·· 39
　　4.5.5　编辑 mapred-site.xml ·· 40
　　4.5.6　编辑 yarn-site.xml ·· 40
　　4.5.7　编辑 hadoop-env.sh ·· 41
　　4.5.8　运行伪分布式 Hadoop ·· 41
　　4.5.9　状态监控 ·· 43
4.6　基于 Dockerfile 的伪分布 Hadoop ·· 45
　　4.6.1　Dockerfile ·· 45
　　4.6.2　构建 Hadoop 镜像 ·· 46
　　4.6.3　运行容器 ·· 47
　　4.6.4　配置 Hadoop ·· 48
4.7　配置全分布式 Hadoop ··· 49
　　4.7.1　组件部署架构 ·· 49
　　4.7.2　配置思路 ·· 50
　　4.7.3　修改配置文件 ·· 50
　　4.7.4　创建集群 ·· 51
　　4.7.5　启动集群 ·· 53
4.8　Windows 下运行 Hadoop ··· 55
　　4.8.1　配置独立模式 Hadoop ·· 55
　　4.8.2　配置伪分布式 Hadoop ·· 56

4.9 Yarn 调度配置 ·· 60
　　4.9.1 容量调度器 ·· 61
　　4.9.2 公平调度器 ·· 63

第 5 章　配置高可用 Hadoop ·· 66

5.1 HDFS 高可用 ··· 66
　　5.1.1 组件部署架构 ··· 66
　　5.1.2 修改配置文件 ··· 67
　　5.1.3 创建镜像 ·· 70
　　5.1.4 创建 HA HDFS 集群 ·· 72
　　5.1.5 运行 HA HDFS ·· 73
　　5.1.6 测试 HA HDFS ·· 74
　　5.1.7 NameNode 自动故障转移 ··· 75
5.2 Yarn 高可用 ·· 78

第 6 章　HDFS 编程 ··· 81

6.1 安装开发工具 ··· 81
　　6.1.1 安装 Git ·· 81
　　6.1.2 安装 Maven ·· 83
　　6.1.3 安装 VSCode ·· 84
　　6.1.4 安装 VSCode 插件 ··· 85
6.2 Native 编程 ··· 87
　　6.2.1 创建 HDFS 客户端项目 ··· 87
　　6.2.2 示例 1：查看目录状态 ·· 91
　　6.2.3 添加依赖库 ·· 92
　　6.2.4 运行程序 ·· 96
　　6.2.5 示例 2：创建目录和文件 ·· 97
　　6.2.6 示例 3：读取文件内容 ·· 99
　　6.2.7 示例 4：上传和下载文件 ·· 100
6.3 WebHDFS 与 HttpFS ··· 101
　　6.3.1 WebHDFS ··· 101
　　6.3.2 VSCode 插件 RestClient ·· 103
　　6.3.3 HttpFS ··· 104

第 7 章　MapReduce 编程 · 106

- 7.1　准备测试环境与创建项目 · 106
- 7.2　添加 MapReduce 逻辑 · 107
  - 7.2.1　添加 Map 类 · 108
  - 7.2.2　添加 Reduce 类 · 109
- 7.3　创建 Job · 110
- 7.4　添加依赖库 · 111
- 7.5　运行程序 · 112
- 7.6　查看运行日志 · 114
- 7.7　在 Hadoop 中运行程序 · 116
- 7.8　Combiner · 117
- 7.9　Mapper 与 Reducer 数量 · 119
- 7.10　实现 SQL 语句 · 120
  - 7.10.1　简单查询 · 120
  - 7.10.2　排序 · 127
  - 7.10.3　复杂排序 · 129
  - 7.10.4　分区 · 132
  - 7.10.5　组合 · 134
  - 7.10.6　总结 · 135
- 7.11　实现 SQL JOIN · 136
  - 7.11.1　INNER JOIN · 136
  - 7.11.2　MapReduce 实现 JOIN · 137
  - 7.11.3　Mapper JOIN · 142
  - 7.11.4　DistributedCache · 146
- 7.12　Counter · 148
- 7.13　其他组件 · 149
- 7.14　升级版的 WordCount · 150
- 7.15　分布式 k-means · 154
  - 7.15.1　Mapper 类 · 155
  - 7.15.2　Reducer 类 · 156
  - 7.15.3　执行任务的方法 · 158
  - 7.15.4　辅助类 · 159
  - 7.15.5　运行 · 162

	7.15.6 MapReduce 深入剖析	162

第 8 章 Hive — 166

- 8.1 Hive 的设计架构 — 166
- 8.2 运行架构 — 167
- 8.3 安装配置 Hive3 — 168
  - 8.3.1 安装依赖软件 — 168
  - 8.3.2 创建 Hive 镜像 Dockerfile — 170
  - 8.3.3 创建 docker-compose.yml — 171
  - 8.3.4 Hadoop 配置调整 — 172
  - 8.3.5 为 Hive 准备数据库 — 172
- 8.4 运行 Hive3 — 173
- 8.5 其他运行方式 — 175
  - 8.5.1 MetaStore 单独运行 — 175
  - 8.5.2 嵌入 Meta 数据库 — 176
  - 8.5.3 HiveServer2 与 beeline 合体 — 176
- 8.6 Hive 数据管理 — 176
  - 8.6.1 基本操作 — 177
  - 8.6.2 Hive 表 — 178
  - 8.6.3 数据倾斜 — 189
- 8.7 Hive 查询优化 — 190
- 8.8 索引 — 192
- 8.9 HCatalog — 192
- 8.10 Hive 编程 — 194
  - 8.10.1 JDBC 操作 Hive — 194
  - 8.10.2 自定义函数 — 196
- 8.11 总结 — 208

第 9 章 HBase — 209

- 9.1 什么是 HBase — 209
- 9.2 HBase 架构 — 210
- 9.3 安装与配置 — 211
  - 9.3.1 独立模式运行 — 211
  - 9.3.2 伪分布模式 — 215

9.3.3 全分布模式 216

9.4 基本数据操作 218

9.4.1 表管理 218

9.4.2 添加数据 220

9.4.3 修改数据 221

9.4.4 获取数据 221

9.4.5 删除数据 223

9.5 HBase 设计原理 224

9.5.1 Region 224

9.5.2 定位数据 225

9.5.3 数据存储模型 226

9.5.4 快速写的秘密 227

9.5.5 快速读的秘密 228

9.5.6 合并 StoreFile 229

9.5.7 Region 拆分与合并 229

9.5.8 故障恢复 230

9.5.9 总结 231

9.6 HBase 应用编程 232

9.6.1 Java API 访问 HBase 232

9.6.2 使用扫描过滤器 238

9.6.3 MapReduce 访问 HBase 表 239

9.7 总结 245

后记 246

第 1 章

概 述

1.1 什么是大数据

大数据并非是一大堆数据，而是一套可以对大量数据执行处理运算的框架（框架是库的组合，复杂系统的开发仅提供单个库是无法支持的，所以必须提供很多库）和一些工具软件的集合。这套系统是人们为了分析、处理大量数据而创建的，它的核心思想是并行运算。说到并行运算，最初的方式是指一台计算机中的多线程或多进程运算，但是人们不会满足于此，因为计算机性能的增长比不上数据量的增长速度，于是人们开始研究跨计算机的并行运算，即用多台计算机参与同一堆数据的处理，这叫作分布式并行运算。实际上，大数据指的是一个分布式并行运算系统。

由此可知，我们经常挂在嘴上的"大数据"重点是指一套分布式并行运算系统，当然其中也隐含有大量数据的意思，因为这套系统更适合处理大量数据，数据少的话也不是不能用，但就像拿大炮打蚊子，既费钱又费时。

1.1.1 大数据系统的定位

大数据系统并不是通用计算平台，它仅用于处理数据、分析数据，然后将结果用于其他业务逻辑，而业务逻辑（比如登录注册）是不可以通过大数据系统处理的。所以，大数据系统一般作为一套业务系统的一个组成部分，而不能独立构建业务系统。通用的分布式平台（比如 Dubble、Spring Cloud）可以用来构建各种业务系统，如果业务中需要处理、分析海量数据，就要把大数据系统整合进去。

1.1.2 与传统分布式系统的区别

分布式并行计算系统早已存在，并不是什么新鲜概念，不过与大数据有很大的差别。这种差别不是体现在作用上，而是体现在实现方式上。大数据系统借助于普通计算机和普通网络就可实现分布式计算，对硬件没有特殊要求，很平民化，而且软件都是开源的，任何人、任何公司都很容易组建出自己的大数据平台。传统分布式系统需要昂贵的企业级硬件配合其软件系统，而且在扩展硬件时性能的提升比例也不如大数据。

1.1.3 成功的大数据系统项目

当前最成功的大数据系统项目就是 Hadoop，或者说是以 Hadoop 为核心的一堆软件和开发框架，包括 Hive、HBase、Sqoop、Spark、Flink、Flume 等，这些软件与 Hadoop 之间基本上是依赖关系（Hadoop 是基础），实际上关系很复杂（后面讲解）。

1.2 Hadoop 的原理

大数据系统对被处理的数据是有要求的，数据结构必须是统一的或者可以被抽象成统一结构！这很好理解：结构统一了，每条数据的处理逻辑也就相同了，于是才可以把数据分成多段并行处理。人们把统一结构的一堆数据叫作结构化数据，比如数据库表中的各条记录。大数据系统被称为可以处理结构化、半结构化、非结构化数据。这里的非结构化指的是在存储结构上不一致，但是肯定可以从某个角度抽象成结构化数据。比如，一种常见的适合大数据处理的数据就是日志，一般放在文本文件中，一行即一条，每条所包含的信息基本相同（不相同的会被过滤掉）。

大数据系统对数据的处理仅限于查询、分析、转换，而不会改变，因为数据都是其他系统产生的，比如日志，修改它们没有什么意义。

Hadoop 包含三个组件：HDFS、Yarn、MapReduce。搞清楚这三个组件，就搞清楚了 Hadoop。

1.2.1 存储与资源调度

大数据系统是为多台计算机共同参与并行运算而构建的系统，只要准备几台计算机（术语为"节点"），联入同一网络，将要处理的数据分段，并把每段发给一个节点处理，就做到了分布式数据处理。如果数据量太大，就多加入几台计算机。分布式运算系统不是简单添加节点（横向扩展）就可以完成的，因为需要把这些节点管理起来，使它们互相协调配合，以有机、高效的方式完成工作，这样才能称得上是一套大数据处理系统。

要实现大数据系统，需要考虑以下几个问题：

- 首先是海量数据的存储。构建支持横向扩展的、由多台计算机组成的分布式存储系统就相当于有了无限空间，Hadoop 中的 HDFS 就是这样一个文件系统。
- 其次是计算资源的调度。计算资源指的是执行数据处理代码的硬件资源，包括内存、CPU、GPU 等。如何把数据处理分散到不同的计算机上，让每台计算机的计算资源被充分利用起来，比如把新任务分配给空闲的计算机。这就需要一套资源管理和调度系统，而 Hadoop 中的 Yarn 就是为了完成这个任务而生的。
- 再次是各节点如何协作进行具体的数据处理。

1.2.2 计算框架原理

人们处理和分析数据的方式就那么几种。了解数据库的人都应该知道，对表的查询无非就是过滤、排序、分组、连接、统计等。大数据框架也要支持这些，但是它所面对的数据不是数据库中的表，而是其他系统产生的以各种方式存在的数据。

下面我们思考一下大数据处理数据与数据库处理数据的差别，以便理解大数据处理的特点。以 SQL 中的查询并分组为例，假设有一个表，如图 1-1 所示。

ID	姓名	职业	电话
10011	王宝弱	教师	13500099887
10012	李黑	诗人	18666677888
10015	张三娘	教师	13500099887
10016	李二黑	诗人	18666677888
10017	熊大	诗人	18666677888
10029	宋江	女技师	15566667777
10030	李三黑	教师	13500099887
10031	王宝宝	教师	13500099887
10032	熊二	女技师	13500099887
10033	齐强	教师	13500099887
10034	王老汉	女技师	13500099887

图 1-1

分组 SQL 是 "select*from 表名 groupby 职业 where xxx"（将职业相同的记录放在一起）。数据库的执行过程是：在循环中取得每条记录，判断是否符合 where 中的过滤条件，再将相同的记录放在一起，最后得到的结果是多个临时表，每个表中各条记录的职业字段值相同，如图 1-2 所示。

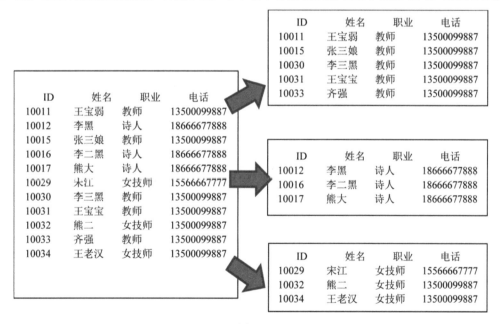

图 1-2

把这个过程改为分布式，假设由两台计算机构成大数据系统。此时我们需要将原始表中的数据分成两段，一段传给一台计算机处理（见图 1-3）。

ID	姓名	职业	电话
10011	王宝弱	教师	13500099887
10012	李黑	诗人	18666677888
10015	张三娘	教师	13500099887
10016	李二黑	诗人	18666677888
10017	熊大	诗人	18666677888
10029	宋江	女技师	15566667777

计算机一

ID	姓名	职业	电话
10030	李三黑	教师	13500099887
10031	王宝宝	教师	13500099887
10032	熊二	女技师	13500099887
10033	齐强	教师	13500099887
10034	王老汉	女技师	13500099887

计算机二

图 1-3

每台计算机中所运行的逻辑与数据库相同，各自的结果如图 1-4、图 1-5 所示。

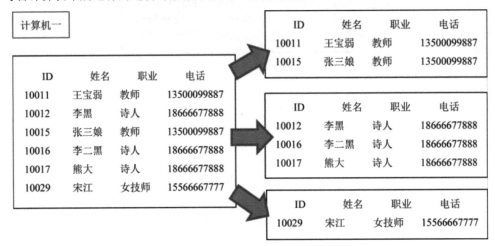

图 1-4

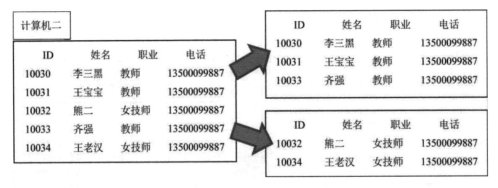

图 1-5

现在我们发现了一个问题，各计算机上的结果还需要一次合并才能得到我们想要的最终结果，这又涉及跨主机间数据传输的问题。传输的方式是：将 Key（本例中，职业字段的值就是 Key，需要根据自己的业务需要确定哪个字段作为 Key）相同的记录放到相同的主机上。比如最终计算机一中放的是教师和诗人，计算机二中放的是女技师，说明两台计算机之间进行了交叉的数据传输。其实，每个分布式计算任务基本都避免不了做 n 次跨主机的数据移动。

分布式计算大致可分成三步，如图 1-6 所示。

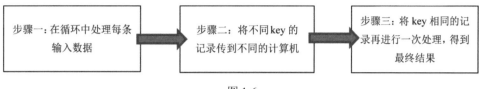

图 1-6

为了并行最大化，步骤一中的每条数据只考虑自身，不与其他数据发生关系，叫作 Map；步骤三中才考虑各条数据间的关系，比如找出最突出的数据、获取数据的数量等，其结果数据一般比输入数据少，所以叫 Reduce。

其实，数据库的各种 Select 操作都可以抽象成这三步，过于复杂的查询可能需要将这三步重复 2 次、3 次或更多次，当摸索出这个规律后，分布式计算框架就诞生了，名叫 MapReduce。其步骤一叫 Map，步骤二叫 Shuffle（洗牌），步骤三叫 Reduce。

不同于 HDFS 和 Yarn 都是完整的软件，MapReduce 是半成品（所以叫框架），它定义了上述三个步骤，而且还帮我们实现了大部分 Mapper 和 Reducer 过程以及完整的 Shuffle。使用这个框架编写大数据处理程序时我们仅需要提供两个类：一个是 Mapper 类，一个是 Reducer 类，分别实现 Map 和 Reduce 处理中的一部分逻辑。

步骤一中的输入数据取得、在各计算机中分配数据、对每条数据的迭代已由框架提供，我们需要写的是对每条数据的处理逻辑；步骤三中其实由框架提供了循环，所以我们要实现的也是对每条数据的具体处理逻辑，最后的数据收集合并也由框架完成。

MapReduce 中的 Map 是针对数据集中的每条数据进行操作的，在操作过程中不涉及其他条件，具体什么操作由我们自己来决定。Reduce 是针对多条数据进行操作的，所以它可以得出与多条数据相关联的结果，比如统计数据数量、取得最 X 的 n 条数据等。

1.3 总　　结

Hadoop 由 HDFS、Yarn 和 MapReduce 组成：HDFS 是分布式文件系统，解决了大量数据存储的问题；Yarn 是分布式计算系统的节点资源管理和调度工具；MapReduce 是数据计算框架，分成 Map 和 Reduce 两个阶段，其中 Reduce 又隐含了一个 Shuffle 过程。MapReduce 与其他两个不是一个层面上的，MapReduce 是帮助我们编写运行于 Hadoop 系统中的数据处理程序的库。

第 2 章

HDFS 原理详解

HDFS 是建立在操作系统现有文件系统之上的，而不是代替它，也就是说，要访问 HDFS 时不能用系统文件 IO API，而需要用一套更上层的 API。

HDFS 实现了以廉价计算机构建海量数据存储系统的方案，由多台普通计算机基于网络（一般是局域网）组成存储集群，在集群上运行 HDFS 程序把它们管理起来，使它们对外看起来像一台硬盘无限大的计算机。

2.1 主从节点架构

要实现多台计算机相互配合，必须有一台计算机管理和协调它们，HDFS 最基本的构成就是一台主节点+多台数据节点。主节点叫 NameNode（经常简写为 NN），数据节点叫 DataNode（经常简写为 DN）。DataNode 用于存放文件，NameNode 用于管理整个文件目录树。当客户端要访问一个文件时，肯定要指定一个路径，客户端先向 NameNode 询问这个路径指向的文件具体放在哪台 DataNode 上，然后找 DataNode 索要文件的内容。NameNode 主要负责文件目录树管理，DataNode 负责对客户端提供文件数据读写服务，有助于减少 NameNode 的负担。

NameNode 除了上述任务，还要管理各 DataNode 主机，协调它们之间的配合，监视 DataNode 的生存情况，对长时间无反应的 DataNode 不再访问。为了使 NameNode 能监视自己，DataNode 定时向 NameNode 发送心跳证明自己还活着，如果长时间不发送，NameNode 就认为它死了。

我们的系统还要支持 DataNode 热扩展，即随时加入新的 DataNode 而不需要重启 NameNode。所以，NameNode 要能感知新的 DataNode，并把数据负载往新节点上均匀分布，这样才能保证整个系统的负载均衡，防止某个节点被集中访问，成为热点，这叫冷热均匀。

分布式系统最基本的架构图如图 2-1 所示，线表示网络连接。

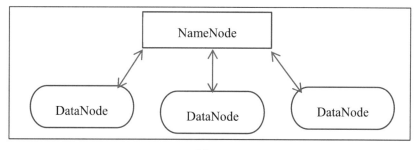

图 2-1

现在距离一个完善的分布式系统还差得远，还有很多问题未解决，比如如何保证硬盘坏掉后文件不丢失、如何提高文件访问速度、NameNode 死掉怎么办……

2.2 数据冗余

DataNode 死掉或者硬盘损坏都会导致数据丢失，这是很严重的错误！既然是分布式系统，是不是可以利用分布式优势解决这个问题呢?当然可以，并且思路也很简单：数据冗余，每个文件都会有多个副本分散在不同的 DataNode 上，NameNode 时刻监视文件的副本量，如果小于设定的值就找一台 DataNode 增加副本数。一般至少有 3 份副本才能保证数据安全，保证某个 DataNode 在死掉的情况下依然能供客户端即时获取文件数据。

当向 HDFS 写入文件时，文件要复制到多台 DataNode 中，这都是借助网络完成的。写文件过程的示意图如图 2-2 所示。

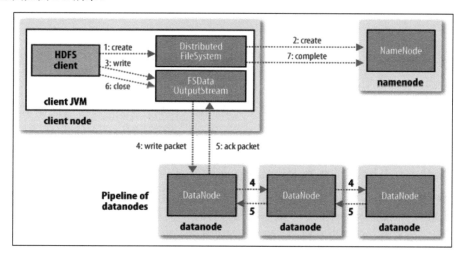

图 2-2

Client Node 是客户端程序所在的计算机，它借助某些类向 HDFS 系统发出请求（哪些类不是我们所关注的，我们关注的是流程）。客户端先向 NameNode 发出创建文件的请求（第二步），NameNode 告诉它应该将文件放在哪个 DataNode 上，于是客户端连接那个 DataNode，再向它发送要写的数据。DataNode 收到数据后保存数据，同时将数据副本放到其他 DataNode 上，直到所有副本写完，才通知 NameNode 一次写操作完成。

一个文件在不同的 DataNode 上都存在，所以当客户端读取文件时可能从不同的 DataNode 上获取，这样也充分利用了分布式的优势，提高了并行性，如图 2-3 所示。

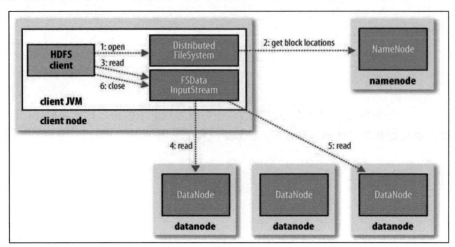

图 2-3

分布式环境下的各种操作相当烦琐，所以请记住 HDFS 的一个特点（也可以说是一个缺点）：不支持随机写（指定文件位置去写入内容的操作），但支持追加内容（明显这个操作的成本要比随机写低），总之它适合的访问方式是"一次写入，多次读取"。

通过冗余的方式，我们解决了数据完整性的问题，但是在保证数据完整性的情况下提高系统的整体反应速度是更大的挑战。

2.3　fsimage 与 edits

文件系统的目录树中的每个节点包含了文件的信息（比如文件名、文件属性等）以及文件与 DataNode 的对应关系，这些数据称为元数据（meta data）。

要读写 HDFS 中的文件，必须经过 NameNode（先从目录树中找到文件 Meta 数据），所以 NameNode 容易成为整个系统的瓶颈。提高 NameNode 的响应速度，就能提高整个系统的响应速度。所以，在 NameNode 中，整个文件系统的目录树是放在内存中的。

这会带来一个问题：NameNode 一旦关机或意外死掉，内存中的数据是无法保存的，当你重启 NameNode 时，所有的文件都找不到了，即使这些文件的数据还稳稳地趴在 DataNode 的硬盘上，但你就是找不到它们。

解决方法只有一个：将整棵目录树保存到硬盘中，但是这个目录树可能变得非常大，几吉字节的大文件写入硬盘时非常耗时。在 NameNode 运行过程中，是不会将目录树保存到文件中的，如此一来如何在 NameNode 重启时恢复目录树呢？HDFS 使用了日志，就是在那些引起 HDFS 文件系统改变的操作执行时，在改变元数据的同时把操作记录在日志文件中，这些文件就是 edits 文件。

当 NameNode 重启时，会从 edits 文件中读出那些操作，一条条地执行，将目录树恢复到关机前最后一次操作的样子。问题又来了：如果 NameNode 几个月重启一次，就要把几个月的操作日志全部重做一遍，这个工作量非常大，重启过程也非常慢，这是我们不能容忍的，那么如何解决这个问题呢？其实思路很简单：HDFS 引入了一个叫作 fsImage 的文件，用于保存 NameNode 的所有元数据（整个目录树就是 HFDS 文件系统的描述，所以叫 fs 镜像）。当执行改变文件系统的操作时，依然先写入 edits 中，只不过每隔一段时间要将 edits 合并到 fsimage 中，合并完的 edits 被扔掉，如此可以保证 fsimage 与当前最新的元数据没有太大的差距，而 edits 中保存的实际是 fsimage 与内存中元数据的差异。也就是说，"fsimage + edits = 内存元数据"。此方案使得 NameNode 重启时可以将 fsimge 直接读到内存中，恢复元数据，即使有 edits 需要合并，也没有太大的差距，很快就能完成。

将 edits 与 fsimage 合并是很费力的工作，如果由 NameNode 来做就会影响响应速度，所以我们需要将这份工作交出去。

2.4　SecondaryNameNode

在构成 HDFS 的系统中，除了一个 NameNode 和多个 DataNode 外，还有一个角色：SecondaryNameNode。注意，它与 NameNode 一样，只有一台计算机为此角色。图 2-4 所示的是 SecondaryNameNode 在集群中的位置（连线表示数据通信）。

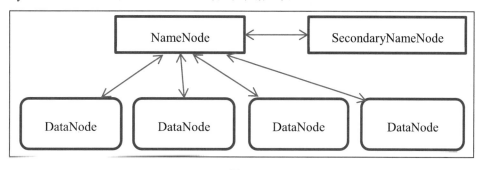

图 2-4

SecondaryNameNode 的作用是专门帮助 NameNode 更新 fsimage 文件。它启动时会从 NameNode 处获取 fsimage，之后定期从 NameNode 获取 edits，将 edits 中的操作更新到 fsimage 中，再将这个新的 fsimage 送还给 NameNode，这样 NameNode 中的 fsimage 就比较新了，这样就会保证 fsimage 与最新的目录树差别没那么大了。在 NameNode 重启时，不需要花太长时间合并 fsimage 与 edits。图 2-5 所示是合并 edits 和 fsiamge 文件的过程。

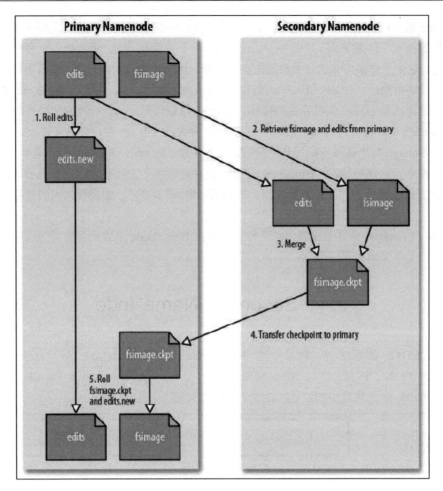

图 2-5

注意，DataNode 并不与 SecondaryNameNode 通信，SecondaryNameNode 只与 NameNode 通信，所以 SecondaryNameNode 无法代替 NameNode，所以整个系统中存在单点故障。NameNode 一旦出问题，整个系统就瘫痪了，只能等到 NameNode 复活后再继续提供服务。

2.5 HA

HA（High Available，高可用）消除了 NameNode 的单点故障问题，使得整个系统的可用度变高，这是在各种分布式系统中常见的一个名词。

Hadoop 做到高可用的方法是：去掉 SecondaryNameNode，添加一个 NameNode。所以，HA 解决方案中要有 2 个（Hadoop 3 中可以更多）NameNode。当然这些 NameNode 不能同时起作用，这样会使 HDFS 出现精神分裂，起作用的 NameNode 叫 Active，其余的叫 Standby，客户端的文件操作请求只能向 Active NameNode 发送。

Standby NameNode 有 SecondaryNameNode 的作用，但是它要做更多的事，当 Active NameNode 出问题不能再对客户端提供服务时，Standby NameNode 会挺身而出变成 Active NameNode，当原

Active NameNode 复活时只能屈身做 Standby NameNode。图 2-6 所示是 2 个 NameNode 的架构图，连线表示数据通信。

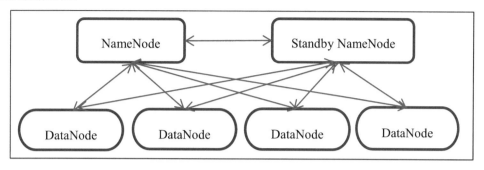

图 2-6

Standby NameNode 的日常工作也是定时合并 fsimage 与 edits，然后把合并后的新 fsimage 传给 Actvity NameNode。与使用 SecondaryNameNode 的方案不同，Standby NameNode 也要与 DataNode 通信，DataNode 需要把一些重要数据（比如自己的文件副本变化情况、自己的心跳）发给所有的 NameNode，这样才能做到在 Active NameNode 死掉时用 Standby NameNode 快速代替。

注意，Standby NameNode 中的元数据不如 Active NameNode 新，要滞后一点，这是因为它不需要向客户端提供服务，所以客户端发出的文件操作请求它收不到。Standby NameNode 必须取得这些操作，否则怎么更新 fsimage 呢？它得到这些文件操作的办法是：与 Active NameNode 共享 edits 日志文件，当 Actvity NameNode 向 edits 文件中写入新的操作日志时，Standby NameNode 马上从中读出来，再合并到 fsimage 中。所以，只有 Active NameNode 才可以写 edits，Standby NameNode 只能读 edits。edits 的具体共享方式有两个选择：可以采用 NFS 文件共享（一种类似于 Windows 局域网文件共享的协议），也可以采用 QJM（Quorum Journal Manager，一个分布式日志共享系统）。

在这种配置下，可以进行手动改朝换代，人工执行一条命令，将 StandBy 变为 Active，原 Active 变为 Standby。但是，我们期望的是一套自动化的系统，Active NameNode 出现问题时可以自动将一台 StandBy 提升为 Active，在极短的时间内完成故障恢复。

2.6 自动故障转移

自动故障转移需要一种机制使 Standby NameNode（小弟）能检测到 Active NameNode（大哥）的死亡，如果"小弟"不止一个，还要有一种选举机制，在它们中选出一个作为"大哥"。要完成这些动作，单靠 Hadoop 自身不行，还需要借助一个软件：ZooKeeper。

ZooKeeper 也是分布式架构，所以当前在整个 HDFS 架构中一切都是分布式的，没有单点故障存在。

ZooKeeper 引入后的基本部署如图 2-7 所示，连线表示数据交换，虚线框表示 ZooKeeper 集群。

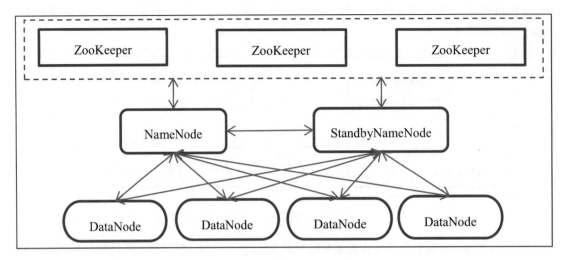

图 2-7

ZooKeeper 是一个分布式软件，主要作为其他分布式系统的辅助协调工具，协调各节点间如何相互配合。它为其他分布式系统提供了很多基础功能，其中最基本的功能就是数据存储。ZooKeeper 可以存储小数据，其组织形式为树形结构，与文件系统类似，如图 2-8 所示。

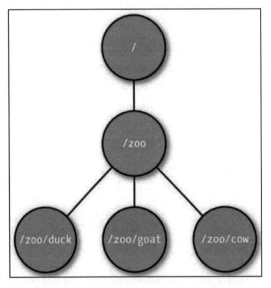

图 2-8

数据存于树的节点中。对于节点，ZooKeeper 还提供了很多特殊操作，比如一个客户端可以创建临时节点，当客户端与 ZooKeeper 断开连接时（会话结束），就会删除这个节点。ZooKeeper 还有一个功能——节点监视，一个客户端可以注册成为某个节点的监视者，当节点被删除时就会收到通知。利用这些特性，我们可以实现 Standby NameNode 对 Active NameNode 生存状况的监视，一旦发现 Active NameNode 不行了，就替代它，完成改朝换代，具体做法如下。

如果只有两个 NameNode，"大哥"退位了，"小弟"自然成为"大哥"，没有异议。如果有多个 NameNode，谁做"大哥"就会成为一个问题，HDFS 解决此问题的方式还算文明：选举，其实就是一种竞争。收到"大哥"去世的消息后,"小弟"们都试图去 ZooKeeper 取得一个同步锁(ZooKeeper 支持分布式同步锁),一旦有人得到它,其他人便不能再得到,于是得同步锁者成为"大哥",其他节点只能继续做"小弟"。整个系统部署图如图 2-9 所示。

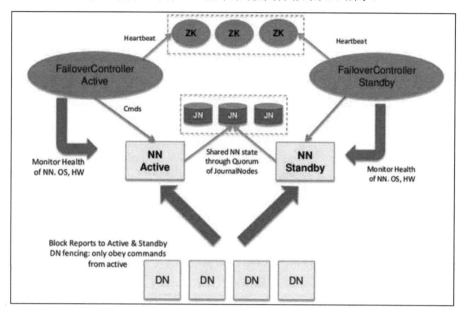

图 2-9

在图 2-9 中,ZK 是 ZooKeeper,JN 是 QJM,NN 是 NameNode,DN 是 DataNode,FailoverController 是运行在 NameNode 主机上的一个进程,习惯称之为 ZKFC(ZooKeeper Failover Controller),一个 NameNode 进程对应一个 ZKFC 进程。ZKFC 监控它所在节点上的 NameNode 进程的生命状态,与 ZooKeeper 通信。实际上参加竞选、获取保持同步锁这些事都是 ZKFC 做的,它在竞选成功后会将所监视的 NameNode 设置为 Active,这时 NameNode 才知道自己身份已变,有权力写 edits 了。

总之,自动故障转移要借助 ZooKeeper 实现 Active NameNode 的生存状态监视和 Active NameNode 选举。

2.7 ZooKeeper

ZooKeeper 的功能不止分布式数据存储这一点,比如在分布式系统中各成员节点有很多配置项,但很多是全局统一的,如果动态改动这样的配置项,就需要一个节点一个节点地操作,非常烦琐。借助 ZooKeeper,我们可以指定在 ZooKeeper 数据树的一个节点下存放配置项,其他节点监视这个节点中的数据,当我们改变某个配置项时,各节点会收到通知以应用新的配置。

ZooKeeper 还有许多其他功能,等后面讲 HDFS 架设时会介绍一些,更全面的介绍可自行上官网查找。

ZooKeeper 的基本架构如图 2-10 所示。

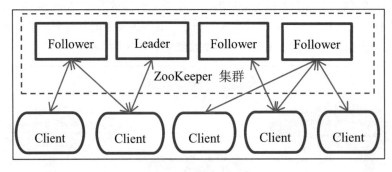

图 2-10

ZooKeeper 集群中必须有一个作为 Leader（大哥），其余为 Follower（小弟）。Leader 是大家共同选举出来的，主要负责管理数据同步方面的事项。

ZooKeeper 提供的功能并不复杂，但要实现这些功能，在一个分布式架构下会充满挑战性。ZooKeeper 既要消除单点故障，又要考虑负载均衡。其整棵数据树在各成员节点（注意，这里指的是 ZooKeeper 自己的节点，不是它所服务的系统的节点）上都有一个副本，才能使所有节点都能对客户端提供数据读取服务，体现出分布的优势。写数据就麻烦了，因为需要保证对数据树的改变同步到所有节点。ZooKeeper 的做法是要求写操作只发生在 Leader 上面，Follower 即使收到写操作请求，也要转发给 Leader，由 Leader 来写，Follower 不能越权。Leader 先执行写操作，然后再通知各 Follower 执行这个写操作，但 Leader 不会等所有 Follower 都写成功才返回，只要有十分之六的 Follower 写成功了，Leader 就认为成功了，当然剩余的 Follower 会将操作同步过去。所以 ZooKeeper 所提供的数据一致性不是实时的，而是"数据最终一致性"。如果客户端的一个写操作需要在所有 ZooKeeper 节点上同步，那么不用担心，ZooKeeper 也提供了相应的调用。

可以看到 ZooKeeper 本身也是要选 Leader 的。由于它不能再借助其他系统，因此就用一种很复杂的算法进行选举。另外，各节点上的数据同步问题也很复杂。它还实现了一个分布式的同步锁，其他分布式系统借助此锁可以实现跨主机的代码同步。这些特性的实现原理不在本书的范围，感兴趣的话可自行搜索相关资料学习。

2.8 防脑裂

自动故障恢复过程存在一种极大的风险，叫作"脑裂"（两个 NameNode 都认为自己是 Active）。如果同时存在两个 Active NameNode，客户端可以连接任何一个，客户端发出改变文件或目录的请求时，是不会在两个 NameNode 间同步的，因为两个 Active NameNode 都不屑去读 edits，那么树目录也就对不上了，这就是脑裂。

为什么会出现同时存在两个 Active NameNode 的情况呢？这需要研究一下改朝换代的过程。

改朝换代的原因可能是被动发生的，也可能是人为主动发生的（比如对 NameNode 进行升级），其中重要的一点是：必须在 Follower 将 Leader 共享的 edits 中的所有日志全部读取并合并到 fsimage 后才能将 Follower 的身份切换为 Leader，在此期间 Leader 不能向客户端提供任何服务！有时很难保证这一点，比如 Leader 出现故障，系统开始改朝换代过程，但是当 Follower 完成全部工作并且成为 Leader 后，原 Leader 又复活了（它的故障可能是暂时断开或系统暂时变慢，不能及时响应，但其 NameNode 进程还在），并且由于某种原因它对应的 ZKFC 并没有把它设置为 Standby，所以原 Leader 还认为自己是 Leader，客户端向它发出的请求仍会响应，于是脑裂发生了。

要防止脑裂就必须阻止原 Leader 再向 edits 中写日志，办法很多，最省事的就是杀死其 NameNode 进程！当然，HDFS 也支持采用更好、更优雅的方式，但需要我们编写一个程序或脚本，然后将它们设置成栅栏（fencing），在切换时先执行 fencing 方法。fencing 中的程序或脚本可以有多个，所以是一个列表，一个占一行，每一个都是不同的防御方式，执行时从上往下依次执行，只要有一个返回防卫成功的结果就认为防住了，后面的不必再执行，新 Leader 可以放心上位。

注意，当前 HDFS 支持两种 edits 共享方式：NFS 和 QJM。如果选择 NFS，就需要做好 fencing 脚本；如果选择 QJM，可以不需要 fencing，因为 QJM 支持单方读写，在切换时，先将写入方设置为竞选成功的 Follower，那么 Leader 就写不了 edits 了，于是 StandBy NameNode 可以从容地完成 edits 合并，再上位为 Leader。原 Leader 如果要强写 edits，就会导致其进程退出。

也就是说，使用 NFS 共享 edits，就必须设置防御脚本；使用 QJM，就不需要。

现在整个系统已经很不错了，实用性很高，下一节将提供一些功能，使它变得更加完美。

2.9 联邦

联邦就是将多个 NameNode 共用一群 DataNode 来存储数据。每个 NameNode 都有自己的目录树，它们在 DataNode 上使用不同的目录存储自己的 HDFS 文件块，互不通信，互不干扰，谁也不知道谁。

为什么要这样做？因为 NameNode 把目录树存在内存中，而内存是有限的，一个 NameNode 可以管理的文件数量有限，而 DataNode 通过添加节点可以认为是无限的，于是 NameNode 的能力无法匹配 DataNode 的容量，为了避免浪费 DataNode 就出现了"联邦"。

在联邦中，NameNode 可以配置成高可用的，即两个 NameNode 为一对（一个 Active，一个 Standby），管理一棵目录树，对外作为一个独立的 HDFS 服务，并给它取了一个新的名字：NameSpace（名字空间），所以一个 NameSpace 对应一棵目录树和目录树所管理的那些文件块，如图 2-11 所示。

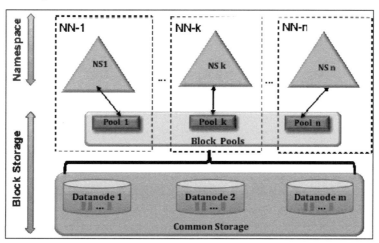

图 2-11

2.10 总　结

一台 NameNode + 多台 DataNode 构成基本的 HDFS 系统，借助多台 DataNode 既可以实现无限存储，也可以实现数据冗余以防止数据丢失。NameNode 保存文件系统的目录树，DataNode 保存文件数据。

为了提升系统的重启速度，还提供了 SecondaryNameNode。SecondaryNameNode 的主要作用是定时合并 edits 和 fsimage。

在实际应用中，我们还希望消除 NameNode 的单点故障并提供快速故障转移，于是将 SecondaryNameNode 去掉，加入多个 NameNode，再借助 ZooKeeper 实现 HA 架构。

HDFS 也有一些天生的缺点很难克服。一是不支持随机写，只适合一次写入多次读取的使用方式。二是不适合存储大量的小文件，原因很简单：由于同一时刻只有一个 NameNode 处于 Active 状态，因此 NameNode 的内存大小决定了目录树的最大容量，也就决定了 HDFS 系统能为多少个文件提供目录条目，如果你向 HDFS 中存入很多小文件，就很容易占满 NameNode 的内存而空闲 DataNode 的大量硬盘空间。

现在已经具备了配置一个 Hadoop 系统的必要知识，下面我们开始配置一个真实的 Hadoop 分布式系统。

第 3 章

Yarn 原理详解

3.1 概　述

我们知道 Hadoop 由 HDFS、Yarn 和 MapReduce 组成。Yarn 是一个分布式资源管理和调度系统，也是主从架构，一主多从。

资源指的是各节点机器上的计算资源，包括 CPU、内存等，资源管理就是管理这些资源的分配。资源的分配不是 Yarn 主动做的，而是被动的，先由计算程序根据自己的需要发出资源申请，再由资源管理器决定是否满足它。资源管理器是 Yarn 的一个组件，叫作 ResourceManager，它运行在 Yarn 的主节点上，所以我们也把 Yarn 的主节点叫作 ResourceManager（RM）。子节点要被主节点管理，子节点上也必须运行一个组件，这个组件叫 NodeManager，所以子节点也被叫作 NodeManager（NM）。

调度指的是安排计算程序如何执行，比如资源不足时程序是等待其他程序完成再执行，还是允许并发执行?我们通常把一个程序叫作一个作业（Job），所以程序调度一般叫作作业调度。

就像 Linux 和 Windows 是单机上的操作系统一样，Yarn 是集群上的操作系统。它不在意一个作业具体如何运行，如何划分任务（task，一个作业包含多个任务）、任务的先后顺序安排（这是作业内的任务管理，注意与 Yarn 的作业调度相区分）、任务间的数据传递、一个任务失败后如何恢复等均由作业自己搞定。但是，作业的任务必须在子节点上运行，子节点就是计算资源，所以要执行任务就要申请资源，这时要向 ResourseManager 发出请求。

为了提高资源的利用效率和支持多作业并行，Yarn 对资源的划分其实不是停留在节点级别，而是达到了更细的粒度：它将每个节点上的资源又划分出容器（Container），然后在容器级别对资源进行管理，所以作业的一个任务其实是运行在一个容器中的。

作业在 Yarn 中执行的架构形式一般如图 3-1 所示。

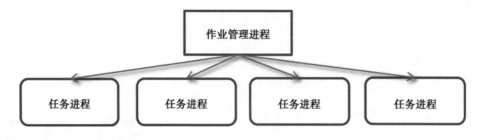

图 3-1

作业有一个管理进程，负责执行作业的流程和调度作业的任务（注意与 Yarn 的资源调度进行区分），这个进程叫 ApplicationMaster。任务要执行，就必须先获取计算资源，ApplicationMaster 负责向 ResourceManager 发出请求为任务获取资源，之后任务在其资源节点上被启动。任务执行过程中周期性地向 ApplicationMaster 汇报自己的状态，如果作业之间有依赖关系，那么 ApplicationMaster 也会负责维护这个关系。如果某个任务出错，那么 ApplicationMaster 还可以帮助任务换一个节点重新启动。任务执行完后输出结果的汇集也由 ApplicationMaster 完成。

这个 ApplicationMaster 实际是作业自己提供的组件，由于与 Yarn 的关系比较紧密，因此在讲 Yarn 的架构时也把它作为其中的一部分。

下面图 3-2 说明了 Yarn 的架构、作业执行时的资源调度以及各组件的关系。

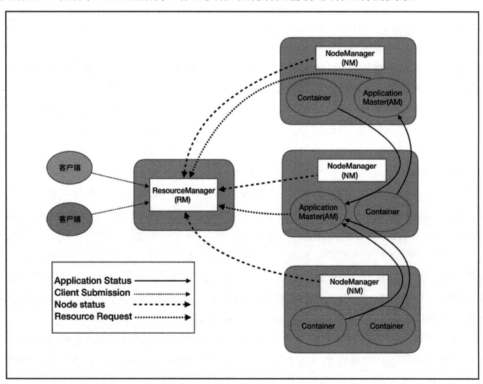

图 3-2

对图 3-2 的解释如下：

- 有一个 RM 和 3 个 NM。
- 每个 NM 中划分了 2 个容器。
- 2 个客户端提交了 2 个作业，对应 2 个 AM。
- 每个作业对应一个 AM。注意，AM 也运行在一个容器中。
- 有一个 AM 与 3 个容器交互，因为在这 3 个容器中执行了它的任务，另一个 AM 对应一个容器。
- 容器指向 AM 的实线表示它向 AM 报告任务执行情况，这样 AM 可以监视任务。
- 容器指向 RM 的虚线表示容器向 RM 报告资源使用情况，如果超出范围，RM 可能关掉这个容器。
- NM 指向 RM 的虚线表示 RM 向 NM 报告本节点的状态、心跳等。

总之，ResourceManager 和 NodeManager 是资源管理组件，ApplicationMaster 是作业管理组件，ApplicationMaster 和任务都运行于容器中。Yarn 只负责资源管理和作业调用，作业内的任务管理 Yarn 不参与，但是作业执行所需的资源是要向 Yarn 申请的。Yarn 这种将资源管理和作业管理分离的架构使其具备了更强的通用性，它可以作为不同的大数据计算框架的平台，比如 MapReduce、Spark、Flink 等。

3.2 作业调度策略

对于大型集群来说，一个作业一般无法利用所有的计算资源，所以 Yarn 支持同时运行多个 Job。为了高效地实现作业并行，Yarn 提供了不同的作业调度策略。

当前，Yarn 内置的调度策略只有两种，一种是"容量调度"，另一种是"公平调度"，分别对应两个 Java 类，我们把它们叫作作业调度器。Yarn 默认使用的是容量调度器。

3.2.1 容量调度器

容量调度器基于"队列"的概念来实现调度策略。

队列与容器有些类似，也是在逻辑上定义了一个资源范围，这个范围叫作队列的容量。在一个队列中运行的 Job 一般不允许使用超过范围的资源，让 Job 在不同的队列中运行就可以支持 Job 并行了。所以，队列是跨节点的，容器只在节点内划分资源。

队列在配置文件中创建。Job 在提交时可以指定队列，如果不指定就使用默认队列。可能有多个 Job 提交到一个队列，队列内的 Job 使用先进先出的调度策略（FIFO），即当前 Job 运行完下一个 Job 才能运行。图 3-3 所示是 FIFO 调度示意图。

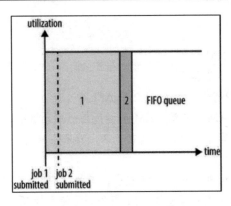

图 3-3

在图 3-3 中，横坐标表示时间，左边是开始时间，纵坐标是 Job 的资源使用比例。Job1 submitted 表示 Job1 的提交时间，Job2 submitted 是 Job2 的提交时间，可以看到 Job2 虽然提交了，但是不能执行，因为 Job1 占据了所有资源，Job2 只能等待 Job1 执行完才能执行。

在容量调度策略下，可以通过定义 n 个队列保证 n 个 Job 同时运行。比如，我们可以为 Yarn 创建 2 个队列，队列 A 使用 40%的资源，队列 B 使用 60%的资源，只要它们加起来等于 100%就可以。提交到两个队列的 Job 分别被限制到自己队列的可用资源范围内，即队列 A 中的 Job 占 40%的资源，队列 B 中的 Job 占 60%的资源。如果一个 Job 使用了超出规定范围的资源，它就会被杀死。图 3-4 所示是容量调度策略示意图。

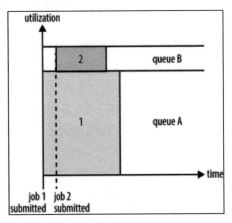

图 3-4

图 3-4 中有 2 个队列，从时间轴（横向）上可以看到，Job1 运行时间长，Job2 运行时间短，Job1 的资源使用量被限制在队列 A 中，即使队列 B 中没有 Job 运行的时间段，Job2 也很自觉地不去侵占别人的财产。在这种调度下，可以保证 Job2 随时可以运行。

注意！在 Hadoop3 中，如果只有一个队列 A 有 Job，而队列 B 没有 Job，那么队列 A 中的 Job 可以占用 100%的资源，这是容量调度器的一个改进，使得资源利用率更合理。但是，我们还可以指定一个队列占用资源的最大范围，比如指定队列 A 最大资源占用不超过 80%，此时即使队列 B 中没有 Job，队列 A 中的 Job 也不能使用超过 80%的资源。

队列支持层级结构，也就是队列可以包含子队列，子队列再包含孙队列，以此类推。没有孩子的队列叫叶子队列，容量调度器支持动态创建叶子节点，但需要比较复杂的配置。

这种方式不是那么灵活，因为队列一般需要提前创建好，很难动态增减，并且每个队列的容量以百分比固定，同时 Job 按 FIFO 调度，对多任务的支持还不够彻底。其实我们还可以选择另一种调度策略：公平调度。

3.2.2 公平调度器

公平调度器基于队列的概念来实现调度策略，但它的队列性质与容量调度器有很多不同。理论上讲，公平调度器想让所有 Job 立即运行而不必等待，这与容量调度器有很大不同（容量调度器只允许运行与队列数量相同的 Job）。然而，资源是有限的，一般需要为公平调度器指定最多运行的 Job 数量。

总体来说，公平调度会公平地为 Job 分配资源，如图 3-5 所示。此图展示了公平调度器一个队列内部的默认调度策略，与容量调度器明显的不同是，它的一个队列可以运行多个 Job。其中，Job1 运行时间比较长，在只有 Job1 运行的时间段使用了队列的全部资源。Job1 运行到某个时间后 Job2 开始运行，调度器拿出一半的资源分给 Job2，此时每个 Job 占 50%的资源，一人一半，很公平。当 Job2 执行完，Job1 恢复使用全部资源。

图 3-5 所示是队列内的资源调度，其实队列之间的调度策略与之类似，如图 3-6 所示。

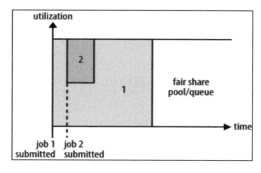

图 3-5   图 3-6

在图 3-6 中，Yarn 中包含 A 和 B 两个队列，Job1 先提交到队列 A，此时 Yarn 中只有 Job1 自己，所以队列 A 占用了所有资源。一段时间后 Job2 提交到队列 B，Job2 开始执行，它使用队列 B 中所有的资源，此时 Job1 缩回到仅使用队列 A 的所有资源。再过一段时间后，Job3 提交到队列 B 中，此时 Job2 还在执行，所以它们平分队列 B 的资源。此时 Job2 和 Job3 各占总资源的 25%，Job1 占 50%。再过一段时间，Job2 结束，Job3 便占据了队列 B 的所有资源。这种策略会让小的任务在合理的时间内完成，同时不会让需要长时间运行的、耗费大量资源的任务没有资源可用。

公平调度器的队列根据占用资源使用比重来分配，而不是对全部资源的比例。默认队列比重相同，我们可以为每个队列指定不同的比重。比如共有 3 个队列，比重分别为 1、2、3，那么队列 1 所用资源比例为 1/(1+2+3)，队列 3 的比例为 3/(1+2+3)，如果加入一个比重为 4 的队列，那么队列 1 的资源占用比例变为 1/(1+2+3+4)。也可以为队列指定是最大和最小资源占用量，那么队列中的 Job 不会占用超出这个范围的资源。

默认两种情况下，公平调度器支持自动创建队列：一是 Job 提交时指定的队列不存在；二是开启一个设置后没有为 Job 指定队列名。

其实公平调度器的一个队列内部调度策略是可以定制的，默认是公平调度，对应类为 FairSharePolicy；也可以设置为类 FifoPolicy 以使用 FIFO 策略；还可以设置为类 DominantResourceFairnessPolicy 进行另一种公平调度（与 FairSharePolicy 的区别是，FairSharePolicy 仅将内存和 CPU 作为资源计算，而 DominantResourceFairnessPolicy 可以将内存、CPU、GPU、硬盘等都作为资源用于计算）。

需要注意的是，容量调度器与公平调度器各有优缺点，相对来说公平调度器更灵活，但有时我们需要容量队列对资源占用率的固定能力。

3.2.3　队列其他事项

（1）队列的配置文件位于 etc/hadoop/capacity-scheduler.xml。

（2）队列分层。父子队列都支持分层。一个队列下可创建多个子队列，子队列占用资源的总和不能超过父队列。

（3）用户提交 Job 时，必须指定一个队列，如果不指定，就会被分配到默认队列中，总之必须处于某个队列中。为队列中的 Job 指定优先级可以影响队列内 Job 执行的先后顺序，也就是说提交早的不一定先执行。

（4）两种队列都支持对提交 Job 的用户管理，可以设置用户白名单（不在名单中的不能提交 Job）、限制用户占用的资源量。如此一来，用户提交多个 Job 时，这些 Job 执行时占用的资源就不会超出限制。另外，还可以指定一个用户最多执行的 Job 数量，等等。

3.3　Yarn 与 MapReduce 程序

Hadoop 中包含了一个计算框架 MapReduce，我们以它为例来探讨大数据处理程序是怎样在 Yarn 中执行的。

MapReduce 是一个分布式数据处理框架，作用是快速编写一个大数据处理程序。所谓框架，就是程序的半成品。MapReduce 规定并实现了程序执行的架构和流程，替我们完成了全部与 Yarn 交互的逻辑，我们只需填充数据处理逻辑即可完整实现一个程序。

MapReduce 框架已完成的功能有任务划分、输入数据的切割和读取、数据在阶段间的分发以及数据的汇总输出。它没有实现一条数据如何被 map 和 reduce，这两处逻辑由我们来定义。框架还支持各功能模块的定制，比如实现自己的输入读取模块来替换内置的模块，这使得框架具备通用性和扩展性。

所以，利用 MapReduce 框架，我们很容易完成一个 MapReduce 模式的大数据计算程序。那么，如何让 Yarn 执行这个程序呢？

拿 Java 编写的程序来讲（MapReduce 支持多种开发语言，Java 是其原生语言），完成源码后，打包成一个 jar 文件，并把这个 jar 放到 Hadoop 集群中（可以放在任何节点，不过最好放在 NameNode 节点）。需要注意的是，不是放在 HDFS 中，而是放在某节点的本地文件系统中。我们一般用 Java 执行 jar 文件，但是 jar 依赖 Hadoop 的 Java 库，为了避免设置 classpath 的麻烦，一般用 Hadoop 的 bin/hadoop 命令执行 jar。当然，执行前还要把要处理的数据在 HDFS 中准备好。

MapReduce 程序其实是一个 Yarn 客户端，它利用 Yarn 的节点完成各阶段处理。阶段的先后关系、每个阶段需要划分多少个任务、如何在节点中启动任务、数据如何在阶段间流动都由 MapReduce 程序决定，它根据自己的需求向 Yarn 申请 Container 资源（当然 Yarn 不一定能满足它）以支撑自己的流程。

一个 Yarn 客户端主要通过两个组件与 Yarn 交互：一是作业提交组件，二是 ApplicationMaster。作业提交组件运行在 bin/hadoop 启动 jar 时创建的进程中，它向 RM 发出运行程序（一个作业）的请求。RM 接收请求后，为程序分配一个 Container，在其中运行程序的 ApplicationMaster（所以 ApplicationMaster 组件运行在 NodeManager 的 Container 中），此时作业提交组件的主要任务就完成了。后面负责管理整个处理过程以及与 Yarn 交互的是 ApplicationMaster。它向 RM 请求 Container 资源，将运行数据处理代码的命令交给 Container 执行。它注册监听器来监听 ResourceManager 和 NodeManager 的事件，并在 NodeManager 崩溃时进行任务错误恢复处理。在 MapReduce 框架中，这些工作全被隐藏了，所以在编写 MapReduce 程序时一般接触不到这些组件及其相关的类。

第 4 章

配置 Hadoop 系统

Hadoop 系统的运行方式有三种：独立模式、伪分布式模式、分布式模式。独立模式下只有一个节点，并且所有组件（NameNode、SecondaryNameNode、DataNode 等）运行于一个进程内；伪分布模式下也只有一个节点，但不同的组件运行于不同的进程中；分布模式下有多个节点，不同的组件运行于不同的节点中。前两种模式一般用于 MapReduce 编程时的测试环境，后一种模式是产品运行时的真正形态。

Hadoop 主要运行于 Linux 中，在 Windows 和 macOS 中仅能运行独立模式和伪分布式模式（也就是说真正的分布式是不支持的）。

大部分人使用的是 Windows 系统，虽然独立模式和伪分布式模式的 Hadoop 可以在其中运行，但是使用 Linux 虚拟机来运行 Hadoop 更简单，所以我们选择在虚拟机中运行 Hadoop。如果你的主机系统本身就是 Linux，也可以不必借助 Linux 虚拟机，但是基于当前流行的"容器"技术，创建一台 Linux 虚拟机是非常简单且轻松的事，而且容器技术是各操作系统都支持的，所以即使你的系统是 Linux，也可以创建容器，在容器内运行 Hadoop。所以，本书会借助容器运行 Hadoop，这样无论使用什么操作系统，都可以按照下面的步骤获得成功，不过，我们要先学习一下 Docker 的基本用法。

4.1 Docker 简介

"容器"其实就是一台虚拟机，所以容器技术就是创建和管理虚拟机的技术。当前最流行的容器技术软件就是 Docker。

容器是基于虚拟化技术创建的，我们知道传统的虚拟化软件有 VMware、VirtualBox、Hyper-V 等，那么 Docker 与它们有什么区别呢？其实 Docker 是一种更轻量的虚拟化技术，随着需求和业务模式的发展也一直在演进。当前的 Docker 版本依然只有在 Linux 下才能利用 cgroup、namespace 等系统和内核组件创建轻量级虚拟机，在 macOS、Windows 下还需借助于其他虚拟软件（VMware、

VirtualBox 或 Hyper-V）所提供的虚拟化组件创建虚拟机，此时 Docker 更像是一个虚拟机管理工具。

为什么人们喜欢用容器化技术呢？因为容器内的系统与宿主机无关，容器内配置好的软件环境不会随宿主机变化，这使得我们平时遇到的很多烦恼不复存在。举个例子，我们编写一套 Java Web 系统，它会依赖很多库，有上层的 jar 文件、C++创建的 so 文件，还有 MySQL 数据库服务、Redis 缓存服务等，反正构成比较复杂。要在一台计算机中配出整个运行环境有点烦琐，如果主机中运行的是不同的操作系统，难度就更大了。如果我们在一台虚拟机中配置好这一切，换计算机或操作系统后，只需要执行一条命令就可以将整个环境重新运行起来，这是多么美好的事情！幸运的是，借助 Docker 即可完成这个工作。容器化技术使得软件的分发模式产生了革命，客户可以得到一个带有运行环境的软件，再也不必为了配置软件的运行而焦头烂额了，需要做的仅仅是启动容器。

用 Docker 创建虚拟机很简单，只需两步：一是获取操作系统镜像，二是基于镜像创建并启动虚拟机。

操作系统镜像是一种文件，扩展名一般是 ios 或 img，组装过计算机或玩过 VMware、VirtualBox 虚拟机的朋友肯定对此很熟悉。镜像文件就是整个操作系统，将操作系统安装到计算机的硬盘上之后系统才能运行。Docker 的各镜像文件有专门的在线仓库保存并管理，只要有互联网，获取镜像文件就十分方便。

镜像文件一般是经过删简的 Linux 发行版，体积小，运行速度快，这是 Docker 又一个优势。

要使用 Docker，需先安装 Docker，下一节我们将介绍如何安装 Docker。

> **重要约定**
> 在宿主机执行的命令都用 正常字体，在 Docker 虚拟机中执行的命令全用 *斜体*！！！

4.2 安装 Docker

Docker 是跨平台、开源免费的软件，其官网是 https://www.docker.com 。

在 Linux 下的安装与其他系统（Windows 10 和 macOS）下的安装区别挺大的。Docker 的开发者为 Windows 10 和 macOS 系统准备了一个叫 Docker Desktop 的软件包，下载安装即可；在 Linux 下需要手动执行一些命令，虽然很简单，但对于不熟悉 Linux 的新手来说还是有一定难度的。

4.2.1 Windows、macOS 做宿主系统

进入官网，单击 Get Started 按钮，进入新页面后找到下载 Docker 的地方，如图 4-1 所示。

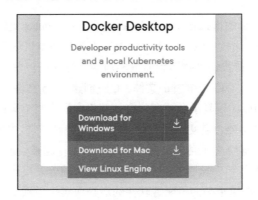

图 4-1

将鼠标指针移到箭头所指的图标上，会出现所支持的系统。Windows 和 macOS 下都有安装包，而 Linux 下没有。Windows 和 macOS 下的安装包集成了 Kubernetes（Kubernetes 是一个虚拟集群管理工具，或者说是一个云操作系统，但它不在本书的范围内，可自行搜索），并起名为"Docker 桌面"。

单击"Download for××"下载安装包。安装成功后可以在 Windows 的开始菜单或 macOS 的启动板中找到它，启动即可。Docker Desktop 启动时会启动 Docker 服务（在 Windows 的任务栏中可看到）。

只有 Docker 服务启动了，Docker 的命令行工具才能成功执行，如图 4-2 所示。

图 4-2

提 示
建议大家在 Windows 中尽量使用 PowerShell 而不是 CMD 作为控制台，PowerShell 比较接近 macOS 和 Linux 下的控制台。

如果采用 Windows 系统，可略过下一小节，直接阅读如何创建 Docker 容器的内容。

4.2.2　Linux 做宿主系统

Linux 有多种发行版，比如 Ubuntu、Fedora、Gentoo、红帽子等，它们的软件包管理工具分成几种，最常见的是 apt 和 yum，而且各发行版使用的一些系统底层组件和服务也有差别，所以安装过程中的差异还是不小的。好在 Docker 官网上有对应各发行版的教程，这里选择有代表性的版本作为示例来讲解，其余的版本可自行参考官方文档。

在 Docker 下载页面单击 View Linux Engine，如图 4-3 所示。

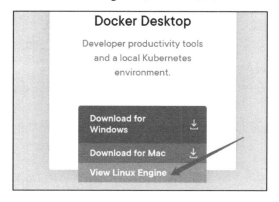

图 4-3

进入 Linux 版选择页面，如图 4-4 所示。

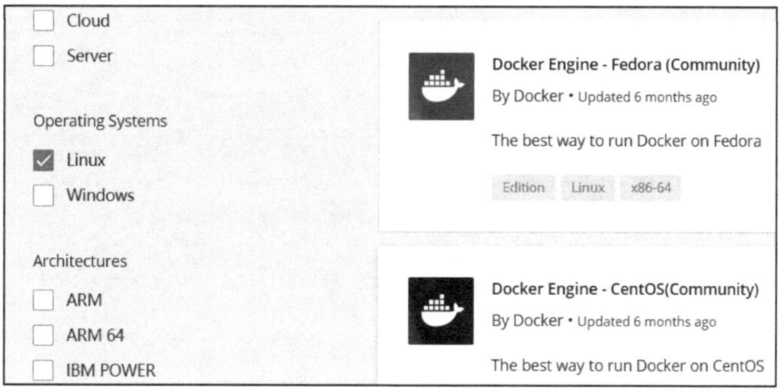

图 4-4

最流行的发行版是 Fedora 和 Ubuntu，代表了 Redhat 和 Debian 两大体系，同系内的不同版安装过程大同小异。

假设我们要看 Fedora 中的 Docker 安装，就选择它，进入新页面，如图 4-5 所示。

图 4-5

单击链接就可以看到 Fedora 下 Docker 的安装教程了，下面根据此教程演示如何在 Fedora 中安装 Docker。

1. 在 Fedora 中安装 Docker

本教程适用于 Fedora30 和 Fedora31 两个版本。与 Windows 不同，Linux 中可以安装的软件被大家统一组织、编排放到了作为文件仓库的服务器中（其实 Windows 下也有类似的服务），只要能上网，就可以在 Linux 中通过一条命令从仓库下载并安装一个或一系列软件。这个命令在 Fedora 中叫 yum，其实从 Redhat 衍生出来的发行版都使用 yum，比如 CentOS。从 Debian 衍生的发行版使用 apt 命令，比如著名的 Ubuntu。

注意，Fedora 中虽然完全可以用 yum，但是推荐使用 dnf。其实 dnf 就是 yum 的升级版，区别可以忽略不计。

在 Fedora 中安装 Docker 方式很多，借助 dnf 进行在线安装是最简单的一种，而且最容易成功，安装过程大至分为：

卸载旧 Docker（如果存在）→设置仓库→安装 Docker→启动 Docker 服务。

（1）卸载旧 Docker

旧版的 Docker 为 docker 或 docker-engine，如果已经安装，需要先卸载，可执行以下命令：

```
$ sudo dnf remove docker \
            docker-client \
            docker-client-latest \
            docker-common \
            docker-latest \
            docker-latest-logrotate \
            docker-logrotate \
            docker-selinux \
            docker-engine-selinux \
            docker-engine
```

sudo 表示以超级用户执行 dnf，普通用户没有安装和卸载软件的权限，所以按回车键后会索要 root（管理员账户）的密码。

dnf remove 的作用是删除软件，后面跟了一堆软件名（从名字可以看出都与 docker 有关），这样可以删掉所有与旧 Docker 相关的软件。

如果 dnf 发现有需要卸载的文件，就会列出来，并统计出卸载后释放的硬盘空间。dnf 还会让你确认是否真的要删除，输入"y"，按回车键后才开始删除，如图 4-6 所示。

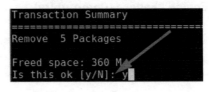

图 4-6

（2）设置仓库

因为 Docker 的安装包没有放在 Fedora 的官方仓库中，所以要将 Docker 所在的仓库添加到 dnf 的仓库列表中，这样 dnf 才能找到 Docker 安装包。

要设置仓库，需要先安装 dnf-plugins-core 软件：

```
sudo dnf -y install dnf-plugins-core
```

添加 Docker 所在的仓库：

```
sudo dnf config-manager --add-repo \
    https://download.docker.com/linux/fedora/docker-ce.repo
```

可以用命令"dnf search docker"搜索 docker，看看仓库是否添加成功，如图 4-7 所示。

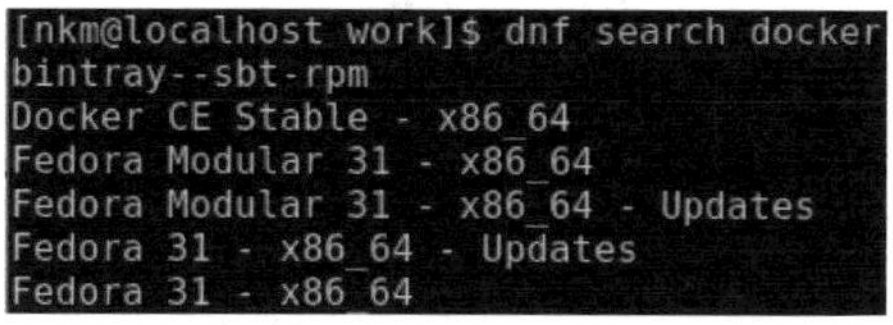

图 4-7

显示"Docker CE Stable"，说明 Docker 仓库添加成功。

（3）安装 Docker

执行以下命令安装 Docker：

```
sudo dnf install docker-ce docker-ce-cli containerd.io
```

其中，docker-ce 指的是社区版 Docker，它是可以免费使用的。

dnf（或者说 yum）可以自动解决软件包的依赖关系，所以真正安装的软件不止列出指定的那几个软件。

如果 Docker 安装成功，其服务会自动启动，此时在控制台执行 docker 命令应看到如图 4-8 所示的提示。

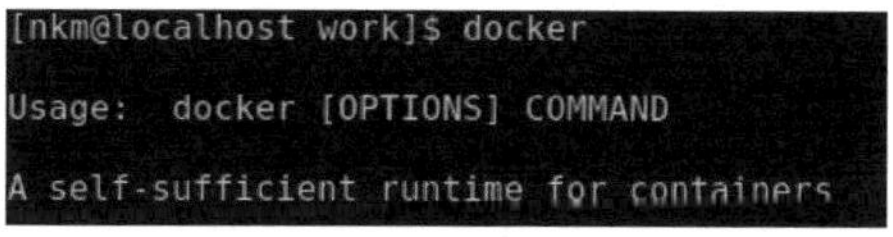

图 4-8

（4）启动 Docker 服务

安装 Docker 后有可能会自动启动 Docker 服务，可以通过命令测试一下。例如，列出我们所创建的所有容器，如图 4-9 所示。

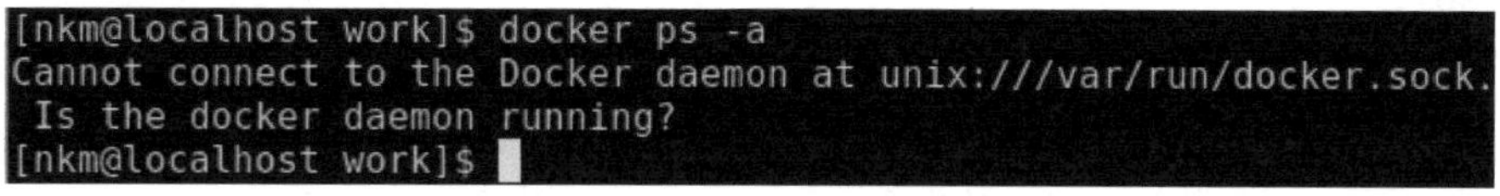

图 4-9

此命令会连接 Docker 服务以取得容器信息，如果 Docker 服务没有启动就会报错，"Cannot connect to the Docker daemon at unix:///var/run/docker.sock. Is the docker daemon running?"表示无法连接到 Docker 守护进程，询问是否启动了？

启动 Docker 服务的命令是"sudo systemctl start docker",如果没有报错,则 Docker daemon 成功运行,再次列出所有容器。当然,没有容器可列了,但是不会报错。然后就可以利用 Docker 创建一台虚拟机了。

2. 在 Ubuntu 中安装 Docker

本教程支持的版本是 Ubuntu Focal 20.04 (LTS)、Ubuntu Bionic 18.04 (LTS)、Ubuntu Xenial 16.04 (LTS),其主要步骤与 Fedora 基本相同。

参考文档:https://docs.docker.com/engine/install/ubuntu/。

(1)卸载旧版 Docker

```
sudo apt-get remove docker docker-engine docker.io containerd runc。
```

Ubuntu 使用的软件包管理器是 apt。apt-get 是进行软件仓库操作的命令,remove 是删除的意思。

(2)向 apt 添加 Docker 软件源

与 Fedora 不同,这一步比较麻烦。要安装一些 apt 的辅助软件,以支持 apt 能通过 HTTPS 协议下载软件。

① 执行 `sudo apt-get update`,更新本地的软件数据库。
② 执行以下命令安装辅助软件:

```
sudo apt-get install \
    apt-transport-https \
    ca-certificates \
    curl \
    gnupg-agent \
    software-properties-common
```

③ 添加 Docker 软件源的 GPG 键值 "`curl -fsSL https://download.docker.com/linux/ubuntu/gpg | sudo apt-key add -`",从 Docker 官方的软件源仓库下载软件。

添加 Docker 软件源:

```
sudo add-apt-repository \
    "deb [arch=amd64] https://download.docker.com/linux/ubuntu \
    $(lsb_release -cs) \
    stable"
```

(3)安装 Docker

先利用 `sudo apt-get update` 更新软件数据库,再利用 `sudo apt-get install docker-ce docker-ce-cli containerd.io` 安装 Docker。

4.2.3 测试 Docker 容器

不论你的系统是 Linux、Windows 还是 macOS,都可以用相同的命令操作 Docker 容器。

打开系统的控制台窗口，在窗口中运行命令（执行命令时所在的路径无所谓）：

```
docker run -d -p 80:80 docker/getting-started
```

注意，此命令成功执行需要满足两个条件：一是 Docker 服务（或 Docker-desktop）必须已启动，二是必须与互联网保持畅通无阻。其实还有一个条件，如果是在 Linux 中，就需用 root 账户执行 docker 命令，所以应在前面加上 sudo 以获取临时权限提升：

```
sudo docker run -d -p 80:80 docker/getting-started
```

这条命令会创建并启动一个容器，其组成如下：

- docker/getting-started：容器所使用镜像名为 getting-started，它在仓库的 docker 路径下，所以写为"docker/getting-started"。
- run：运行的意思。注意，这条命令每次执行都会创建一个新的容器。
- -d：表示在后台运行容器，这使得控制台执行完这条命令后还可以执行其他命令，而不必等待容器退出。
- -p：表示端口映射，即把容器内的网络端口映射到宿主机，这使我们可以通过宿主机的地址访问容器服务。

此命令创建的容器内部启动了一个 Web 服务，其服务端口为 80，所以"-p 80:80"将容器内的 80 端口映射到宿主机的 80 端口。在浏览器地址栏中输入"http://localhost:80"（localhost 表示宿主机自己），就可以看到容器中的网页服务，如图 4-10 所示。

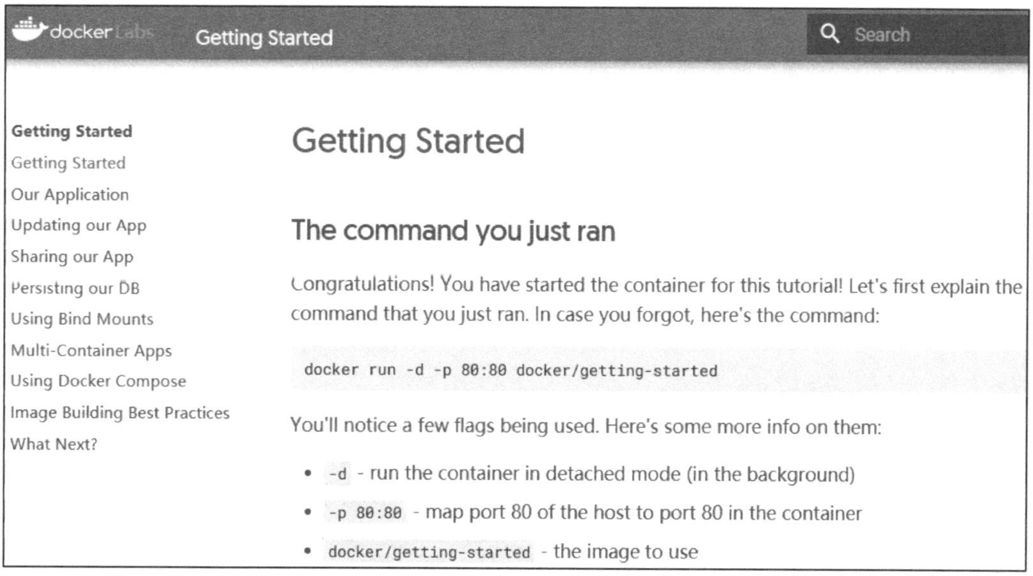

图 4-10

这是 Docker 官方提供的一个入门教程，以基于 Docker 容器的 Web 服务形式提供，是不是很巧妙呢？这里，我们不需要自己配置 Apache 服务了。

命令执行过程如图 4-11 所示。

```
PS C:\Users\Administrator> docker run -dp 80:80 docker/getting-started
Unable to find image 'docker/getting-started:latest' locally
latest: Pulling from docker/getting-started
cbdbe7a5bc2a: Pull complete
85434292d1cb: Pull complete
75fcb1e58684: Pull complete
2a8fe5451faf: Pull complete
42ceeab04dd4: Pull complete
bdd639f50516: Pull complete
c446f16e1123: Pull complete
Digest: sha256:79d5eae6e7b1dec2e911923e463240984dad111a620d5628a5b95e036438b2df
Status: Downloaded newer image for docker/getting-started:latest
7c9385eb16252346e6ec9da2724b4867f56fa0c2efd01238ee1e02c8dd994535
```

图 4-11

Docker 首先查找宿主机上是否有 getting-started 镜像，如果没有，就从仓库中拉一个，然后创建一个容器并启动。执行 `docker ps -a` 命令可以看到主机上所有的容器，如图 4-12 所示。

```
PS C:\Users\Administrator> docker ps -a
CONTAINER ID   IMAGE                   COMMAND                CREATED         STATUS         PORTS                NAMES
7c9385eb1625   docker/getting-started  "/docker-entrypoint..."  56 seconds ago  Up 54 seconds  0.0.0.0:80->80/tcp   gracious_haslett
```

图 4-12

其中，各列的意思如下：

- CONTAINER ID：容器的 ID。
- IMAGE：容器所使用的镜像。
- COMMAND：容器启动后执行的命令。
- CREATE：容器创建的时间。
- STATUS：容器的状态，比如运行中还是已停止。
- PORT：容器与主机间的端口映射。
- NAMES：容器的名字，若我们在创建容器时没有指定，则 Docker 自动为它取一个。

4.3　创建 Hadoop 容器

各种 Linux 发行版都可以运行 Hadoop，这里选择 Fedora。很多商业云容器中运行的是 CentOS，其 Linux 内核和一些系统软件的版本比 Fedora 低，更注重稳定性，我们则更注重前瞻性。

下面整理一下思路：创建一个容器，其系统是 Fedora，在其中配置一个单机版的 Hadoop。因为有两种运行模式的单机版 Hadoop，所以我们先完成一个独立模式，再把它变成伪分布式模式。

要创建容器，运行 `docker run -it --name hadoop fedora:latest /bin/bash` 命令即可。

其中，--name 指定容器的名字，我们将容器的名字叫作"hadoop"，执行效果如下：

```
PS C:\Users\Administrator> docker run -it fedora:latest /bin/bash
Unable to find image 'fedora:latest' locally
latest: Pulling from library/fedora
c7def56d621e: Pull complete
```

```
    Digest:
sha256:d6a6d60fda1b22b6d5fe3c3b2abe2554b60432b7b215adc11a2b5fae16f50188
    Status: Downloaded newer image for fedora:latest
    [root@2b7fe07f4401 /]#
```

注意最后一行"[root@2b7fe07f4401 /]#",看到它就表示已进入容器内部。root 表示 Linux 的当前账户,2b7fe07f4401 是容器的 id,/表示当前所在路径为根路径。

参数"-it"表示连接到容器中的 shell,"/bin/bash"指定了 Linux 中运行的 Shell 是什么。

输入一条 Linux 命令试一下,比如查看操作系统名称:

```
    [root@2b7fe07f4401 /]# uname -a
    Linux 2b7fe07f4401 4.19.104-microsoft-standard #1 SMP Wed Feb 19 06:37:35 UTC
2020 x86_64 x86_64 x86_64 GNU/Linux
```

注意,从现在开始我们是在容器内操作了!

如何退出容器呢?很简单,只需退出当前账户就可退出容器。当然,也可以关闭 Linux 来退出容器。

```
    [root@2b7fe07f4401 /]# exit
    exit
    PS C:\Users\Administrator>
```

可以看到提示符回到 Windows 的样子,所以我们又回到了宿主机。

执行 docker ps -a 查看一下本地容器,如图 4-13 所示。

图 4-13

从镜像名可以看出,ID 为 2b7fe07f4401 的容器就是我们的 Fedora 容器(你要换成自己的)。它的状态是 Exited,表示停止运行了。我们可以重启它,命令为"docker restart 2b7fe07f4401"或"docker restart hadoop",但此时容器处于后台运行模式,只需执行 exec 命令 `docker exec -it hadoop /bin/bash` 即可进入它的控制台:

```
    PS C:\Users\Administrator> docker exec -it hadoop /bin/bash
    [root@2b7fe07f4401 /]#
```

在此方式下,退出容器控制台时容器不停止。也可以利用 `docker attach hadoop` 进入,这样退出容器控制台时容器停止。

至此,我们的 Fedora 容器创建成功,可以在 Linux 中配置 Hadoop 了。

4.4 配置独立模式 Hadoop

在独立模式下的 Hadoop，其所有组件进程（NameNode、DataNode、SecondaryNameNode、Yarn 等）都运行于一个 Java 进程内。

配置工作主要包括三部分：一是安装 Hadoop 运行所依赖的软件，二是获取 Hadoop 压缩包，三是配置 Hadoop 的环境脚本文件。

Hadoop 以 Java 编写，所以需要安装 Java 运行时（jre），同时需要一个能查看 Java 进程的工具 jps，它在 Java 开发包（jdk）中，所以我们还要安装 jdk，但是 jdk 中包含了 jre，因此我们只需安装 jdk 就可以了。

Hadoop 的配置文件位于 Hadoop 根目录下的 "etc/hadoop/" 下，虽然很多，但是只需修改其中几个即可。

如果容器没有启动，就先启动容器再进入。

> **注意**
> 下面的操作是在容器中进行的。

1. 安装依赖软件

（1）第一步，安装 jdk：`dnf install java-1.8.0-openjdk-devel`。注意，不要安装比 1.8.0 更高的版本，因为 Hadoop 不兼容。

（2）第二步，安装文件下载工具 wget：`dnf install wget`。wget 是 HTTP 下载工具，我们需要使用它下载 Hadoop 压缩包。

2. 获取 Hadoop 压缩包

（1）第一步，把 Hadoop 程序安装在目录 "/app" 中，所以需要先创建它：`mkdir /app`。注意，Linux 下没有盘符，它的根路径只有一个，即用正斜杠 "/" 表示。

（2）第二步，下载 Hadoop 压缩包。先进入 app 目录（cd /app），再用 wget 下载 Hadoop：

`#wget https://mirror.bit.edu.cn/apache/hadoop/common/hadoop-3.3.0/hadoop-3.3.0.tar.gz`

下载地址是在 Hadoop 的官网找到的，也可以自己去查看，如图 4-14 所示。

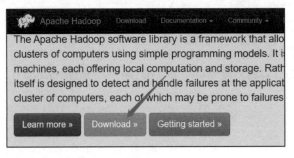

图 4-14

单击 Download 按钮，进入下载页面，如图 4-15 所示。

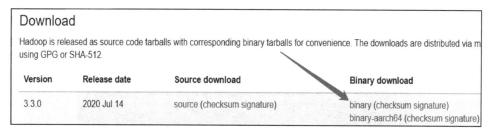

图 4-15

选择 binary（已编译的二进制程序）包，进入新页面，如图 4-16 所示。

```
We suggest the following mirror site for your download:
https://mirrors.bfsu.edu.cn/apache/hadoop/common/hadoop-3.3.0/hadoop-3.3.0.tar.gz
Other mirror sites are suggested below.
It is essential that you verify the integrity of the downloaded file using the PGP signature (.asc file) or
Please only use the backup mirrors to download KEYS, PGP signatures and hashes (SHA* etc) -- or if no

HTTP
  https://mirror.bit.edu.cn/apache/hadoop/common/hadoop-3.3.0/hadoop-3.3.0.tar.gz
  https://mirrors.bfsu.edu.cn/apache/hadoop/common/hadoop-3.3.0/hadoop-3.3.0.tar.gz
  https://mirrors.tuna.tsinghua.edu.cn/apache/hadoop/common/hadoop-3.3.0/hadoop-3.3.0.tar.gz
```

图 4-16

选择一个地址即可下载 Hadoop 软件包。注意，尽量通过框内的地址下载，速度很快。

（3）第三步，解压缩 Hadoop 压缩包：`tar xvf hadoop-3.3.0.tar.gz`。注意，下载的文件应该在"/app"目录下。解压成功后，app 中出现目录 hadoop-3.3.0。为了方便，我们把目录名改成 hadoop：`mv hadoop-3.3.0 hadoop`。进入/app/hadoop 目录，可以用 ls 看一下 hadoop 包中的目录结构：

```
[root@2b7fe07f4401 hadoop]# ls
LICENSE-binary  LICENSE.txt  NOTICE-binary  NOTICE.txt  README.txt  bin  etc
include  lib  libexec  licenses-binary  sbin  share
```

3. 配置环境脚本文件

环境脚本文件中定义了 Hadoop 中用到的环境变量，有好几个文件，分别对应不同的组件，我们要编辑的是 hdfs-env.sh。

主要工作是设置环境变量 JAVA_HOME，这样 Hadoop 才能找到 Java 的运行时文件。你可以将 JAVA_HOME 设置为整个系统的环境变量，但是 Hadoop 也有自己的环境变量配置文件，在这个文件中可以配置与系统 JAVA_HOME 不同的 Java 版本。要修改的文件是 etc/hadoop/hadoop-env.sh。编辑此文件需借助 Linux 中著名的命令行文本编辑器 vi。对新手来说，vi 非常难用，所以要仔细阅读下面的操作过程。

（1）打开文件 vi /app/hadoop/etc/hadoop/hadoop-env.sh，如图 4-17 所示。

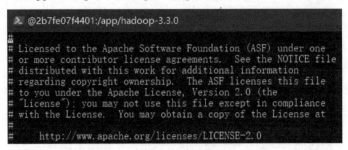

图 4-17

（2）按向下箭头，把光标移到"# JAVA_HOME=/usr/java/testing hdfs dfs -ls"一行，将字符"#"（表示注释）删除，将等号后面的文本也删除。注意，删除方式是按 Delete 键当剩下文本是"JAVA_HOME="时，将光标移到最右（光标应该是在等号下面），然后按 a 键会进入编辑模式（下面出现提示"--INSERT--"），此时光标应该正好在等号右边。现在可以键入内容"/usr/lib/jvm/java"了。最后一行文本为"JAVA_HOME=/usr/lib/jvm/java"（去掉"#"，表示去掉注释）。

（3）保存并关闭文件，操作方式是：按 Esc 键，然后输入"："，再输入"qw"，按回车键完成。

如果不想保存修改，就在"："后输入"q!"再按回车键，表示放弃修改。

> **提 示**
>
> vi 有三种模式，默认是命令模式，此时按下字符键，表示命令而不是输入字符。有很多命令可以将模式变为编辑模式，比如 a、i、o 等，其作用可自行上网搜索。先按 Esc 键再按冒号键，进入另一种命令模式，此模式下可以退出 vi，如果没有任何改动，输入"q"即可，如果改动了，输入"wq"会保存修改再退出，输入"q!"表示丢弃修改并退出。

到此，Hadoop 配置完成，可以运行了。执行 Hadoop 的客户端命令"bin/hdfs"，可以看到如下文本，就表示成功运行了（如果有问题，一般是因为找不到 Java 中的命令，提示你要正确配置 JAVA_HOME）：

```
[root@2b7fe07f4401 hadoop]# bin/hdfs
Usage: hdfs [OPTIONS] SUBCOMMAND [SUBCOMMAND OPTIONS]

  OPTIONS is none or any of:

--buildpaths                    attempt to add class files from build tree
--config dir                    Hadoop config directory
......
```

独立模式只能用于开发阶段作为测试环境，比如测试 Hadoop 自带的示例程序，过程如下：

```
# cd
```

```
# mkdir input
# cp /app/hadoop/etc/hadoop/*.xml input
# /app/hadoop/bin/hadoop jar \
share/hadoop/mapreduce/hadoop-mapreduce-examples-3.3.0.jar \
grep input output 'dfs[a-z.]+'
# cat output/*
```

其中：

- 第一个命令表示进入 root 的 Home 目录，即"/root"。
- 第二个命令在/root 下创建一个文件夹 input。
- 第三个命令将 Hadoop 的某个目录下的所有文件复制到刚创建的 input 目录中。
- 第四个命令运行 Hadoop 中的示例程序 hadoop-mapreduce-examples-3.3.0.jar。

4.5 配置伪分布 Hadoop

伪分布模式的 Hadoop 需要依赖 SSH 软件，因为 Hadoop 的主组件（NameNode）使用 SSH 远程登录到从节点主机去启动其他组件（DataNode 等），现在虽然各组件都运行于同一节点，但是依然使用 SSH 登录。当然，登录的是自己，其命令是 `ssh localhost`。

配置工作主要是编辑几个配置文件，都位于"etc/hadoop/"下。

我们需在独立模式基础上配置伪分布模式。如果你的容器退出了，可以通过这个命令重新启动它：`docker start hadoop`，再连接它的控制台：`docker attach hadoop`。

我们的主要工作是安装 SSH、修改配置文件。

4.5.1 安装并配置 SSH

SSH 一般安装的是 OpenSSH，可分成两个软件包（openssh-clients 和 openssh-server），不能只装一个，安装命令为"dnf install openssh-clients openssh-server"。

SSH 服务由 openssh-server 提供，必须先启动它，SSH 客户端才能连接。SSH 是一种基于非对称密码技术的安全网络服务，服务端必须准备好自己的公钥和私钥对才能正常运行，所以我们要先创建公私钥。执行以下两条命令创建两种公私钥对：

```
ssh-keygen -t dsa -P '' -f /etc/ssh/ssh_host_dsa_key
ssh-keygen -t rsa -P '' -f /etc/ssh/ssh_host_rsa_key
```

第一条命令为当前账户创建 DSA 算法的公钥和私钥。其中，-P 指定密码，其后的两个单引号表示密码为空（无密码）；-f 指明公私钥保存的文件名。这条命令会在/etc/ssh 目录下的".ssh"目录下创建两个文件：一个是 ssh_host_dsa_key，存放私钥；另一个是 ssh_host_dsa_key.pub，存放公钥。

第二条命令与第一条命令的作用相同，只不过算法是 RSA。

现在可以启动服务端了："/sbin/sshd"。

现在客户端还不可以登录，即使是在本机登录也不行，因为客户端也要准备自己的公私钥。客户端想以哪个账户登录，就要在哪个账户准备公私钥对。我们现在只有 root 账户，所以为 root 准备公私钥对，依次执行以下三条命令：

```
ssh-keygen -t rsa -P '' -f ~/.ssh/id_rsa
cat ~/.ssh/id_rsa.pub >> ~/.ssh/authorized_keys
chmod 0600 ~/.ssh/authorized_keys
```

第一条命令在 root 的 Home 目录的.ssh 中创建公私钥文件。

第二条命令将 root 的公钥加入文件 authorized_keys 中，这样可以实现免密登录，否则 SSH 会跟你要 root 密码。

第三条命令将 authorized_keys 文件的访问权限设置到合适的水平（只准文件所有者读写，这样可以最大限度地提高安全性）。

现在就可以用 SSH 登录本机了："ssh localhost"。注意，第一次登录还是需要输入一个"yes"才能成功：

```
[root@e8dc952e03ad .ssh]# ssh localhost
The authenticity of host 'localhost (127.0.0.1)' can't be established.
RSA key fingerprint is SHA256:zpBOcrL2RixywXgz6fYNL1jhDhIXSn2zoLhsIIWJz9s.
Are you sure you want to continue connecting (yes/no/[fingerprint])? yes
```

输入 yes 后按回车键，此时以 exit 退出账户时不会引起容器停止，因为只是退出了 SSH 登录，回到了原始登录状态。

4.5.2　安装其他命令行程序

除了 SSH，我们还要安装几个命令行程序。这几个命令都是基础命令工具，如果使用的是完整的 Linux 版本，就不用安装这些程序，这里我们使用的是删减过的 Linux，所以需要自己安装。

（1）安装 hostname 命令。这个命令用于查看机器主机名，可被 Hadoop 中的某些脚本使用。安装命令是：`dnf install hostname`。

（2）安装 find 命令。它用于在 Linux 文件系统中查找文件，被 Yarn 的某个脚本使用。安装命令是：`dnf install findutils`。

下面我们编辑各配置文件。

4.5.3　编辑 core-site.xml

core-site.xml（位置是/app/hadoop/etc/hadoop/core-site.xml）是容器内的文件，是 Hadoop 的核心配置文件，内容修改如下：

```
<configuration>
    <property>
        <name>fs.defaultFS</name>
        <value>hdfs://localhost:9000</value>
    </property>
```

```xml
    <property>
        <name>hadoop.security.authorization</name>
        <value>false</value>
    </property>
</configuration>
```

fs.defaultFS 项的作用是设置 NameNode 对外提供 HDFS 服务的端口为 9000，客户端通过这个端口访问 HFDS。

hadoop.security.authorization 指明是否开启用户认证。为了方便操作，我们关掉它，因为我们现在不关心数据的安全性。

4.5.4 编辑 hdfs-site.xml

此文件配置 HFDS 相关的参数：

```xml
<configuration>
    <property>
        <name>dfs.replication</name>
        <value>1</value>
    </property>
    <property>
        <name>dfs.permissions</name>
        <value>false</value>
    </property>
    <property>
        <name>dfs.namenode.name.dir</name>
        <value>/app/hdfs/namenode</value>
    </property>
    <property>
        <name>dfs.datanode.data.dir</name>
        <value>/app/hdfs/datanode</value>
    </property>
</configuration>
```

dfs.replication：文件副本数量，默认是 3，因为伪分布式模式只有一个 DataNode，所有副本数量只能是 1。

dfs.permissions：是否启用文件操作权限，我们给的值是 false，表示不启用，这样可以用普通账户写操作 HDFS 文件和目录。

dfs.namenode.name.dir：NameNode 用于存储数据的文件所在的路径。注意，这个路径不是 HDFS 内的路径，而是 Linux 的文件系统路径。HDFS 是建立在操作系统文件系统之上的，所以持久化的数据还需要借助普通文件。必须保证 Linux 系统中有/app/hdfs 这个目录，否则 NameNode 不能正确运行。

dfs.datanode.data.dir：DataNode 用于存储数据文件所在的路径（见 dfs.namenode.name.dir 的解释）。

注意，必须创建"/app/hdfs"目录（执行命令 `mkdir /app/hdfs`），namenode 和 datanode 两

个子目录不必创建,因为 namenode 和 datanode 目录会被自动创建。

到此为止,分布式 HDFS 已配置完成。后面编辑的配置文件是与 Yarn 相关的。

4.5.5 编辑 mapred-site.xml

配置 MapReduce 处理的相关参数,内容如下:

```xml
<configuration>
    <property>
        <name>mapreduce.framework.name</name>
        <value>yarn</value>
    </property>
    <property>
        <name>mapreduce.application.classpath</name>
        <value>
$HADOOP_MAPRED_HOME/share/hadoop/mapreduce/*,$HADOOP_MAPRED_HOME/share/hadoop/mapreduce/lib/*
        </value>
    </property>
</configuration>
```

mapreduce.framework.name:进行 MapReduce 计算所用的框架,其值为 yarn。

mapreduce.application.classpath:MapReduce 相关类文件的位置,可以指定多个,以":"分开。

4.5.6 编辑 yarn-site.xml

yarn-site.xml 内容如下:

```xml
<configuration>
    <property>
        <name>yarn.nodemanager.aux-services</name>
        <value>mapreduce_shuffle</value>
    </property>
    <property>
        <name>yarn.nodemanager.env-whitelist</name>
        <value>
JAVA_HOME,HADOOP_COMMON_HOME,HADOOP_HDFS_HOME,HADOOP_CONF_DIR,CLASSPATH_PREPEND_DISTCACHE,HADOOP_YARN_HOME,HADOOP_MAPRED_HOME
        </value>
    </property>
</configuration>
```

yarn.nodemanager.aux-services 指定在 Yarn 上运行的辅助服务,值为 mapreduce_shuffle,表示支持 MapReduce 运算框架。如果不指定此服务,我们的 MapReduce 程序将无法运行。

yarn.nodemanager.env-whitelist 是环境变量白名单,指定可以在 Yarn 中使用的环境变量,比如 mapred-site.xml 中使用了环境变量 HADOOP_MAPRED_HOME。如果此变量未被放入白名单,那么即使是定义了它,Yarn 也不承认,不会起作用。

白名单功能主要用于提高系统安全性。

4.5.7 编辑 hadoop-env.sh

在配置独立模式时，我们用过环境变量（主要设置了 JAVA_HOME），编辑的文件是 etc/hadoop/hadoop-env.sh。你可以看到多个"*-env.sh"文件，它们对应不同的组件，而 hadoop-env.sh 是全局级的。如果某个组件的 env.sh 中有与全局重复的内容，则组件的环境变量覆盖全局环境变量，这种"范围越小优先级越高"的做法是软件设计中的惯例。

下面我们需要再定义一些环境变量。

我们要告诉 Hadoop 在哪里能找到 MapReduce 相关的类（在伪分布和全分布模式下，Hadoop 是不能通过相对路径自动找到的），这在 mapred-site.xml 中已设置（见 mapreduce.application.classpath），但是指定的路径中使用了环境变量 HADOOP_MAPRED_HOME，我们需要定义此变量（注意，此变量还须加入白名单才起作用）。在 hadoop-env.sh 中增加一行：

```
export HADOOP_MAPRED_HOME=/app/hadoop
```

我们还需要告诉 Hadoop 各组件分别用哪个用户运行，因为我们实际上使用账户 root 运行 Hadoop，所以环境变量的值必须是 root。为了省事，我们将所有组件的用户环境变量都放在 hadoop-env.sh 中，添加以下几行即可：

```
export HDFS_NAMENODE_USER=root
export HDFS_DATANODE_USER=root
export HDFS_SECONDARYNAMENODE_USER=root
export YARN_RESOURCEMANAGER_USER=root
export YARN_NODEMANAGER_USER=root
```

最终 hadoop-env.sh 如下：

```
export JAVA_HOME=/usr/lib/jvm/java
export HADOOP_MAPRED_HOME=/app/hadoop

export HDFS_NAMENODE_USER=root
export HDFS_DATANODE_USER=root
export HDFS_SECONDARYNAMENODE_USER=root
export YARN_RESOURCEMANAGER_USER=root
export YARN_NODEMANAGER_USER=root
```

至此，伪分布式 Hadoop 就可以运行了。

4.5.8 运行伪分布式 Hadoop

初次运行，需要格式化 HDFS：`bin/hdfs namenode -format`。注意，如果是重新格式化，并且 /app/hdfs/datanode 目录存在，就必须先删除 datanode 目录。

运行 hdfs：`sbin/start-dfs.sh`。
运行 yarn：`sbin/start-yarn.sh`。

将 HDFS 和 Yarn 同时启动：`sbin/start-all.sh`。

注意，别忘了先启动 SSH 服务（`/sbin/sshd`）！

与独立模式不同，各组件会一直在内存中运行以提供服务。可使用 jps 查看进程：

```
[root@e8dc952e03ad hadoop]# jps
7665 SecondaryNameNode
7443 DataNode
7316 NameNode
7897 ResourceManager
8013 NodeManager
```

运行成功！但是不要高兴太早，这只是组件成功启动了，工作是否正常还需要试试。下面测试一下 HDFS 和 Yarn 是否正常工作。

（1）在 HDFS 的根目录下创建 user 目录：

`/app/hadoop/bin/hdfs dfs -mkdir /user`

（2）在/user 目录下创建与操作 Hadoop 账户名相同的目录：

`/app/hadoop/bin/hdfs dfs -mkdir /user/root`

（3）在/user/root 目录下创建 input 目录：

`/app/hadoop/bin/hdfs dfs -mkdir input`

注意，input 不是一个绝对路径。在操作 HDFS 时，如果指定的不是绝对路径，就在"/user/账户名"下工作。

（4）将 Hadoop 的 etc/hadoop/下的所有文件上传到 HDFS 的/user/root/input 下：

`/app/hadoop/bin/hdfs dfs -put etc/hadoop/*.xml input`

（5）执行 MapReduce 程序：

`/app/hadoop/bin/hadoop jar /app/hadoop/share/hadoop/mapreduce/hadoop-mapreduce-examples-3.3.0.jar grep input output 'dfs[a-z.]+'`

bin/hadoop 是一个命令行程序，参数 jar 表示后面跟一个 Java 程序文件，"grep input output 'dfs[a-z.]+'"是传给程序的参数，grep 的作用与 Linux 下的 grep 类似，此程序会分析 input 目录中的文件，将结果放在 output 目录中（input 和 output 都是 HDFS 中的），output 目录会被自动创建。

（6）将 ouput 中的文件下载到宿主机文件系统中：

`/app/hadoop/bin/hdfs dfs -get output output`

这会在宿主机创建一个 output 目录，结果就在其中。

（7）查看结果：

```
cat output/*
[root@e8dc952e03ad hadoop]# cat output/*
1       dfsadmin
```

```
    1        dfs.replication
    1        dfs.permissions
    1        dfs.namenode.name.dir
    1        dfs.datanode.data.dir
    ......
```

结果可能与这里的不同，只要有结果，就说明 MapReduce 可以工作；如果没有，就要找原因了。找原因时要先看日志，日志位置在/app/hadoop/logs 目录下：

```
[root@e8dc952e03ad hadoop-3.3.0]# ls logs
    SecurityAuth-root.audit
hadoop-root-namenode-e8dc952e03ad.out.1
hadoop-root-nodemanager-e8dc952e03ad.out.4
hadoop-root-secondarynamenode-e8dc952e03ad.out
    hadoop-root-datanode-e8dc952e03ad.log
hadoop-root-namenode-e8dc952e03ad.out.2
hadoop-root-nodemanager-e8dc952e03ad.out.5
hadoop-root-secondarynamenode-e8dc952e03ad.out.1
    hadoop-root-datanode-e8dc952e03ad.out
hadoop-root-namenode-e8dc952e03ad.out.3
hadoop-root-resourcemanager-e8dc952e03ad.log
hadoop-root-secondarynamenode-e8dc952e03ad.out.2
    hadoop-root-datanode-e8dc952e03ad.out.1
hadoop-root-namenode-e8dc952e03ad.out.4
hadoop-root-resourcemanager-e8dc952e03ad.out
hadoop-root-secondarynamenode-e8dc952e03ad.out.3
    hadoop-root-datanode-e8dc952e03ad.out.2
hadoop-root-namenode-e8dc952e03ad.out.5
hadoop-root-resourcemanager-e8dc952e03ad.out.1
    ......
```

*.log 文件是日志文件，从中间的文件名部分可以看出它对应哪个组件。

4.5.9 状态监控

Hadoop 提供了多个 Web 服务，供用户以网页的形式查看组件的状态。HDFS 的 Web 侦听端口默认是 9870，Yarn 的 Web 侦听端口默认是 8088。

Docker 容器中的系统没有浏览器，所以我们需要在容器的外面访问其网页。然而，容器所在的虚拟网络不允许我们在容器外连接容器内的端口，怎么办呢？为容器做端口映射。

只能在创建容器时为 Docker 容器指定端口映射，所以我们无法为当前的容器添加端口映射，只能重新创建容器。但是我们不想再以原始镜像创建新容器，因为这需要重新配置一遍 Hadoop，很麻烦，我们应该在当前容器的基础上创建新容器。Docker 提供了一个命令 commit，可以将一个容器中的系统保存为一个镜像，比如：

```
docker commit -m="伪分布式 Hadoop" -a="niu" hadoop hadoop-pseudo:v1
```

其中的参数解释如下：

- -m 指定注释。
- -a 是作者。
- hadoop 是容器名，镜像就是用它里面的系统创建的。
- hadoop-pseudo:v1 是要创建的镜像的名字。

有了新镜像之后，在它的基础上创建容器，同时指定端口映射：

```
docker run -it -p 9870:9870 -p 8088:8088 --name hadoop-pseudo hadoop-pseudo:v1 /bin/bash
```

其中，-p 指定端口如何映射，冒号左边是宿主机端口，右边是容器的端口。如果有多个端口需要映射，就需要用多个-p 指定。其余参数前面解释过。

新的容器名叫 hadoop-pseudo，进入新容器后，会发现系统与原来的容器一模一样。

先启动 SSH 服务端，再启动 Hadoop。此时可以在宿主机中打开浏览器，通过宿主机的主机地址访问 Hadoop 的 Web 页面，比如查看 HDFS 的状态（见图 4-18）、查看 Yarn 的状态（见图 4-19）。

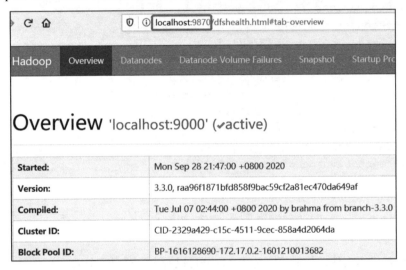

图 4-18

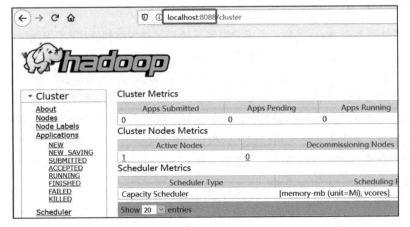

图 4-19

IP 地址是 localhost，代表宿主机自身。因为做了端口映射，所以通过宿主机的地址和端口就可以访问容器内的服务。

> **注 意**
>
> 设置端口映射时，必须保证端口不冲突，比如保证宿主机上没有其他服务占用 9870 端口。如果被占用，你访问不到容器内的服务，就可以将宿主机的端口改为其他端口，不须与容器内的端口相同，比如改为 "-p 19870:9870"，就可以通过 http://localhost:19870 访问到 HFDS 页面。

4.6 基于 Dockerfile 的伪分布 Hadoop

我们前面创建了新镜像 hadoop-pseudo:v1，它是通过修改一个容器系统生成的，通过镜像可以保存我们对一个操作系统的配置成果。然而，这种方式还存在一些缺点，如果发现镜像有问题，要修改镜像同时又不想创建新镜像，就只能重复"运行原容器→修改系统→提交镜像"这套动作，有时会相当烦琐。有没有办法避免这种麻烦呢？当然有，下面隆重请出 Dockerfile，用它创建一个 Hadoop 伪分布镜像。

4.6.1 Dockerfile

Dockerfile 只是一个文本文件，描述了一个镜像的信息，可以非常简便地创建一个镜像。下面给出描述我们要创建的伪分布式 Hadoop 镜像的 Dockerfile，并以此为例学习一下：

```
FROM fedora:latest

ENV HADOOP_HOME /app/hadoop
ENV JAVA_HOME /usr/lib/jvm/java

USER root

RUN dnf install java-1.8.0-openjdk-devel \
&& dnf install openssh-server openssh-clients \
&& dnf install hostname fildutils -y \
   && ssh-keygen -q -t rsa -b 2048 -f /etc/ssh/ssh_host_rsa_key -N '' \
   && ssh-keygen -q -t ecdsa -f /etc/ssh/ssh_host_ecdsa_key -N '' \
   && ssh-keygen -t dsa -f /etc/ssh/ssh_host_ed25519_key -N '' \
   && ssh-keygen -t rsa -P '' -f ~/.ssh/id_rsa \
   && cat ~/.ssh/id_rsa.pub >> ~/.ssh/authorized_keys \
   && chmod 0600 ~/.ssh/authorized_keys \
&& mkdir /app/hdfs

#NameNode WEB UI 服务端口
EXPOSE 9870
#nn 文件服务端口
```

```
EXPOSE 9000
#dfs.namenode.secondary.http-address
EXPOSE 9868
#dfs.datanode.http.address
EXPOSE 9864
#dfs.datanode.address
EXPOSE 9866

CMD /sbin/sshd -D
```

- FROM：从哪个镜像创建本镜像。我们的镜像必须从其他镜像派生，如果想从零搞一个镜像，那是不可能的，至少要从 Docker 官方提供的镜像派生。本文件指明从最新版的 Fedora 派生。
- ENV：在容器内创建环境变量。HADOOP_HOME 指向 Hadoop 在容器内的安装位置"/app/hadoop"，JAVA_HOME 指向容器内 JDK 的安装位置。
- USER：指明了后面的命令运行所使用的账户，注意指的是容器内。
- RUN：在镜像构建过程中要执行的一系列命令。命令之间以"&&"分隔，反斜杠"\"表示下面的行与本行是同一行。注意，这些命令是在容器内执行的，也就是说镜像在构建过程中会创建临时容器。在容器中运行这些指令，对系统进行配置。
- EXPOSE：容器要暴露出来的端口。在运行容器时，通过加参数"-P"自动为这些端口做端口映射。我们所暴露出来的都是 Hadoop 中各组件对外服务的端口，各节点间通信的端口不需暴露，因为我们不需在外部连接它。
- CMD：指明当由此镜像创建的容器启动后首个要执行的程序。我们要运行的是 sshd，因为启动组件需要用到它。注意，容器初次启动后要执行"ssh localhost"，以实现免密登录。

其实这个文件就是把一些系统内的操作和配置动作罗列出来，在构建镜像时一步步执行。

> **提 示**
>
> dnf install 语句安装了两个新的程序：一个是 hostname，用于查看本机的 HostName；一个是 findutils，包含 find 命令。它们都是 Yarn 中要用到的。本来这些基础命令是每个 Linux 系统自带的，但是由于 Docker 镜像被精简得太狠，因此需要手动安装。

4.6.2 构建 Hadoop 镜像

从 Dockerfile 构建镜像非常简单，只需一条命令：

```
docker build -t hadoop-pesudo:dockerfile .
```

其中，-t 表示镜像的名字，叫作 hadoop-pesudo，其 tag 为 dockerfile。

注意，最后是一个"."，不要忽略了，它表示 dockerfile 文件所在的路径。"."指当前路径，也就是说，如果要这条命令正确执行，就必须在 dockerfile 所在的路径下。

执行需要一些时间，可能需要下载 fedora 镜像，然后在临时容器内执行那些软件安装和配置

> **注 意**
>
> 在 Windows 10 下执行镜像构建时，如果发现 dockerfile 下有其他文件，则构建过程非常慢！即使明确指定 dockerfile 文件名也不行。如果遇到这种情况，可以把 dockerfile 放在单独的文件夹下。

4.6.3 运行容器

运行命令为：

```
docker run -d -p 9000:9000 -p 9870:9870 -p 9866:9866 -p 9867:9867 \
--hostname hadoop330 \
--mount type=bind,source=F:\workspace\hadoop-3.3.0,target=/app/hadoop \
--name hadoop-pesudo-dockerfile hadoop-pesudo:dockerfile
```

- -p: 表示将 dockerfile 中 expose 指定的端口自动映射到宿主机，由于我们没有指定宿主机的端口号，因此映射出来的端口号是自动分配的。我们要在容器外访问 Hadoop，就必须做好端口映射，因为无法通过容器的 IP 地址访问容器。
- -d: 表示容器在后台运行，这样在启动容器后，控制台不与容器绑定，就可以运行新的命令（宿主机的）。我们之前都是利用参数-it 和 bash 连接到容器的控制台，这次为什么不这样做呢?主要是因为镜像的 dockerfile 中指定容器启动后要执行 sshd，如果再在 docker run 中指定容器启动后执行的程序，就会覆盖 dockerfile 中的设置。那么我们如何连接容器的控制台呢？执行命令"docker exec -it hadoop-pesudo-dockerfile /bin/bash"即可。注意，以 docker exec 方式连接容器后，执行 exit 退出容器不会导致容器停止。
- --hostname: 指定容器的 hostname，这里指定为 hadoop330。这一步非常重要，必须将 fs.defaultFS 的主机地址指定为 hadoop330，而不能是 localhost，否则在容器外无法访问 HDFS 服务。
- --mount: 表示创建一个卷（volumn，卷是用于容器与宿主或容器与容器之间共享数据的 Docker 组件）。你也可以认为是把宿主机的一个目录映射到容器中的某个目录，当目录中的文件被改变时，两者都能立马看到。

"type=bind,source=宿主机目录,target=容器内目录"描述了这个卷，类型为 bind，这种卷可以将宿主机内的任意目录映射到容器内。source 指定宿主机目录，必须是一个绝对路径（改成自己的 Hadoop 目录）；target 指定容器内的目录。这样的话我们可以在宿主机内准备好 Hadoop，而不必在容器内使用命令行下载、解压等。F:\workspace\hadoop-3.3.0 是笔者的宿主机中 Hadoop 的路径，所以需要提前将 Hadoop 压缩包下载到宿主机，并解压到 F:\workspace 目录，这样容器内的 HADOOP_HOME 就可以指向/app/hadoop 了。

这条命令从镜像 hadoop-pesudo:dockerfile 创建一个容器 hadoop-pesudo-dockerfile 并运行之。容器运行后，利用 `docker ps` 可以看到如下信息：

```
CONTAINER ID   IMAGE                     COMMAND              CREATED       STATUS   PORTS   NAMES
cd2c7f8c5e65   hadoop-pesudo:dockerfile  "/bin/sh -c '/sbin/s…"  56 seconds ago
```

```
Up 54 seconds 0.0.0.0:32777->9000/tcp, 0.0.0.0:32776->9864/tcp,
0.0.0.0:32775->9866/tcp, 0.0.0.0:32774->9867/tcp, 0.0.0.0:32773->9870/tcp
hadoop-pesudo-dockerfile
```

重点关注一下 PORTS，可以从中看到端口映射的情况。

> **注 意**
> 此时在容器中执行 `exit` 不会使容器停止，而是需要在宿主机中执行命令 `docker stop hadoop-pesudo-dockerfile`。

下面可以运行程序了吗？不可以，还需要配置一下 Hadoop。

4.6.4 配置 Hadoop

当前的 Hadoop 目录是宿主机与容器共享的，所以对配置文件的编辑可以在宿主机内方便地进行。如果宿主机系统也是 Windows，建议使用 notepad++编辑。

Hadoop 配置方式请参考前面"配置伪分布式 Hadoop"一节，etc/hadoop 下相关文件的内容大部分应与它一样（相关文件包括 core-site.xml、hdfs-site.xml、mapred-site.xml、yarn-site.xml、hadoop-env.sh），其中只有一处不同，即 core-site.xml 中的 fs.defaultFS 值需要修改：

```
<property>
    <name>fs.defaultFS</name>
    <value>hdfs://hadoop330:9000</value>
</property>
```

HFDS URL 中的主机地址部分必须用 hostname（我们已经在 docker run 中指定为 hadoop330），而不能是 localhost，否则在容器外无法访问 HFDS，会报端口映射错误。

如果此时容器正在运行，那么我们对 Hadoop 配置文件的修改会立即反映到容器内。你需要在容器内重启 Hadoop 才能使新的配置生效。

运行 `docker exec -it hadoop-pesudo-dockerfile bash`，可以进入容器的控制台。

下面在容器内操作，首先执行 `ssh localhost`，再输入"yes"，完成免密登录，然后确认 Hadoop 路径映射是否正确。

进入 HADOOP_HOME 目录 `cd /app/hadoop`，列出其下文件：

```
LICENSE-binary LICENSE.txt NOTICE-binary NOTICE.txt README.txt bin etc
include lib libexec licenses-binary sbin share
```

接着执行 `/app/hadoop/bin/hdfs namenode -format` 格式化 NameNode，再执行 `sbin/start-all.sh` 启动 Hadoop，最后执行 `jps` 命令确定各进程是否都已启动：

```
[root@0bd6a37b1337 hadoop]# jps
1136 SecondaryNameNode
1728 Jps
1553 NodeManager
965 DataNode
870 NameNode
```

1449 ResourceManager

至此，基于 dockerfile 的 Hadoop 配置成功了。

4.7 配置全分布式 Hadoop

要配置一个全分布式 Hadoop，有一个难题摆在眼前：没有足够的计算机。一般人只有一两台计算机，而分布式 Hadoop 至少需要 3 台计算机（最好是 5 台，多多益善）。即使你有 5 台计算机，先将网络配置好，再分别配置 Hadoop，这个工作量也相当大，并且烦琐重复，不便于携带，不利于随时学习。

我们最好选择使用虚拟机，那么问题来了，普通虚拟机（比如 VMWare/VirtualBox 等）中运行的系统是相当大的，动不动就需要十几吉字节的内存，所以一台普通的计算机很难拖动 3 台以上运行 Hadoop 这种大型软件的虚拟机。这时我们可以使用 Docker 容器。

Docker 提供了一个工具，可以很容易地帮我们配置一个 Docker 集群，让集群中的各容器相互连通，组成一个虚拟局域网。

4.7.1 组件部署架构

我们使用 5 个容器：1 个作为主节点（master1），运行 NameNode 和 ResourceManager；还有 1 个作为主节点（master2）运行 SecondaryNameNode；剩余 3 个作为从节点（worker1、worker2、worker3）运行 DataNode 和 NodeManager，如图 4-20 所示。

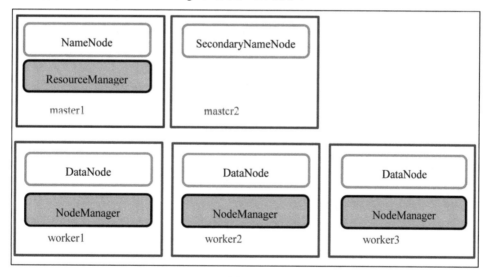

图 4-20

注意，我们将 SecondNameNode 运行在与 NameNode 不同的节点上，因为 SecondNameNode 帮 NameNode 合并 Edits 和 FSImage，在不同的节点上更符合实际使用模式；NodeManager 与 DataNode 运行在相同的节点上，这样在某些情况下会提高文件的读取速度，因为 NodeManger 中的计算任务会优先尝试从本节点读取文件副本。

4.7.2 配置思路

在每个容器中都要安装和部署 Hadoop 程序，并且每个容器上的配置文件完全相同。也就是说 Hadoop 各个组件的程序在各节点上都存在，但是不一定运行它，一个节点运行哪些组件由配置文件决定。当 start-hdfs.sh 启动时，它会根据 core-site.xml 中的 fs.defaultFS 参数确定哪个节点运行 NameNode 组件，根据 works 中的主机或 IP 地址决定哪些节点运行 DataNode 组件。

使用普通虚拟机配置分布式 Hadoop 的过程非常烦琐：在每台机器上安装 Hadoop、在每台机器上修改配置文件、建立一些目录、在各机器间设置 SSH 免密登录等。使用 Docker 容器可以避免这些麻烦。后面还会学到一种简便地创建容器集群的方法，让学习变得轻松有趣（其实也不轻松，但相比使用普通虚拟机轻松多了）。

如果从头开始配置，过程与伪分布式差不多，所以我们在伪分布式基础上进行配置，只要改几处设置项就可以了。

注意，各节点上必须有相同的 Hadoop 程序、相同的配置文件，所以我们在一个容器中配置好 Hadoop，然后从它创建一个 Docker 镜像，然后以此镜像创建 5 个容器，再以这些容器组成局域网，使它们可以互相通信，最后使它们可以相互 SSH 免密登录。

下面我们先将配置文件修改一下，使其适应分布式模式。

4.7.3 修改配置文件

对配置文件的编辑需要在容器内进行，所以需要启动容器 hadoop-pseudo 并连接控制台，然后修改各文件并保存。

如果容器不存在了，请参考前面的章节从 hadoop-pseudo:v1 镜像重新创建。

利用 `docker exec -it hadoop-pseudo bash` 命令进入容器，再执行 `cd /app/hadoop/etc/hadoop` 命令进入 Hadoop 的配置目录，使用编辑器 vi 进行文件编辑。

预设有 3 个 DataNode，所以文件副本数量最多可以设置为 3，修改文件 hdfs-site.xml：

```
<name>dfs.replication</name>
<value>3</value>
```

我们设计 SecondNameNode 运行在与 NameNode 不同的节点上。依然需要修改 hdfs-site.xml，增加一个<property>，设置 SecondNameNode 运行在节点 master2 上，其进程所监听的端口为 50090（这里也决定了节点 master2 的角色）：

```
<property>
    <name>dfs.namenode.secondary.http-address</name>
    <value>master2:50090</value>
</property>
```

hdfs-site.xml 的最终内容如下：

```
<configuration>
    <property>
        <name>dfs.replication</name>
```

```xml
        <value>3</value>
    </property>
    <property>
        <name>dfs.permissions</name>
        <value>false</value>
    </property>
    <property>
        <name>dfs.namenode.name.dir</name>
        <value>/app/hdfs/namenode</value>
    </property>
    <property>
        <name>dfs.datanode.data.dir</name>
        <value>/app/hdfs/datanode</value>
    </property>
    <property>
        <name>dfs.namenode.secondary.http-address</name>
        <value>master2:50090</value>
    </property>
</configuration>
```

最后，告诉 NameNode 和 ResourceManager 它们的从节点是谁（设置了 3 个从节点角色）。这需要编辑一个新的文件 workers，原有内容只有一行"localhost"，表示从节点是自己（伪分布式下很合理），现在不用什么都自己干了，所以修改如下：

```
worker1
worker2
worker3
```

另外，将容器中/app/hdfs 下的所有文件夹删掉（rm -rf *），使镜像小一点，而且后面要重新格式化 HDFS，那些文件夹的存在会引起格式化失败！

最后，在宿主系统执行命令 `docker commit -m="HFDS Distributed" -a="niu" hadoop-pseudo hadoop-distributed:v1`，生成一个新的镜像 hadoop-distributed:v1。下一小节我们用此镜像创建 5 个容器，组成集群，为分布式系统准备好硬件环境。

4.7.4 创建集群

创建 5 个容器，分别命名为 master1、master2、worker1、worker2、worker3。我们本可以利用 docker run 命令分别创建各容器，并利用一些参数将它们加入一个虚拟局域网中，但是太麻烦了，一步也不能出错。docker-compose 可以帮我们轻松完成整个过程，且便于以后的维护和升级。

docker-compose 是一个帮助我们创建和管理多个容器的工具,使我们可以轻松运行基于局域网的多容器程序。

它基于一个 yaml 格式的文本文件来创建容器集群，名称叫作 docker-compose.yml。如果文件不是此名，需在执行 docker-compose 时用参数"-f yaml 文件名"来指定。下面按照我们所设计的集群架构创建的 docker-compose.yml 文件：

```
version: '3'
```

```
services:
  master1:
    image: hadoop-distributed:v1
    stdin_open: true
    tty: true
    command: /sbin/sshd -D
    ports:
      - "9000:9000"
      - "9870:9870"
      - "8088:8088"
  master2:
    image: hadoop-distributed:v1
    stdin_open: true
    tty: true
    command: /sbin/sshd -D
  worker1:
    image: hadoop-distributed:v1
    stdin_open: true
    tty: true
    command: /sbin/sshd -D
  worker2:
    image: hadoop-distributed:v1
    stdin_open: true
    tty: true
    command: /sbin/sshd -D
  worker3:
    image: hadoop-distributed:v1
    stdin_open: true
    tty: true
    command: /sbin/sshd -D
```

YAML 格式的文件很容易理解，一看就知道它表达的是一个树型结构。与 XML 不同，它是靠换行来区分每个元素的，然后以缩进来表明父子关系；最后用冒号来区分 Key 和 Value。下面解释一下各元素的意义。

- version：版本号。
- services：服务。它的子元素定义了多个服务，其实你可以直接认为一个服务就是一个容器。这里定义了 5 个 service，它们的名字正好对应设计中的 5 个容器。
- image：容器所使用镜像的名字，注意 "image:" 后面必须有空格，因为 Value 中也可以包含冒号，如果没有空格，则无法区分哪一段是 Key、哪一段是 Value。
- stdin_open 和 tty：都设置为 true，使我们可以用 `docker exec` 单独连接各容器，以操作它们。
- command：指明容器启动完成后马上执行的命令，我们将 sshd 启动，以接收 ssh 登录请求。
- ports：端口映射，对应前面所执行的 `docker run` 命令中的 "-p" 参数。

假设 docker-compose.yml 文件位于 "F:\workspace\docker" 目录下，只需在此目录下执行 `docker-compose up` 就可创建和运行所有容器：

```
F:\workspace\docker>docker-compose up
Creating docker_master2_1 ... done
Creating docker_worker3_1 ... done
Creating docker_master1_1 ... done
Creating docker_worker1_1 ... done
Creating docker_worker2_1 ... done
Attaching to docker_worker2_1, docker_worker3_1, docker_worker1_1, docker_master2_1, docker_master1_1
```

如果要停止所有容器，按 Ctrl+C 快捷键即可。如果想在后台运行这些容器，需执行 `docker-compose up -d`。在此情况下，在控制台中执行 `docker-compose stop` 可以停止所有容器。当容器停止时，执行 `docker-compose rm` 可以删除所有容器。

查看当前正在运行的容器（如果不是在后台运行，需另开一个控制台窗口）：

```
C:\Users\Administrator> docker ps
CONTAINER ID        IMAGE                 COMMAND             CREATED
STATUS              PORTS                 NAMES
    e228bda1e418        hadoop-distributed:v1     "/bin/bash"         42 minutes ago
Up 42 minutes
docker_worker1_1
    c2f465718db7        hadoop-distributed:v1     "/bin/bash"         42 minutes ago
Up 42 minutes
docker_worker3_1
    02dd9d76d7df        hadoop-distributed:v1     "/bin/bash"         42 minutes ago
Up 42 minutes
docker_worker2_1
    d0737d74d974        hadoop-distributed:v1     "/bin/bash"         42 minutes ago
Up 42 minutes      0.0.0.0:8088->8088/tcp, 0.0.0.0:9000->9000/tcp,
0.0.0.0:9870->9870/tcp    docker_master1_1
    0a1ebc56778d        hadoop-distributed:v1     "/bin/bash"         42 minutes ago
Up 42 minutes
docker_master2_1
```

可以看到 docker-compose 自动将容器命名为 docker_worker1_1 这样的形式，而不是我们在 docker-compose.yml 中定义的 service 名，因为在容器内可以以 service 名来与其他容器进行网络通信（比如，在某个容器内可以用 master2 为主机名 ping 通容器 docker_master2_1）。

这些容器在网络上是互相联通的，也就是说同时创建了一个虚拟局域网。下面我们可以连接到各容器的控制台启动 Hadoop 了。

4.7.5 启动集群

第一次启动 Hadoop 需要做一些准备工作，首先是 SSH 免密登录，不需要所有的节点都互相免密登录，因为 NameNode 要启动其他节点上的组件，所以只要 master1 可以免密登录其他 4 个节点就可以了。其次还要对 HDFS 进行初始化，也就是格式化！

1. SSH 免密登录

连接 master1 的控制台：`docker exec -it docker_master1_1 /bin/bash`。进入 master1 后，以命令 `ssh server名字` 分别登录其他 4 个节点，比如登录 master2，如图 4-21 所示。

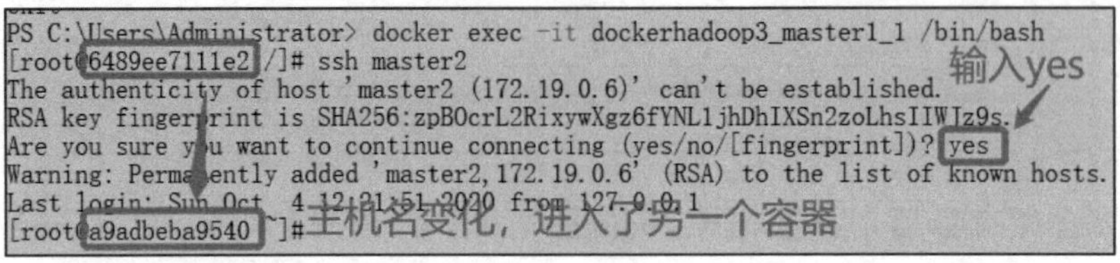

图 4-21

中间有询问的步骤，一定要输入"yes"。

注意，要执行 `exit` 退出已 SSH 登入的节点，回到 master1 后再登录其他节点，之后就可以自动登录了。连接命令：`docker exec -it docker_master1_1 /bin/bash`，在容器内执行 SSH 登录：

```
ssh master2
......
exit
ssh worker1
......
exit
ssh worker2
......
exit
ssh worker3
......
exit
```

2. 格式化 HDFS

再强调一遍，各容器内的/app/hdfs 目录必须为空！如果不是，就手动清空。

连接 master1 的控制台，进入/app/hadoop 目录，执行 `bin/hdfs namenode -format`。注意查看日志，如果没有错误，则格式化成功；如果有错误，则根据错误查找问题。

```
    2020-10-06 01:34:15,474 INFO common.Storage: Storage directory
/app/hdfs/namenode has been successfully formatted.
    2020-10-06 01:34:15,523 INFO namenode.FSImageFormatProtobuf: Saving image file
/app/hdfs/namenode/current/fsimage.ckpt_0000000000000000000 using no compression
    2020-10-06 01:34:15,745 INFO namenode.FSImageFormatProtobuf: Image file
/app/hdfs/namenode/current/fsimage.ckpt_0000000000000000000 of size 399 bytes
saved in 0 seconds .
    2020-10-06 01:34:15,774 INFO namenode.NNStorageRetentionManager: Going to
```

```
retain 1 images with txid >= 0
   2020-10-06 01:34:15,782 INFO namenode.FSImage: FSImageSaver clean checkpoint:
txid=0 when meet shutdown.
   2020-10-06 01:34:15,782 INFO namenode.NameNode: SHUTDOWN_MSG:
```

3. 启动 Hadoop

执行命令 *sbin/start-all.sh*。注意观察日志输出是否报告异常，也可以通过 jps 命令查看进程是否运行。各节点上运行的进程如下：

- master1：NameNode、ResourceManager。
- master2：SecondaryNameNode。
- worker1：DataNode、NodeManager。
- worker2：DataNode、NodeManager。
- worker3：DataNode、NodeManager。

要停止 Hadoop，需执行 *sbin/stop-all.sh*。

4. 查看 Web 界面

因为在 docker-compose.yml 中指明了 master1 节点的端口映射，所以可以在宿主机中启动浏览器，在地址栏输入"localhost:9870"查看 HFDS 状态、输入"localhost:8088"查看 Yarn 的状态。至此，一个真正分布式的 Hadoop 配置成功！

4.8　Windows 下运行 Hadoop

由于 Windows 是大家常用的系统，因此补充一下在 Windows 下如何搭建伪分布模式的 Hadoop。

4.8.1　配置独立模式 Hadoop

（1）下载并解压 Hadoop 包，下载地址与 Linux 中一样。

（2）配置 JAVA_HOME 环境变量。与 Linux 下不同，在 Windows 下需配置 etc\hadoop\hadoop-env.cmd 文件：

```
set JAVA_HOME=C:\Progra~1\Java\jdk1.8.0_161
```

> **注　意**
>
> 路径中不能有空格，所以 Program Files 要写成 Progr~1。同时请安装 1.8 版的 JDK，因为 Hadoop3 最高支持到此版本。当前可以在 https://www.oracle.com/java/technologies/javase/javase-jdk8-downloads.html 找到。

（3）下载 Window 版的 bin 目录，替换 Hadoop 的 bin 目录。在 Github 托管地址 https://github.com/steveloughran/winutils 中可以下载 bin 目录。

（4）依次执行以下几条命令进行测试：

- mkdir input
- cp etc/hadoop/*.xml input
- hadoop jar share/hadoop/mapreduce/hadoop-mapreduce-examples-3.3.0.jar \
- grep input output 'dfs[a-z.]+'
- cat output/*

（5）常见错误。

遇到异常 java.lang.UnsatisfiedLinkError 时，一般是因为 bin 下包含的 native 库文件与 lib/native 下的库文件不兼容。要解决这个问题，既可以自己下载 Hadoop 源码编译，也可以多在网上找找其他人编译的 wintuils，比如在 https://github.com/selfgrowth/apache-hadoop-3.1.1-winutils 中下载 3.1.1 版的 bin 目录。版本虽然有差距，但是二进制文件是兼容的。上面所推荐的地址 https://github.com/steveloughran/winutils 中下载的并不兼容，后面新版本可能会修正这个问题。

现在完成了独立模式的 Hadoop，其实没有什么用，主要是为了验证 Hadoop 所需的软件环境是否正确。在此基础上，我们就可以配置伪分布式 Hadoop 了。

4.8.2　配置伪分布式 Hadoop

需要做的事与 Linux 下没有什么区别，主要是修改几个配置文件。

core-site.xml：

```xml
<configuration>
    <property>
        <name>fs.defaultFS</name>
        <value>hdfs://localhost:9000</value>
    </property>
</configuration>
```

hadoop-env.cmd：

```
set JAVA_HOME=C:\Progra~1\Java\jdk1.8.0_161
```

注意，不能是"Program files"，必须是"Progra~1"。

hdfs-site.xml：

```xml
<configuration>
    <property>
        <name>dfs.replication</name>
        <value>1</value>
    </property>
    <property>
        <name>dfs.permissions</name>
        <value>false</value>
    </property>
    <property>
        <name>dfs.namenode.name.dir</name>
```

```
            <value>/F:/hdfs/namenode</value>
        </property>
        <property>
            <name>dfs.datanode.data.dir</name>
            <value>/F:/hdfs/datanode</value>
        </property>
</configuration>
```

注意，路径必须以"/"开头，请改成你自己的路径。同时 F:/hdfs 这一级目录必须手动创建！

mapred-site.xml：

```
<configuration>
    <property>
        <name>mapreduce.framework.name</name>
        <value>yarn</value>
    </property>
    <property>
        <name>mapreduce.application.classpath</name>
        <value>
%HADOOP_HOME%/share/hadoop/mapreduce/*,%HADOOP_HOME%/share/hadoop/mapreduce/lib/*
        </value>
    </property>
</configuration>
```

注意，官网是 Linux 下的配置，Windows 下环境变量以"%"开头，路径之间是以","分割，否则可能会报出"找不到 MapReduce 相关类"的错误。

yarn-site.xml：

```
<configuration>
    <property>
        <name>yarn.nodemanager.aux-services</name>
        <value>mapreduce_shuffle</value>
    </property>
    <property>
        <name>yarn.nodemanager.env-whitelist</name>
        <value>
JAVA_HOME,HADOOP_COMMON_HOME,HADOOP_HDFS_HOME,HADOOP_CONF_DIR,CLASSPATH_PREPEND_DISTCACHE,HADOOP_YARN_HOME,HADOOP_MAPRED_HOME
        </value>
    </property>
</configuration>
```

有两个环境变量必须配置：一是 HADOOP_HOME，二是 PATH。Window 10 配置环境变量的窗口可以从"开始"菜单打开，如图 4-22 所示。

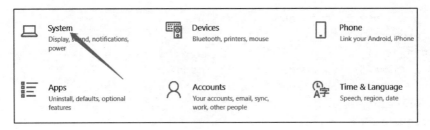

图 4-22

打开系统页面，单击 About，如图 4-23 所示。

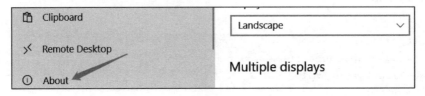

图 4-23

在关于（About）页面单击 Advanced system settings，如图 4-24 所示。
打开系统属性窗口，单击 Environment Variables 按钮，如图 4-25 所示。

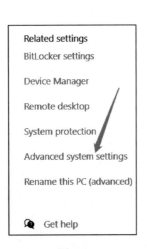 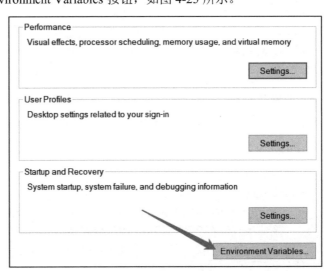

图 4-24　　　　　　　　　　图 4-25

在环境变量窗口中添加 HADOOP_HOME 变量，指向正确的 Hadoop 目录，如图 4-26 所示。

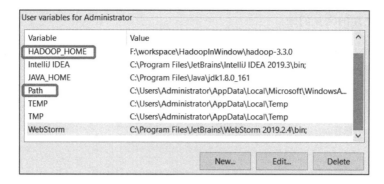

图 4-26

修改 Path 变量，添加 Hadoop 的 bin 目录，如图 4-27 所示。

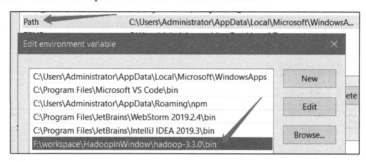

图 4-27

配置完成。运行方法与 Linux 中类似，只是脚本文件的扩展名变成了 cmd。在 hadoop 的目录下执行 `sbin\start-dfs.cmd` 会启动两个 cmd 窗口，一个运行 namenode，一个运行 datanode；如果要运行 Yarn，再执行命令 `sbin\start-yarn.cmd`，运行后的窗口如图 4-28 所示。

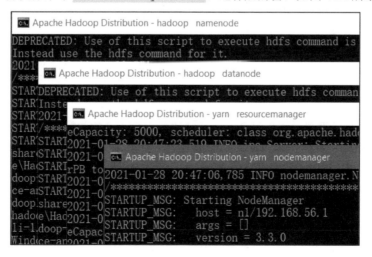

图 4-28

在浏览器中打开 http://localhost:9870 和 http://localhost:8088，分别可以看到 HDFS 和 Yarn 的监控网页。

此配置过程出现的常见问题：

- Exception message: CreateSymbolicLink error (1314)，表示无权限创建符号链接，需要以管理员权限运行 cmd。
- 如果报出无法建立 SSH 连接的错误，也是因为无权限，需要管理员权限。
- 如果报出找不到 Hadoop 文件的错误，是因为没有将 Hadoop 的 bin 目录放入 PATH 环境变量。

4.9 Yarn 调度配置

Yarn 默认提供了两种基于队列的调度器，分别对应类 CapacityScheduler（容量调度器）和类 FairScheduler（公平调度器），如果不满足，也可以实现自己的调度器。

这两种调度器的队列都是可以包含子队列的，子队列还可以有自己的子队列。子队列会把父队列所占的那部分资源再按设定的比例划分。

Hadoop 默认使用了容量调度器，如图 4-29 所示（Yarn 的 Web 服务端口是 8088）。

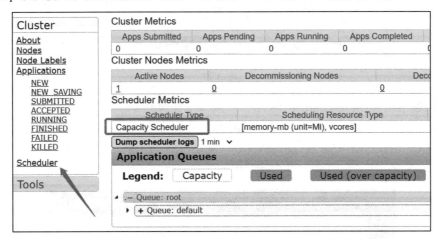

图 4-29

如果要选择其他调度器，需在 Hadoop 的 conf/yarn-site.xml 中为配置项 yarn.resourcemanager.scheduler.class 设置值，值是类的全限定名（就是带有包名），比如选择容量调度器：

```
<property>
  <name>yarn.resourcemanager.scheduler.class</name>
  <value>
org.apache.hadoop.yarn.server.resourcemanager.scheduler.capacity.FairScheduler
  </value>
</property>
```

对各种调度器的具体配置使用不同的配置文件。

4.9.1 容量调度器

容量调度器对应的类名为 org.apache.hadoop.yarn.server.resourcemanager.scheduler.fair.CapacityScheduler，一般不用在 conf/yarn-site.xml 中明确设置，因为默认就是它。

当选择容量调度器时，要为其配置队列，需编辑文件 etc/hadoop/capacity-scheduler.xml，文件默认的部分内容如下：

```xml
<configuration>
  <property>
    <name>yarn.scheduler.capacity.maximum-applications</name>
    <value>10000</value>
  </property>
  <property>
    <name>yarn.scheduler.capacity.maximum-am-resource-percent</name>
    <value>0.1</value>
  </property>
  <property>
    <name>yarn.scheduler.capacity.resource-calculator</name>
    <value>org.apache.hadoop.yarn.util.resource.DefaultResourceCalculator</value>
  </property>
  <property>
    <name>yarn.scheduler.capacity.root.queues</name>
    <value>default</value>
  </property>
  <property>
    <name>yarn.scheduler.capacity.root.default.capacity</name>
    <value>100</value>
  </property>
  <property>
    <name>yarn.scheduler.capacity.root.default.user-limit-factor</name>
    <value>1</value>
  </property>
  <property>
    <name>yarn.scheduler.capacity.root.default.maximum-capacity</name>
    <value>100</value>
  </property>
  ……
</configuration>
```

下面简单解释几条，更多的请查看官网文档。

- yarn.scheduler.capacity.maximum-applications：最多支持多少个 Job 同时执行。
- yarn.scheduler.capacity.maximum-am-resource-percent：ApplicationMaster 最多能使用多少资源。

- yarn.scheduler.capacity.resource-calculator：如何计算资源，需提供一个类，在类中封装相关的计算方法。
- yarn.scheduler.capacity.root.queues：定义根队列。容器调度器默认有一个 root 队列，其他队列都是 root 的子孙后代。
- yarn.scheduler.capacity.root.default.capacity：root 队列占用多少资源，默认是 100%。
- yarn.scheduler.capacity.root.default.user-limit-factor：设置用户在使用一个队列时能使用的资源量占队列资源量的倍数，默认是 1，也就是说用户能使用的资源量不能超过队列的资源量。如果设置为 2，则用户最多可以使用队列资源量 2 倍的资源；如果指定了队列的最大资源量，那么不论设置成几倍，能用的资源量都不能超过这个最大值。
- yarn.scheduler.capacity.root.default.maximum-capacity：设置 root 队列能使用资源的最大比例，默认是 100%。

下面添加 3 个队列，名字就叫 a、b、c，它们必须放在 root 队列中：

```
<property>
  <name>yarn.scheduler.capacity.root.queues</name>
  <value>a,b,c</value>
</property>
```

下面还要指定这 3 个队列占用资源的比例，否则不会创建成功，而且它们的和必须是 100%：

```
<property>
  <name>yarn.scheduler.capacity.root.a.capacity</name>
  <value>40</value>
</property>
<property>
  <name>yarn.scheduler.capacity.root.b.capacity</name>
  <value>20</value>
</property>
<property>
  <name>yarn.scheduler.capacity.root.c.capacity</name>
  <value>40</value>
</property>
```

我们再为 a 定义 2 个子队列 a1 和 a2，并设置它们的资源比例：

```
<property>
  <name>yarn.scheduler.capacity.root.a.queues</name>
  <value>a1,a2</value>
</property>
<property>
  <name>yarn.scheduler.capacity.root.a.a1.capacity</name>
  <value>40</value>
</property>
<property>
  <name>yarn.scheduler.capacity.root.a.a2.capacity</name>
  <value>60</value>
```

```xml
</property>
```

在 Yarn 的监控页面可以看到各级队列（需重启 Yarn），如图 4-30 所示。

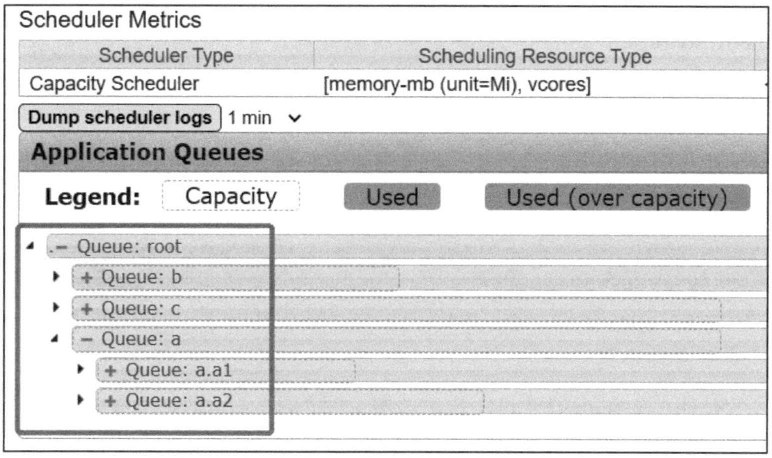

图 4-30

4.9.2 公平调度器

首先在 conf/yarn-site.xml 中将调度器设置为类 FairScheduler：

```xml
<property>
  <name>yarn.resourcemanager.scheduler.class</name>
  <value>
org.apache.hadoop.yarn.server.resourcemanager.scheduler.fair.FairScheduler
</value>
</property>
```

公平调度器的配置分成两类：一类是调度器级别的配置，一类是队列级别的配置。第一种配置直接放在 yarn-site.xml 中，第二种配置放在单独的 xml 文件中。文件名由配置项 yarn.scheduler.fair.allocation.file 指定（在 yarn-site.xml 中）。

- 调度器级别的配置举例：
  - ◆ yarn.scheduler.fair.allocation.file：指定队列级别的配置项所在的文件名。
  - ◆ yarn.scheduler.fair.user-as-default-queue：如果为 true，在提交 Job 没指定队列时，则会以用户名自动创建队列。
  - ◆ yarn.scheduler.fair.allow-undeclared-pools：如果为 true，就可以为指定的队列不存在的 Job 自动创建队列。只有这里为 true，yarn.scheduler.fair.user-as-default-queue 才会起作用。如果为 false，不指定队列的 Job 和指定了不存在的队列的 Job 会被提交到公平调度器的默认队列，叫作 root.default（注意，它是一个叶子队列，没有孩子）。
  - ◆ yarn.scheduler.fair.sizebasedweight：是否自动根据 Job 的大小来计算它的比重。
  - ◆ yarn.scheduler.maximum-allocation-mb：一个容器最多可以使用的内存数量。
  - ◆ yarn.scheduler.maximum-allocation-vcores：一个容器最多可以使用的虚拟 CPU 数

（vcore 是对 CPU 的抽象，与真实的 CPU 或 CPU 内核数量不一定相同）。
- 队列级别的配置举例：
  - ◇ minResources：一个队列需要的最少资源。
  - ◇ maxResources：一个队列最多能使用的资源。
  - ◇ maxContainerAllocation：一个队列所分配的一个容器最多可使用的资源量。
  - ◇ maxChildResources：可以分配为临时子队列的最大资源量。
  - ◇ 对子队列限制是递归的，因此如果该分配会使子队列或父队列超出最大资源，则不会分配容器。

> **提 示**
>
> 对于 minResources、maxResources、maxContainerAllocation 和 maxChildResources，设置其值时可以使用两种形式：
> - 旧格式："X mb, Y vcores"（指定绝对数量）或"X% cpu, Y% memory"（指定比例）或"X%"（CPU 和内存比例相同）。
> - 新格式（推荐）："vcores = X, memory-mb = Y"（指定绝对数量）或"vcores = X%, memory-mb = Y%"（指定比例）。

- maxRunningApps：一个队列中最多能同时运行的 Job 数量。
- maxAMShare：一个 Job 的 ApplicationMaster 在一个队列中可以占用的最大资源比例。
- weight：一个队列的比重。
- aclSubmitApps：可以提交 Job 到本队列的用户或组的列表。acl 是白名单的意思，使用白名单限制用户的操作，可以提高安全性。
- schedulingPolicy：队列内的调度策略，值可以是 fifo、fair 或 drf，分别对应类 FairSharePolicy、FifoPolicy 和 DominantResourceFairnessPolicy，默认是 fair。也可以设置自己的类以实现自定义的调度策略。

以下是一个队列配置文件示例：

```xml
<?xml version="1.0"?>
<allocations>
  <!-- 定义一个根队列，名叫 sample_queue -->
  <queue name="sample_queue">
    <minResources>10000 mb,0vcores</minResources>
    <maxResources>90000 mb,0vcores</maxResources>
    <maxRunningApps>50</maxRunningApps>
    <maxAMShare>0.1</maxAMShare>
    <weight>2.0</weight>
    <schedulingPolicy>fair</schedulingPolicy>
<!-- 定义一个子队列 -->
    <queue name="sample_sub_queue">
      <aclSubmitApps>charlie</aclSubmitApps>
      <minResources>5000 mb,0vcores</minResources>
    </queue>
```

```xml
<!-- 再定义一个子队列 -->
  <queue name="sample_reservable_queue">
    <reservation></reservation>
  </queue>
</queue>

<queueMaxAMShareDefault>0.5</queueMaxAMShareDefault>
<queueMaxResourcesDefault>40000 mb,0vcores</queueMaxResourcesDefault>

<!-- 定义此队列是为了作为自动创建的队列的容器，类型为parent表示不是叶子队列-->
<queue name="secondary_group_queue" type="parent">
  <weight>3.0</weight>
  <maxChildResources>4096 mb,4vcores</maxChildResources>
</queue>

<user name="sample_user">
  <maxRunningApps>30</maxRunningApps>
</user>
<userMaxAppsDefault>5</userMaxAppsDefault>
<!-- 列出一些规则，根据这些规则决定将一个job放在哪个队列中 -->
<queuePlacementPolicy>
  <rule name="specified" />
  <rule name="primaryGroup" create="false" />
  <rule name="nestedUserQueue">
    <rule name="secondaryGroupExistingQueue" create="false" />
  </rule>
  <rule name="default" queue="sample_queue"/>
</queuePlacementPolicy>
</allocations>
```

第 5 章

配置高可用 Hadoop

前面我们讲了 HDFS 高可用原理和架构，其实 Yarn 的高可用原理也差不多，要提供多个 ResourceManager，借助 ZooKeeper 进行自动故障恢复。

5.1　HDFS 高可用

下面讲解在全分布式架构的基础上配置高可用的方法。

5.1.1　组件部署架构

HDFS 高可用涉及的组件有 NameNode、DataNode 和 edits 共享组件。

在 NameNode 间共享 edits 日志有两种方式：一是 NFS，二是 QJM。我们前面说过它们的优缺点，由于 QJM 可以帮我们避免脑裂问题，因此我们选择 QJM。

我们依然创建 5 个容器，各容器的名字依然是 master1、master2、worker1、worker2、worker3，各节点上组件的分配如图 5-1 所示。

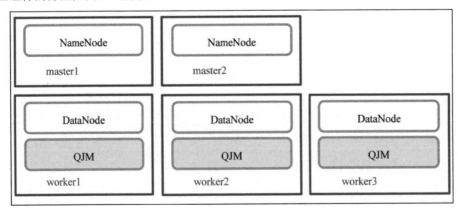

图 5-1

> **注　意**
>
> 此时没有 SecondaryNameNode 了，取而代之的是两个 NameNode 节点，一个 NameNode 必须对应一个 ZKFC。

ZooKeeper 在每个节点上都有运行。注意，ZooKeeper 应配置为奇数个节点，因为 n（n 为奇数）个和 n+1 个节点对风险的抵抗能力相同，而且奇数个更容易选出 Leader。所以，ZooKeeper 节点至少要有 3 个，用 5 个是没有问题的。

5.1.2 修改配置文件

需要修改一些配置项来支持 HA。大部分相关的配置项都在 hdfs-site.xml 中，对文件 core-site.xml 也有少量修改。我们在镜像 hadoop-distributed:v1 的基础上修改，最后创建支持 HFDS HA 的镜像。

从 hadoop-distributed:v1 创建一个容器：`docker run -it --name hadoop.ha hadoop-distributed:v1 /bin/bash`。在这个容器中配置创建成功会进入容器的控制台，下面我们一步一步完成配置。注意，以下操作都是在容器内进行的。

1. 定义 NameSpace

在 HA 设计中，有两个 NameNode 共同维护一个 HDFS 的元数据，这两个 NameNode 是一体的，所以它们处于一个 NameSpace 中。它们两个的 Active、Standby 角色不是固定的，需要作为一个整体看待。

首先为这个 NameSpace 取个名字，比如 cluster1（虽然不准备再增加新的 NameSpace，但是未来某一天也许会增加）。在 hdfs-site.xml 中增加配置项：

```
<property>
  <name>dfs.nameservices</name>
  <value>cluster1</value>
</property>
```

此时已不需要 SecondaryNameNode，所以先将其配置项删除，即在 hdfs-site.xml 中将以下元素移除：

```
<property>
  <name>dfs.namenode.secondary.http-address</name>
  <value>master2:50090</value>
</property>
```

2. 指明组成 NameSpace 的 NameNode

编辑 hdfs-site.xml，指明 cluster1 中包含哪些 NameNode：

```
<property>
  <name>dfs.ha.namenodes.cluster1</name>
  <value>nn1,nn2</value>
</property>
```

将两个 NameNode 取名为 nn1、nn2，并将它们放入命名空间 cluster1。

注意，HDFS 推荐的 NameNode 是 3 个，但最多不能超过 5 个。

我们要指明 nn1 和 nn2 运行在哪些节点上，其核心服务监听什么端口，这样 DataNode 才能找到它们，向它们报告自己的状态。编辑 hdfs-site.xml：

```xml
<property>
  <name>dfs.namenode.rpc-address.cluster1.nn1</name>
  <value>master1:9000</value>
</property>
<property>
  <name>dfs.namenode.rpc-address.cluster1.nn2</name>
  <value>master2:9000</value>
</property>
```

这些配置的作用过程是：假设 DataNode 要访问 NameNode，在配置文件中首先查看 dfs.nameservices 的值，从而找到 NameSpace，然后获取此 NameSpace 下 NameNode 的名字，根据名字获取 NameNode 的地址，最后与各 NameNode（比如 master1:9000）建立连接。

配置 NameNode 的 Web 服务接口。每个 NameNode 都提供了 Web 服务，所以我们要查看 NameNode 的状态时需要分别访问它们的 Web 页面。编辑 hdfs-site.xml：

```xml
<property>
  <name>dfs.namenode.http-address.cluster1.nn1</name>
  <value>master1:9870</value>
</property>
<property>
  <name>dfs.namenode.http-address.cluster1.nn2</name>
  <value>master2:9870</value>
</property>
```

3. 指明运行 QJM 的节点

编辑 hdfs-site.xml 文件，设计 3 个节点：

```xml
<property>
  <name>dfs.namenode.shared.edits.dir</name>
  <value>qjournal://worker1:8485;worker2:8485;worker3:8485/cluster1</value>
</property>
```

编辑 hdfs-site.xml 文件，指明 QJM 运行的节点上保存数据的位置：

```xml
<property>
  <name>dfs.journalnode.edits.dir</name>
  <value>/app/qjmdata</value>
</property>
```

注意，确保 /app/qjmdata 目录存在，并在 master1 和 master2 中执行命令 `mkdir /app/qjmdata`。

4. 指明客户端所用的 Java 类

编辑 hdfs-site.xml，指明客户端连接 NameNode 时所用的 Java 类：

```
<property>
  <name>dfs.client.failover.proxy.provider.cluster1</name>
<value>
org.apache.hadoop.hdfs.server.namenode.ha.ConfiguredFailoverProxyProvider
</value>
</property>
```

注意，客户端必须真的使用那个类才能与服务端配合工作。这个类的作用是帮助客户端找出哪个 NameNode 是 Active。

5. 设置栅栏（fencing）方法

当我们使用 QJM 在 NameNode 间共享 edits 时，可以防止出现脑裂时损害 HDFS 元数据，但是脑裂的出现是不能避免的。脑裂虽然伤不了 HDFS，却可能伤到客户端，比如访问原 Active 的客户端可能读到过时的数据（因为最新的数据在新 Active 上），这也是一个小小的缺陷，所以最好还是配置 fencing（参见"防脑裂"部分）。我们知道它是一个列表，可以设置多个 fencing 程序或脚本。注意，最后一个必须无条件返回 true，因为即使前面的 fencing 都失败了，最后一个能返回 true，改朝换代也能继续进行，使 HDFS 保持可用，否则整个系统就不可用了。

即使不想配置 fencing，也至少要配置一个能返回 true 的程序或脚本，比如"shell(/bin/true)"，否则改朝换代完不成，也就是说 fencing 方法一定会被调用，不管它是否真的去 fence。

为了使系统更完美，还是要 fence 一下。当前 HFDS 自带的 fencing 方法有两个：shell，执行一个脚本去配置原 Active；sshfence，以 SSH 远程登录原 Active 节点，然后杀死 NameNode 进程。

我们选择 sshfence，还是编辑 hdfs-site.xml：

```
<property>
    <name>dfs.ha.fencing.methods</name>
    <value>sshfence</value>
</property>
```

注意，选择 sshfence 时，需保证两个 NameNode 可以互相 SSH 免密登录，否则无法执行对方系统中的命令。

6. 定义 NameNode 主服务地址

编辑 core-site.xml（这是唯一不在 hdfs-site.xml 文件中的一项）：

```
<property>
  <name>fs.defaultFS</name>
  <value>hdfs://cluster1</value>
</property>
```

NameNode 主服务地址不再是主机名或主机 IP 地址，也不需要指定端口，而是 NameSpace 的名字。因为现在对客户端提供服务的 NameNode 不再是固定的，其地址可变，所以不能再使用固定主机名。

7. 指定操作 QJM 的账户

在前面讲伪分布式配置时，曾经编辑过 hadoop-env.sh，在其中指定了好多组件的运行账户，现在增加了 QJM，也需要指定运行它的账户（root）。所以，需要在 hadoop-env.sh 中添加一行："export HDFS_JOURNALNODE_USER=root"。

至此，所有必要的配置项都完成了，下面由当前系统创建镜像。

5.1.3 创建镜像

创建镜像前再检查一下各配置文件的内容。

core-site.xml：

```xml
<configuration>
  <property>
    <name>fs.defaultFS</name>
    <value>hdfs://cluster1</value>
  </property>
</configuration>
```

hdfs-site.xml：

```xml
<configuration>
<property>
<name>dfs.replication</name>
        <value>3</value>
</property>
<property>
<name>dfs.permissions</name>
<value>false</value>
    </property>
    <property>
        <name>dfs.namenode.name.dir</name>
        <value>/app/hdfs/namenode</value>
    </property>
    <property>
        <name>dfs.datanode.data.dir</name>
        <value>/app/hdfs/datanode</value>
</property>
<property>
        <name>dfs.nameservices</name>
        <value>cluster1</value>
    </property>
    <property>
        <name>dfs.ha.namenodes.cluster1</name>
        <value>nn1,nn2</value>
```

```xml
        </property>
        <property>
            <name>dfs.namenode.rpc-address.cluster1.nn1</name>
            <value>master1:9000</value>
        </property>
        <property>
            <name>dfs.namenode.rpc-address.cluster1.nn2</name>
            <value>master2:9000</value>
        </property>
        <property>
            <name>dfs.namenode.http-address.cluster1.nn1</name>
            <value>master1:9870</value>
        </property>
        <property>
            <name>dfs.namenode.http-address.cluster1.nn2</name>
            <value>master2:9870</value>
        </property>
        <property>
            <name>dfs.namenode.shared.edits.dir</name>
            <value>
             qjournal://worker1:8485;worker2:8485;worker3:8485/cluster1
            </value>
        </property>
        <property>
            <name>dfs.journalnode.edits.dir</name>
            <value>/app/qjmdata</value>
        </property>
        <property>
            <name>dfs.client.failover.proxy.provider.cluster1</name>
            <value>
org.apache.hadoop.hdfs.server.namenode.ha.ConfiguredFailoverProxyProvider
            </value>
        </property>
</configuration>
```

worker 文件：

```
worker1
worker2
worker3
```

退出镜像控制台，回到宿主机，创建镜像（名字叫 hadoop-distributed:v2），执行命令：`docker commit -m="HFDS HA" -a="niu" hadoop.ha hadoop-distributed:v2`。

容器 hadoop.ha 使命完成后，把它删除以节省宿主机的硬盘空间：`docker container rm hadoop.ha`。下面就可以启动高可用的 HDFS 了。

5.1.4 创建 HA HDFS 集群

依然借助 docker-compose。在 docker-compose.yml 基础上创建新的 docker-compose 描述文件，名字叫作 docker-compose-ha.yml，内容如下（黑体字是修改的内容）：

```
version: '3'
services:
  master1:
    image: hadoop-distributed:v2
    stdin_open: true
    tty: true
    command: /sbin/sshd -D
    ports:
      - "19000:9000"
      - "19870:9870"
      - "18088:8088"
  master2:
    image: hadoop-distributed:v2
    stdin_open: true
    tty: true
    command: /sbin/sshd -D
    ports:
      - "29000:9000"
      - "29870:9870"
      - "28088:8088"
  worker1:
    image: hadoop-distributed:v2
    stdin_open: true
    tty: true
    command: /sbin/sshd -D
  worker2:
    image: hadoop-distributed:v2
    stdin_open: true
    tty: true
    command: /sbin/sshd -D
  worker3:
    image: hadoop-distributed:v2
    stdin_open: true
    tty: true
    command: /sbin/sshd -D
```

注意端口映射。由于两个 NameNode 都要映射到宿主机，为了便于区分，将 nn1 映射到 1 万区间、nn2 映射到 2 万区间。

创建所有容器：`docker-compose -f docker-compose-ha.yml up`。这次使用了 -f 参数，如果描述文件名不是 docker-compose.yml，就需要用此参数来指明文件名。

可以在宿主机的另一个控制台窗口中查看各节点状态：

```
$ docker ps
CONTAINER ID        IMAGE                   COMMAND           CREATED           STATUS
PORTS
    NAMES
    0bdab33a4cac    hadoop-distributed:v2   "/sbin/sshd -D"   54 seconds ago    Up 50
seconds    16010/tcp, 0.0.0.0:28088->8088/tcp, 0.0.0.0:29000->9000/tcp,
0.0.0.0:29870->9870/tcp
    docker-hadoop-ha_master2_1
    923aa41ed8dc    hadoop-distributed:v2   "/sbin/sshd -D"   54 seconds ago    Up 50
seconds    8088/tcp, 9870/tcp, 16010/tcp
    docker-hadoop-ha_worker2_1
    16fc9c272aec    hadoop-distributed:v2   "/sbin/sshd -D"   54 seconds ago    Up 50
seconds    8088/tcp, 9870/tcp, 16010/tcp
    docker-hadoop-ha_worker1_1
    1a4fed0d54af    hadoop-distributed:v2   "/sbin/sshd -D"   54 seconds ago    Up 51
seconds    8088/tcp, 9870/tcp, 16010/tcp
    docker-hadoop-ha_worker3_1
    eff682074628    hadoop-distributed:v2   "/sbin/sshd -D"   54 seconds ago    Up 50
seconds    16010/tcp, 0.0.0.0:18088->8088/tcp, 0.0.0.0:19000->9000/tcp,
0.0.0.0:19870->9870/tcp
    docker-hadoop-ha_master1_1
```

docker-hadoop-ha_master1_1 是 master1 的容器名，docker-hadoop-ha_master2_1 是 master2 的容器名。

若要关闭所有容器，则执行 `docker-compose stop`；若要重启，则执行 `docker-compose -f docker-compose-ha.yml up`；若要全部删除，则执行 `docker-compose rm`。

5.1.5 运行 HA HDFS

第一次启动时需要做一些初始工作，主要是格式化，但是比其他模式要烦琐，步骤如下：

（1）第一步：SSH 免密。

先连接两个 NameNode 容器的控制台，在容器中以 ssh 登录所有其他节点，实现免密登录。注意，两个 NameNode 间也需要相互免密。

（2）第二步：启动 QJM。

在 HA 模式下，格式化需要 QJM 的帮助，所以要先启动 QJM。根据 HFDS 中的配置，QJM 运行在 worker1、worker2、worker3 上，需要手动启动它们。在 worker1、worker2、worker3 中分别执行 `/app/hadoop/bin/hdfs --daemon start journalnode`。

注意，要保证容器的/app/qjmdata 目录下为空，并且保证网络互通、可 ssh 免密登录，一般不会遇到错误。如果要停止 QJM，就在三个 worker 容器内执行：`/app/hadoop/bin/hdfs --daemon stop journalnode`。

（3）第三步：格式化 HFDS。

与其他模式没有区别，在 master1 中执行 `/app/hadoop/bin/hdfs namenode -format`。

（4）第四步：master2 同步 master1 的格式化结果。

master2 不能再初始化 NameNode，需要将 master1 的初始化结果同步到本机（主要是 /app/hdfs/namenode 目录）。

首先单独启动 master1 上的 NameNode：`/app/hadoop/bin/hdfs --daemon start namenode`。如果 master1 的 NameNode 组件不处于执行状态，那么 master2 的同步不会成功。

在 master2 中执行 `/app/hadoop/bin/hdfs namenode -bootstrapStandby`，同步 master1 中的数据。

停止单独运行的 NameNode，执行 `/app/hadoop/bin/hdfs --daemon stop namenode`。

初次启动 HA HDFS，与其他模式相同：在 master1 中执行 `/app/hadoop/sbin/start-dfs.sh`。注意，要确保各节点上的 NameNode 处于停止状态。

start-dfs.sh 脚本中有启动 QJM 的命令，也就是说，只有在格式化时才需要手动启动 QJM，平时是不需要的。

如果成功，则各节点上运行的进程应该如下：

```
Master1: NameNode
Master2: NameNode
Worker1: DataNode、JournalNode
Worker1: DataNode、JournalNode
Worker1: DataNode、JournalNode
```

现在可以在宿主机中用浏览器查看网页 "http://localhost:18088" 和 "http://localhost:28088"，以获取两个 NameNode 的信息和状态。

5.1.6　测试 HA HDFS

启动 HA HDFS 集群后，默认两个 NameNode 全是 standby 状态，必须有一个成为 active 状态才能提供服务。在容器中执行 `/app/hadoop/bin/hdfs haadmin -transitionToActive nn1`，在 WebUI（http://http://localhost:19870/）中就可以看到 master1 节点的状态变成 active（见图 5-2），而 master2 的状态为 standby（见图 5-3）。

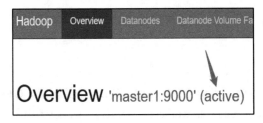

图 5-2

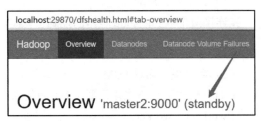

图 5-3

命令参数 -transitionToActive 表示将一个节点转成 active，而 -transitionToStandby 的作用相反。

如果 active 节点出现问题，需要将 standby 转成 active，可以执行命令 `/app/hadoop/bin/hdfs haadmin -failover nn1 nn2`，结果如下：

```
[root@0bdab33a4cac ~]# /app/hadoop/bin/hdfs haadmin -failover nn1 nn2
Failover from nn1 to nn2 successful
```

日志输出的意思为从 nn1 失效转移至 nn1 成功。通过 WebUI 可以看到两者角色互换。-failover 比 -transitionToXXX 更不易引起问题，因为 -failover 过程中 dfs.ha.fencing.methods 生效，而 -transitionToXXX 不会。

Failover 的意思是故障转移，但是现在的故障转移是手动的，其实也可以让系统在检测到 active NameNode 无反应时自动执行 failover。

5.1.7　NameNode 自动故障转移

自动故障转移需要 ZooKeeper 的帮助，为了与 ZooKeeper 配合，还需要 ZKFC 组件。我们可以在高可用配置基础上继续配置，集群架构与高可用一样，只是增加几个组件，如图 5-4 所示。

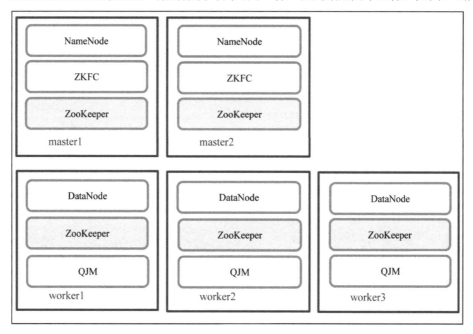

图 5-4

注意，ZKFC 必须与 NameNode 运行于同一个节点，这样才能及时感知 NameNode 的状况，向 ZooKeeper 报告。另外，当节点机器死掉时，ZKFC 不会向 ZooKeeper 更新数据，也可以被 ZooKeeper 认定出现故障。

配置过程有两大步：一是部署 ZooKeeper，二是修改配置文件。注意，需要在所有容器中执行下载、安装、配置。为了简化过程，建议利用 Docker 镜像，只在一个容器中完成，然后以它生成 Docker 镜像，再由镜像产生容器。下面我们只讲在容器内所做的工作。

（1）安装 ZooKeeper

它也是 Apache 管理的一个开源项目，官网地址为 https://zookeeper.apache.org/ 。当前最新版是 3.6.2，可以从 `wget https://mirror.bit.edu.cn/apache/zookeeper/zookeeper-3.6.2/apache-zookeeper-3.6.2-bin.tar.gz` 下载。完成后，解压到/app 目录，再将解压出的目录 apache-zookeeper-3.6.2-bin 改为 zookeeper（名字短一点方便使用）。

(2)配置 ZooKeeper

ZooKeeper 配置文件的默认名为 zoo.cfg,位于 ZooKeeper 目录的 conf 目录下。有很多配置项可以定制,但大多数保留其默认值即可,见 conf/zoo_sample.cfg 文件:

```
# ZooKeeper 节点的心跳间隔时间
tickTime=2000
# 初始化过程最多能经历多个心跳的时间
# synchronization phase can take
initLimit=10
# ZooKeeper 节点间读写数据最多能经历多少个心跳
syncLimit=5
# ZooKeeper 的数据存储目录
dataDir=/tmp/zookeeper
# 客户端访问 ZooKeeper 所使用的端口
clientPort=2181
```

我们只需修改配置项:ZooKeeper 的数据存储目录,比如把数据放在/var/zookeeper 下。先将 zoo_sample.cfg 改名为 zoo.cfg,修改 dataDir 的值:

```
dataDir=/var/lib/zookeeper
```

现在就可以启动 ZooKeeper 服务了,命令是 `/app/zookeeper/bin/zkServer.sh start`。但是,现在是以独立模式运行的,只有一个 ZooKeeper 服务节点,我们需要的是 5 个节点,所以需要在 zoo.cfg 中再添加以下项:

```
server.1=master1:2888:3888
server.2=master2:2888:3888
server.3=worker1:2888:3888
server.4=worker2:2888:3888
server.5=worker3:2888:3888
```

- server.id: id 是一个服务节点的标志,每个服务节点都要知道自己的 id,这样才可以与其他节点区分开来。
- master1:2888:3888: master1 是节点主机地址,2888 是选举 leader 时使用的端口,3888 是各节点数据通信的端口。

(3)为每个节点指定自己的 id

需要在 dataDir 指向的目录中创建一个普通文本文件,名为 myid,在其中指定 id 的值,必须与 server.id 中的 id 值对应起来。注意,myid 文件的内容在每个节点中是不一样的,所以需要在启动各容器后再设置。

(4)指定 ZKFC 访问 Hadoop 系统使用的账户

与其他组件一样,我们使用 root 账户,在 hadoop-env.sh 文件中添加一条:

```
export HDFS_ZKFC_USER=root
```

（5）配置 HDFS 以使用 ZooKeeper

在 core-site.xml 中添加配置项：

```
<property>
  <name>ha.zookeeper.quorum</name>
  <value>
master1:2181,master2:2181,worker1:2181,worker2:2181,worker3:2181
</value>
</property>
```

需要将所有的 ZooKeeper 服务节点都列出来，客户端才可以使用 ZooKeeper 集群。

在 hdfs-site.xml 中添加配置项，启动自动 failover：

```
<property>
  <name>dfs.ha.automatic-failover.enabled</name>
  <value>true</value>
</property>
```

（6）启动 ZooKeeper

启动 ZooKeeper 前先创建镜像（注意将 Hadoop 的数据目录删除，即 `rm -rf /app/hdfs/*`），再编辑 docker-compose.yml，然后启动集群。这里主要讲启动 ZooKeeper 集群的方法：在 5 个节点上分别启动 ZooKeeper 服务，命令是 `/app/zookeeper/bin/zkServer.sh start`。停止命令是 `zkServer.sh start`。

（7）初始化 HA HDFS 所用的数据

这里主要是在 ZooKeeper 中为 HDFS 节点创建数据，以支持 master 监控和选举等。在任意节点执行命令 `/app/hadoop/bin/hdfs zkfc -formatZK`，就会在 ZooKeeper 中创建一个节点 /hadoop-ha/cluster1。

（8）启动 HDFS

按 HA HDFS 的初始化过程设置一遍再启动即可。第一次启动需要初始化，比较麻烦，后面启动时只需两步即可：启动 ZooKeeper 集群，启动 HDFS。

与无 ZooKeeper 的 HA HDFS 不同，此模式下会自动选出一个 Active NameNode，而且当 Active NameNode 出问题时会自动将某个 Standby 转换为 Active。

（9）运行结果

启动成功后，各节点运行 jps 的结果如下：

master1 和 master2：

```
QuorumPeerMain
DFSZKFailoverController
NameNode
```

worker1、worker2、worker3：

```
DataNode
```

```
QuorumPeerMain
JournalNode
```

5.2　Yarn 高可用

　　Yarn HA 是从 Hadoop 3 才开始支持新特性的，用于解决以前版本存在的 ResourceManager 单点故障问题。

　　与 HDFS 相似，Yarn HA 也是通过冗余 ResourceManager 来实现的。某一时刻只有一个 RM 处于 Active 状态，其余都处于 StandBy 状态，支持手动和自动 Failover，也需要 ZooKeeper 的支持。Yarn 也有一个类似 HDFS 的 ZKFC 作用的组件，但是它直接集成了这个组件，比 HDFS 更简单。

　　有多种方式配置 Yarn HA+自动 Failover，有的方式也存在脑裂问题，但我们可以选择不存在脑裂问题的方式。那些基于 ZooKeeper 的组件和类可以避免这个问题。

　　下面配置一个自动 Failover 的 HA Yarn。在配置 Yarn HA 之前，需要先为 Yarn 启动一个特性：Restart（重启支持）。当 Yarn 只有一个 ResourceManager 时，如果重启，就需要保证正在运行的 Job 从当前的进度继续进行，而不是从头再来（可能需要重新启动 Job）。在 Yarn HA 中，StandBy ResourceManager 在接手后也应该使系统中的 Job 以当前的进度继续运行，这个需求与 Restart 相同，所以需要启动 Restart 特性。

1. 启动 Restart 支持

　　仅需编辑配置项即可，在 yarn-site.xml 中添加以下配置项：

```
<property>
  <name>yarn.resourcemanager.recovery.enabled</name>
  <value>true</value>
</property>

<property>
  <name>yarn.resourcemanager.store.class</name>
  <value>
org.apache.hadoop.yarn.server.resourcemanager.recovery.ZKRMStateStore
</value>
</property>

<property>
  <name>hadoop.zk.address</name>
  <value>
master1:2181,master2:2181,worker1:2181,worker2:2181,worker3:2181
</value>
</property>
```

- yarn.resourcemanager.recovery.enabled：是否开启 restart 特性。
- yarn.resourcemanager.store.class：存储内存状态的类。为了支持 restart，需要将 Job、container

等当前状态保存下来，以方便重启后恢复。我们选择使用类 ZKRMStateStore，它基于 ZooKeeper 来保存状态。

- hadoop.zk.address：ZooKeeper 集群地址，被类 ZKRMStateStore 用来连接 ZooKeeper。

2. 支持 HA +自动 Failover

在 yarn-site.xml 中添加以下配置项：

```
<property>
  <name>yarn.resourcemanager.ha.enabled</name>
  <value>true</value>
</property>
<property>
  <name>yarn.resourcemanager.cluster-id</name>
  <value>cluster1</value>
</property>
<property>
  <name>yarn.resourcemanager.ha.rm-ids</name>
  <value>rm1,rm2</value>
</property>
<property>
  <name>yarn.resourcemanager.hostname.rm1</name>
  <value>master1</value>
</property>
<property>
  <name>yarn.resourcemanager.hostname.rm2</name>
  <value>master2</value>
</property>
<property>
  <name>yarn.resourcemanager.webapp.address.rm1</name>
  <value>master1:8088</value>
</property>
<property>
  <name>yarn.resourcemanager.webapp.address.rm2</name>
  <value>master2:8088</value>
</property>
```

- yarn.resourcemanager.ha.enabled：是否启用 Yarn HA。
- yarn.resourcemanager.cluster-id：为同一个"主+备 ResourceManager 组"取一个名字。与 HDFS HA 中的联邦类似，一个 Yarn 集群中可以存在多个"主+备 ResourceManager 组"。
- yarn.resourcemanager.ha.rm-ids：为构成 Yarn HA 集群的 ResourceManager 取名字。
- yarn.resourcemanager.hostname.rm1：名为 rm1 的 ResourceManager 的主机地址，客户端和 NodeManager 通过这个地址连接它。
- yarn.resourcemanager.webapp.address.rm1：名为 rm1 的 ResourceManager 的 WebUI 服务的主机地址和端口，浏览器通过这个地址获取监视网页。

以上就是主要配置项，其余细节请查看 Yarn 官网手册。当运行成功后，可以通过 Yarn 的管理命令查看各 ResourceManager 的状态，比如 RM1 上的查看命令：

```
# yarn rmadmin -getServiceState rm1
active
```

RM2 上的查看命令：

```
# yarn rmadmin -getServiceState rm2
standby
```

第 6 章

HDFS 编程

越来越多的系统将大数据平台作为数据治理的工具，挖掘业务潜力、提升业务价值。一个系统要使用大数据平台，大多数情况下需要编写代码调用平台的功能，使业务流自动融合大数据。

6.1 安装开发工具

开发工具又叫 IDE（集成开发环境），我们使用的开发语言是 Java，当前最好的 Java 开发工具应该是 Intellij IDEA。还有一个流行的 IDE 是 Eclipse，不过其架构和用户界面比较陈旧，正在被 IDEA 替代。但是 IDEA 的缺点是收费（有个社区版不收费，但是功能太少），而且很贵！当前还有一个风头正劲的开发工具：Visual Studio Code（VSCode）。它是微软公司的开源产品，架构先进，定制性高，运行速度快，并且完全免费。这里使用 VSCode 来讲解如何进行 Java 开发。在安装 VSCode 之前，我们先将一些其他的辅助工具安装上，因为 VSCode 是一个集成和整合工具，需要借助 Git、Maven 等工具完成具体功能。

6.1.1 安装 Git

Git 是一个版本控制工具。借助 Git，我们可以对一段时间的文件修改进行保存，并且每次保存（commit）都会做一个标记（标记是一个版本号），以便回到某个版本。一般一个项目对应一个 Git 仓库（仓库是一个目录），也可以为一个项目创建多个仓库，让仓库之间的文件同步，以支持多人协作开发同一个项目。我们还可以将修改保存为一个分支（branch），并且每个分支都需要被命名。在不同的分支上可以进行版本提交，并且可以将一个分支合并到另一个分支上，默认就存在一个分支，名为 master。

我们下面所编写的 MapReduce 程序不需要被 Git 管理，所以 Git 可以不安装。但是，作者已经创建好的示例都放在一个在线的公共 Git 仓库中。如果感觉自己动手完成一个程序太麻烦，可以将示例下载到本地，此时就要安装 Git 了。

Git 的官网是 https://git-scm.com/ 。在官网首页可以看到下载 Git 的界面，如图 6-1 所示。

单击 Download 按钮，会下载一个安装程序，运行它，然后按照提示单击"下一步""完成"等按钮即可。

Git 的使用有点复杂，不过我们只需要用到它的仓库 clone 操作。clone 就是克隆一个仓库的内容来创建另一个仓库，一般是将网上的某个仓库克隆到本地。

下面以 WordCount 项目为例介绍克隆一个仓库的步骤。打开控制台窗口，进入想放置仓库的目录，执行命令 git clone https://gitee.com/niugao/hadoop-word-count.git。

```
$ git clone https://gitee.com/niugao/hadoop-word-count.git
Cloning into 'hadoop-word-count'...
remote: Enumerating objects: 36, done.
remote: Counting objects: 100% (36/36), done.
remote: Compressing objects: 100% (24/24), done.
remote: Total 36 (delta 2), reused 0 (delta 0), pack-reused 0
Unpacking objects: 100% (36/36), done.
```

只要网络畅通，基本不会遇到什么问题（不要让仓库路径中出现中文、全角字符或空格），完成后当前目录下会出现目录 hadoop-word-count，其下就是我们的项目（.git 目是存放仓库数据的地方，正因为有它这个目录才成为一个仓库），如图 6-2 所示。

图 6-1

图 6-2

你可以在项目目录下看一下当前分支（分支也对应不同的版本，它在存储层面只保存与原版本不同的文件）：

```
$ git branch
* master
  dev
  pro
```

带"*"的表示当前分支。可以执行 git checkout dev 命令将分支切换到其他分支（项目文件的版本会自动替换为当前分支的版本）。然后利用 VSCode 打开目录 hadoop-word-count，项目会被自动加载。

建议自己创建项目体验一下，以提升学习质量。

6.1.2 安装 Maven

Maven 是当前最流行的 Java 项目管理工具之一。它可以从互联网中的软件仓库服务器上，自动下载项目所需的库和运行项目的插件，非常方便。项目的描述和配置信息都放在一个叫作 pom.xml 的文件中，我们只需要对它进行少量的编辑即可。

Maven 工程中的目录结构是固定模式，不提倡灵活性，理念是约定大于配置，这样可以减少烦琐的配置项，我们只需记住一个固定模式就可以了。

IDAE、Eclipse、VSCode 等各种 IDE 都支持 Maven。

可以从 https://maven.apache.org/download.cgi 下载 Maven，请下载其编译后的包，作者下载的是 apache-maven-3.6.3-bin.zip，下载后解压到某个目录下即可。注意，路径中尽量不要有中文字符、特殊字符。然后将 Maven 的 bin 目录加入环境变量 PATH，可以随时执行其命令行工具 mvn，同时 VSCode 也可以找到它。

由于 Maven 严重依赖互联网，因此使用它时要保持网络畅通。它的官方仓库架设在国外，有时会无法访问或访问速度太慢，我们可以修改其仓库为国内镜像（很多大厂都提供了免费的镜像服务）。修改方式是，编辑 Maven 的设置文件 settings.xml（在 Home 目录的.m2 目录中）。Home 目录就是账户目录，在 Windows 中是"c:/Users/账户名"，如果 m2 下没有 settings.xml，就创建之。其内容如下：

```xml
<?xml version="1.0" encoding="UTF-8"?>
<settings xmlns="http://maven.apache.org/SETTINGS/1.0.0"
      xmlns:xsi="http://www.w3.org/2001/XMLSchema-instance"
      xsi:schemaLocation="http://maven.apache.org/SETTINGS/1.0.0
http://maven.apache.org/xsd/settings-1.0.0.xsd">

  <pluginGroups>
  </pluginGroups>

  <proxies>
  </proxies>

  <servers>
  </servers>

  <mirrors>
    <mirror>
      <id>huaweicloud</id>
      <mirrorOf>*</mirrorOf>
      <url>https://mirrors.huaweicloud.com/repository/maven/</url>
    </mirror>
  </mirrors>

  <profiles>
  </profiles>
</settings>
```

注意粗体部分，我们使用了华为的镜像服务。

6.1.3 安装 VSCode

进入 VSCode 官网主页即可看到下载界面，如图 6-3 所示。

图 6-3

下载后的安装过程很简单，按照提示操作即可。然后启动 VSCode，如图 6-4 所示。

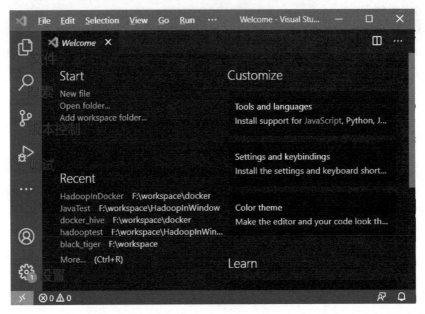

图 6-4

VSCode 没有一般 IDE 中的工程（或者叫项目）的概念，工程需要我们自己组织管理，所以在 VSCode 的窗口中没有"打开工程"这样的操作，我们只能打开工程所在的目录（"Open folder"这样的操作）。

Java 有自己的工程管理工具，比如 Maven、Gradle 等，我们后面创建的 Java 工程就选择以 Maven 管理。我们还可以为 VSCode 安装 Maven 插件，这样 VSCode 可以与 Maven 进行一定程度的集成，感知 Maven 工程的存在，并提供一些窗口界面上的操作支持。当然这种集成比不了 IDEA 和 Eclipse，但是也能让我们更深入地了解 Maven。

在开发 Java 程序前，还需要设置一下 VSCode，主要是安装一些插件，包括 Java 插件和 Maven 插件。

6.1.4 安装 VSCode 插件

仅安装 VSCode 的主体部分还不能使用 Git 和 Maven，必须为 VSCode 安装相应的插件才能与它们配合，把它们整合进 VSCode 的集成环境中。

VSCode 安装插件很方便，点一下图 6-5 所示的方框中所标的图标即可打开插件管理界面。

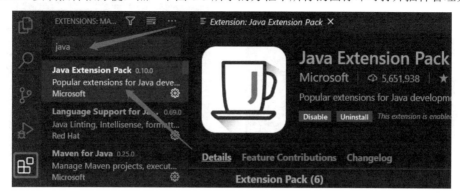

图 6-5

上方箭头所指的是搜索框，输入"java"后可以列出所有相关的插件，推荐安装下方箭头所指的插件 Java Extension Pack，它其实是一个插件包，包含了 6 个插件（这 6 个插件也可以分别安装），如图 6-6 所示。

图 6-6

Java Extension Pack 是 VSCode 官方推荐的 Java 开发插件，从它包含的插件名字可以看出它们的作用：有 Java 语法支持、Java 程序调试、Java 单元测试、Maven 集成、Java 项目管理等。

注意，可能还需要一些其他插件。VSCode 有一个很酷的功能，可以自己感知需要安装的插件，并向用户弹出提示，用户可以根据提示选择安装还是不装。

Java 插件存在一个问题，它默认使用的 JDK 是最新版，而不是 JDK8（就是 JDK1.8.x），即使你的系统中安装了 JDK8，此插件也视而不见。为了让它能够使用 JDK8，需要修改设置项 java.configuration.runtimes。

（1）打开 Settings 页面，单击 VSCode 窗口左下角的 Manager 图标，如图 6-7 所示。在出现的菜单中选择 Settings，如图 6-8 所示。

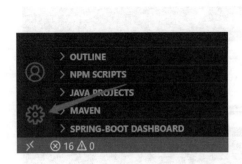
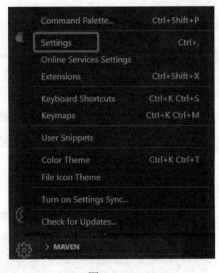

图 6-7　　　　　　　　　　　图 6-8

（2）在 Settings 页面中搜索 java.configuration.runtimes，如图 6-9 所示。单击箭头所指的链接，打开 settings.json 文件（VSCode 的配置文件）。

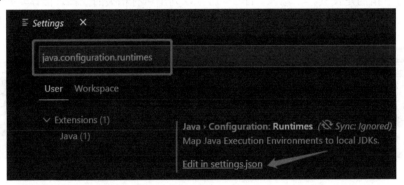

图 6-9

（3）添加 JDK8，如图 6-10 所示。

图 6-10

注意，JDK 的版本号要与安装的版本号一致。关闭 settings.json 文件，保存其更改，就可以在项目中指定使用 JDK8 了。

另外，下面还配置了 JDK11（必须被安装），因为它是 VSCode Java 插件运行所依赖的，如果没有安装，VSCode 会提示你安装，根据其给出的下载地址下载安装即可。

6.2 Native 编程

Hadoop 的开发语言是 Java，所以 Java 是它的 Native（原生）开发语言，下面我们讲解一下用 Java 如何开发访问 HDFS 的程序。

> **提 示**
>
> 本程序的示例工程可以从 Git 仓库获取：git clone https://gitee.com/niugao/hdfs-demo.git。

6.2.1 创建 HDFS 客户端项目

我们要创建的是一个由 Maven 管理的 Java 项目。

> **注 意**
>
> Maven 严重依赖互联网，在第一次创建工程时有大量的文件需要下载，可能花时间比较长（请耐心等待），也可能由于网络中断而引起创建失败，请注意观察其输出日志，如果失败则可以重新创建。大多数 Maven 错误都是网络问题引起的！

虽然 VSCode 主菜单中没有创建工程的菜单项，但是我们可以利用所安装的插件创建一个 Maven 项目，操作如下：

（1）显示工程创建菜单

打开 VSCode，按下 Ctrl+P 快捷键，在窗口上方出现一个上浮式输出框，在框中输入">"会列出很多可执行的动作（都是插件提供的），如图 6-11 所示。

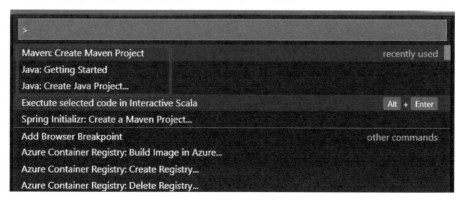

图 6-11

如果没有看到 Maven 相关的动作，可以在">"后面输入"maven"对列表进行过滤，如图 6-12 所示。

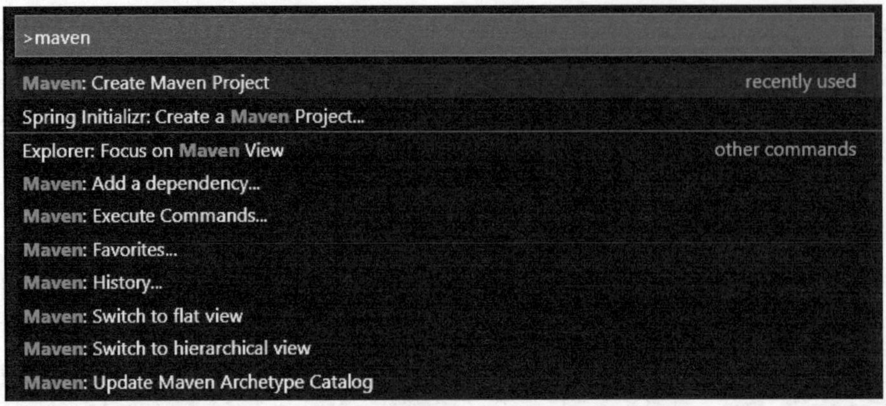

図 6-12 に示す。

（2）选择 Maven 工程模板

选择"Maven:Create Maven Project"，出现项目模板列表，如图 6-13 所示。这里所列出的是各种 Maven 工程模板，我们要创建的是最简单的 Java 项目：Java 应用项目。选择"maven-archetype-quickstart"，会进入 Maven 工程配置向导。

图 6-13

（3）选择 Maven 版本

选择 1.4 版本，如图 6-14 所示。

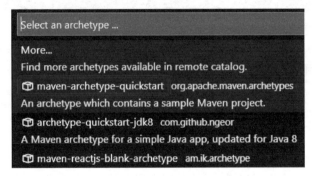

图 6-14

（4）创建项目

在目录选择窗口中选择项目所在的目录（必须手动创建，VSCode 不会自动创建）。强烈建议不要在路径中出现中文、全角字符、空格等，否则可能出现莫名其妙的问题。

选定目录后，VSCode 会执行 Maven 脚本创建工程。注意，Maven 严重依赖网络，有很多与项目管理相关的插件需要下载,所以必须保持网络畅通!注意 TERMINAL 窗口输出的日志,如果创建失败,从中可以查找问题。

在项目创建过程中需要输入一些项目信息,首先是 groupId(所在组织或公司的 id,一般是域名倒写。如果没有,可以自己编一个,比如"com.niu.edu"),如图 6-15 所示。

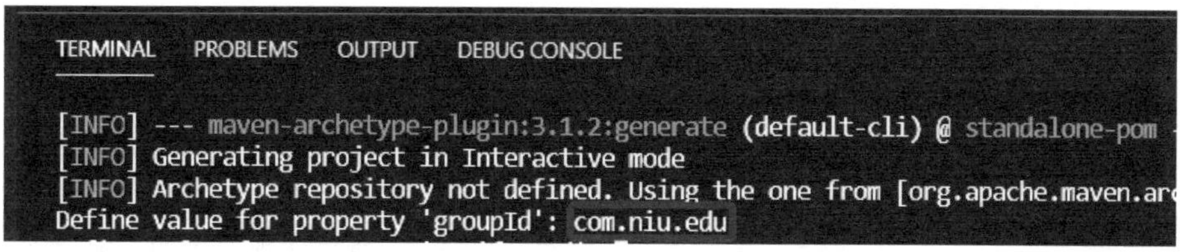

图 6-15

按回车键后,输入 artifactId(表示产品的名字),比如"hdfsdemo"。再按回车键,输入产品的版本号(默认值为 1.0-SNAPSHOT,这里直接按回车键)。

接着输入包名,比如 com.niu.edu,再按回车键。

下面提示一个"Y::",意思是如果确认上面的信息无误,直接按回车键。我们直接按回车键,然后项目会继续创建,直到完成。创建成功后会显示"BUILD SUCCESS"信息,如图 6-16 所示。

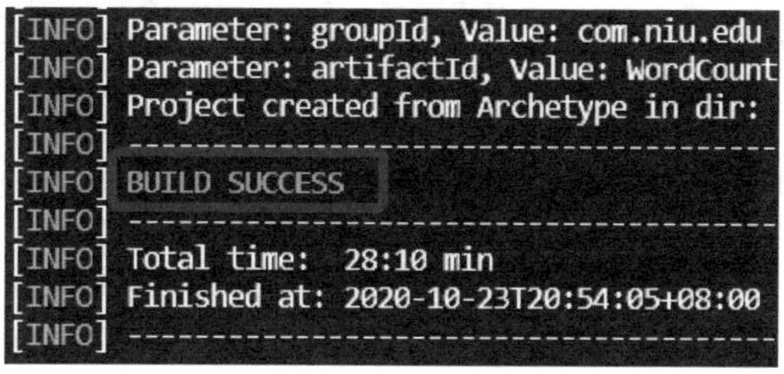

图 6-16

(5)打开项目

VSCode 并不会自动打开刚创建的项目,因为 VSCode 并没有项目概念,项目是插件创建的,VSCode 并不了解,所以我们需要自己去打开项目文件夹:选择菜单 File→Open Folder,找到所指定的项目目录,打开它。现在可以在 VSCode 中看到所创建的工程结构,如图 6-17 所示。

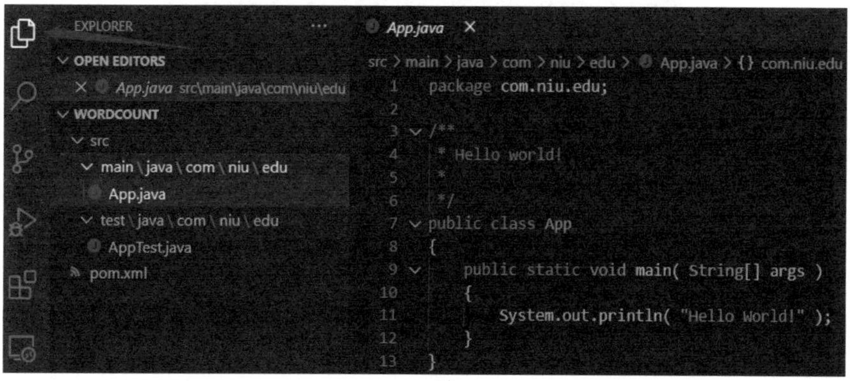

图 6-17

如果看不到，就选中箭头所指的图标（Explore）。

Maven 项目的结构如下：

- pom.xml 是工程描述文件，Maven 脚本根据它来构建目标结果（比如编译、打包）。
- src 下是组件工程的文件。
- src/main 下放的是用于构建目标结构的文件。
- src/test 下放的是用于测试的文件。
- src/main/java 下放的是 Java 源码文件，src/test/java 也是源码文件，不过用于测试；其下的 com/niu/edu 是一个 Java 包。
- src/main/resources 下放的是资源文件（只要不是 Java 源码文件，都叫资源文件），这个目录看不到，当需要时手动创建即可。src/test/resources 下放的也是资源文件，用于测试。

请记住 Maven 的一个理念：约定大于配置。其工程目录结构是固定的，是大家总结出的最佳实践，不需要灵活配置，如果缺少目录，手动创建即可。

打开项目后，VSCode 会感知到 Java 项目，在其右下角弹出一个提示框，询问我们是不是启用相关的插件，建议选择 Always，如图 6-18 所示。

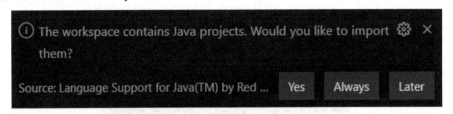

图 6-18

（6）运行项目

Java 的入口是 main 方法（签名必须是"public static void main(String[])"），包含此方法的类叫主类（这里的类名是 App）。Maven 已经为我们创建了简单的 main 方法，用来在控制台窗口输出"Hello World!"，如图 6-19 所示。

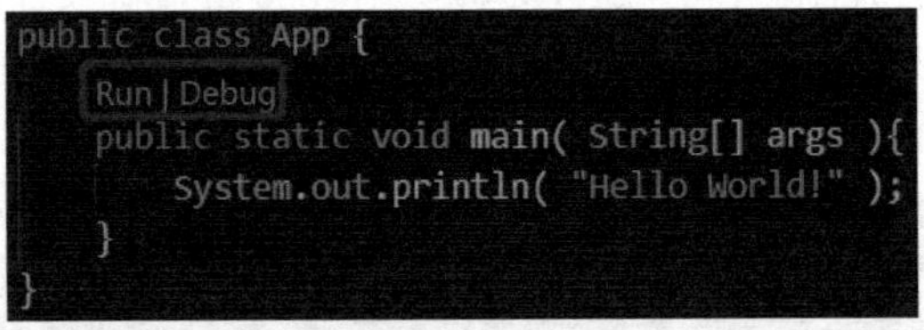

图 6-19

当 Java 插件被启用后，在主类上会出现"Run | Debug"这样的文字提示（注意这不是源码的一部分），单击 Run，就会运行，在位于下方的 TERMINAL 窗口中可以看到输出，如图 6-20 所示。

图 6-20

到此，项目创建并运行成功，但是还有一个小问题需要解决一下，如图 6-21 所示。

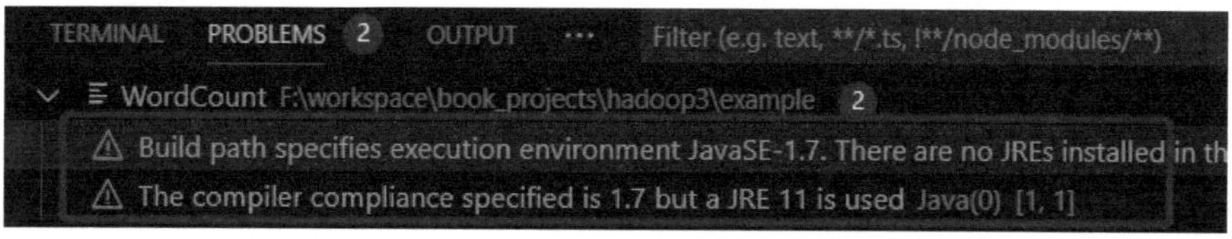

图 6-21

警告我们在项目中指定编译使用 JDK1.7，与实际安装的 JDK 版本不符。要修正这个警告呢，打开 pom.xml，将图 6-22 所示的 1.7 改为 1.8 即可。

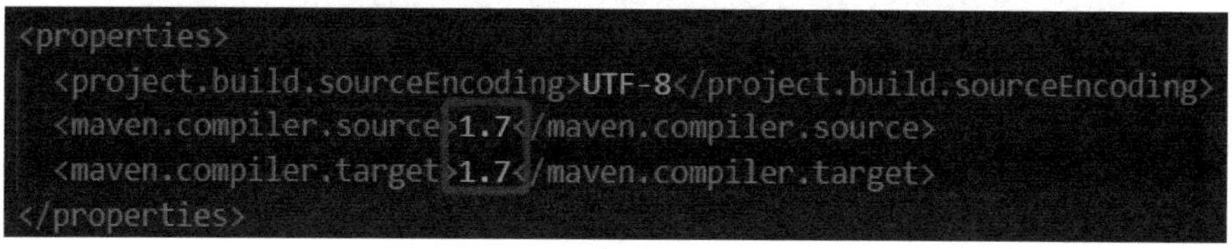

图 6-22

下面我们修改这个项目，添加 HDFS 操作功能。

6.2.2 示例 1：查看目录状态

在 App 类中创建静态方法 showStatus()：

```java
package com.niu.edu;

public class App {
    public static void main(String[] args) throws IOException{
        //调用各测试方法
        showStatus();
    }

    static void showStatus() throws IOException {
        //NameNode 的地址
        String uri = "hdfs://localhost:9000";
        //创建 Hadoop 配置对象
        Configuration config = new Configuration();
        //创建 HDFS 文件系统对象，指定 NameNode 的地址（也可以放在 config 中）
        FileSystem fileSystem = FileSystem.get(URI.create(uri), config);
        //获取 HDFS 根路径下所有文件或目录的状态（需要先确保其下有目录或文件）
        FileStatus[] listStatus = fileSystem.listStatus(new Path("/"));
        //输出它们的状态信息
        for (FileStatus fileStatus : listStatus) {
            System.out.print("file 文件信息------》" + fileStatus);
        }
        //别忘了关闭文件系统，以释放内存
        fileSystem.close();
```

```
        }
    }
```

过程很简单:创建配置对象,主要指明 NameNode 的地址,再创建一个 FileSystem 对象指向 HDFS 系统,然后就可以进行各种操作了。

代码中还有错误,图 6-23 中那些波浪线就表示有错误。

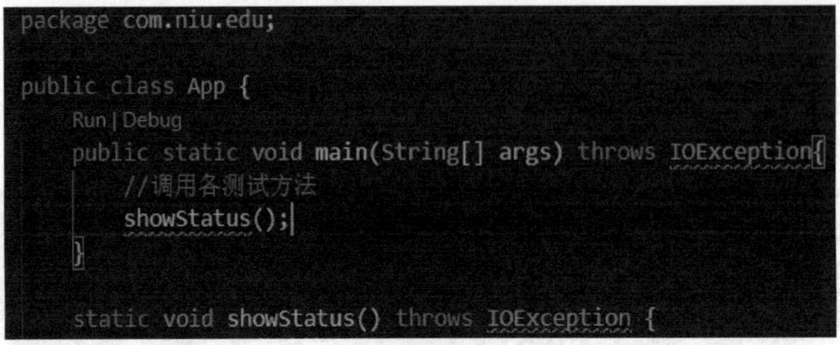

图 6-23

将鼠标移上去可以发现错误的详细信息,如图 6-24 所示。

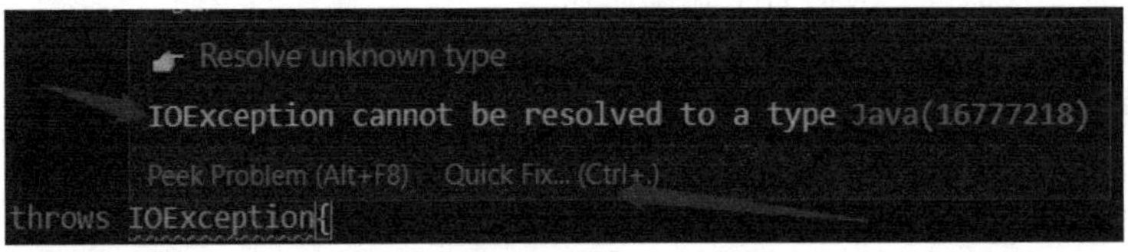

图 6-24

大部分错误是找不到标志符的定义(类名、接口名、变量名、方法名等都是标志符)的,单击"Quick Fix ..."可以尝试让 VSCode 帮我们解决。VSCode 会列出一堆选项,如图 6-25 所示。选择 Import 类,VSCode 会自动添加一条导入语句,如图 6-26 所示。

图 6-25　　　　　　　　　　　　　　　图 6-26

有些类是无法导入的,需要添加依赖库。

6.2.3　添加依赖库

在 Maven 工程中引用 Java 库相当简单,只需要在 pom.xml 中添加一个依赖项即可。依赖项的写法可参考 pom.xml 中的现有内容:

```
    <dependencies>
```

```xml
    <dependency>
      <groupId>junit</groupId>
      <artifactId>junit</artifactId>
      <version>4.11</version>
      <scope>test</scope>
    </dependency>
  </dependencies>
```

必须放在<dependencies>元素中，每个依赖项是一个<dependency>，每个<dependency>至少要包含三项内容：groupId、artifactId、version。

我们需要添加如下依赖项：

```xml
<dependency>
  <groupId>org.apache.hadoop</groupId>
  <artifactId>hadoop-common</artifactId>
  <version>3.3.0</version>
  <scope>provided</scope>
</dependency>
```

注意，version 应该与你所运行的 Hadoop 版本相同。

> **提 示**
>
> 依赖项中参数<scope>provided</scope>的意思是这个库只在编译时使用，而运行时用不到。因为这个库在 Hadoop 环境中已存在，没有必要把它们打到执行文件包中增加体积，如果需要打入包中，只要把这条参数删掉即可。

可以在 Maven 官方仓库网站中查找这些依赖项的写法。Maven 所需下载的文件位于互联网上某台服务器内，这台服务器叫作仓库（repository）。Maven 官方仓库位于地址 https://mvnrepository.com 中，可以在浏览器中打开此网页，在搜索框中搜"hadoop"，如图 6-27 所示。

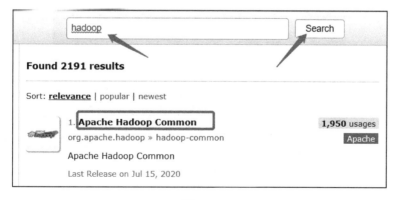

图 6-27

在搜索结果中找到 Apache Hadoop Common，单击后进入如图 6-28 所示的页面。

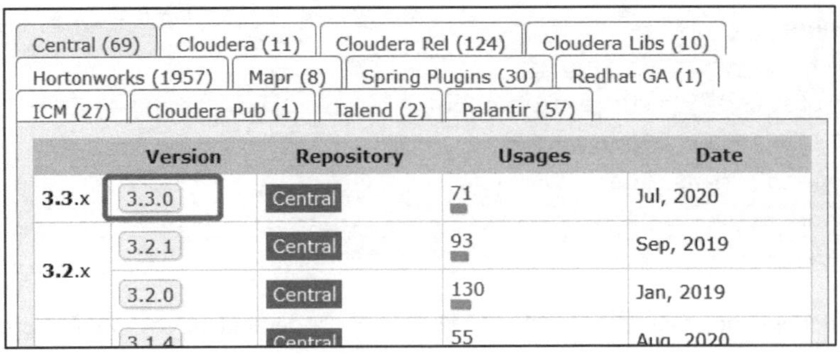

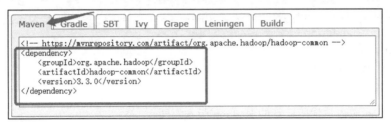

图 6-28

在 Apache Hadoop Common 可选的版本中选 3.3.0，进入如图 6-29 所示的页面。

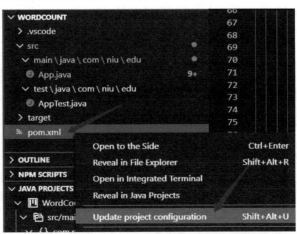

图 6-29

找到 dependency 的写法，复制粘贴到 pom.xml 的 dependencies 内部。同理，其他库也是这样查找、添加。有时搜索结果中会出现名字非常相近的多条信息，不知道到底选择哪一条时，可以挨个试。

注意，可能 Maven 不会自动应用 pom.xml 中的修改，可以在 pom.xml 上右击，选择 Update project configuration（更新项目配置）选项，如图 6-30 所示。

图 6-30

添加依赖库后，就可以在 Java 文件中导入所需的类了，比如 Configuration 标志符，如图 6-31 所示。

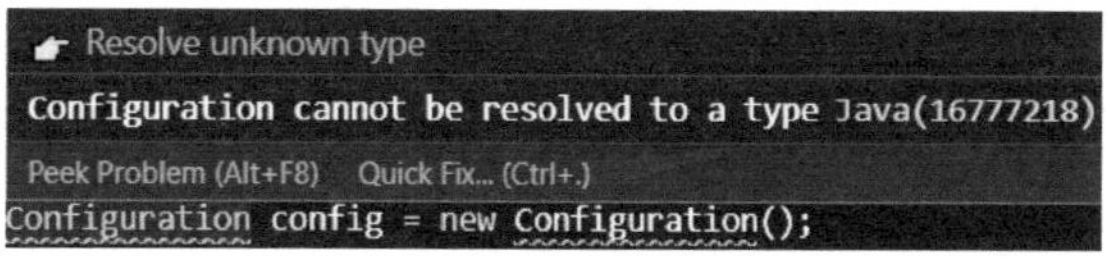

图 6-31

在解决方案列表中出现了多个 import 选项（见图 6-32），这是因为这个类在多个包中都存在，我们应该选择正确的一个，如果不知道哪个是正确的，就都试试。

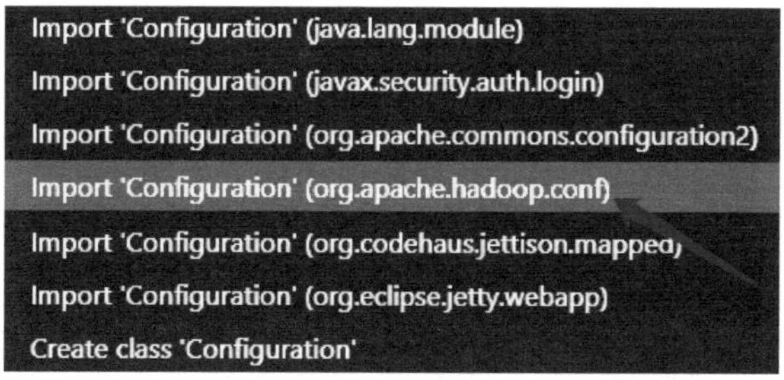

图 6-32

其实图 6-31 中出现的选项中只一项带有单词"hadoop"，我们应该首先尝试它。最终 Java 文件中的 import 语句如下：

```
import java.io.IOException;
import java.net.URI;

import org.apache.hadoop.conf.Configuration;
import org.apache.hadoop.fs.FileStatus;
import org.apache.hadoop.fs.FileSystem;
import org.apache.hadoop.fs.Path;
```

虽然找不到标志符的错误解决了，但是依然存在一些错误，如图 6-33 所示。

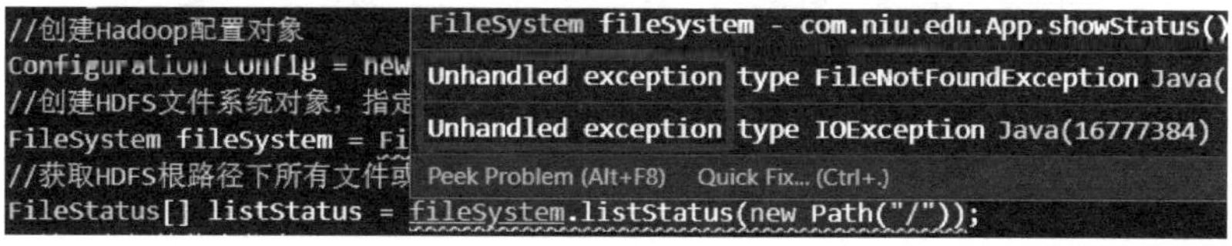

图 6-33

根据错误提示来看是有未捕获的异常，方法调用时可能抛出这些异常，我们需要处理一下，否则可能引起程序崩溃。单击 Quick Fix，出现两个选项，如图 6-34 所示。

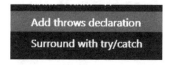

图 6-34

第一项是为所在的方法（main 函数）添加 throws 声明，这样就不用处理异常了，丢给调用

main 的代码（其实就是不管了，因为 main 被 Java 虚拟机调用）。第二项是添加 try...catch，自己捕获并处理异常。我们只是测试代码，所以选择第一项。以同样的方式处理其他语句，最后得到的 main 方法签名如下：

```
static void showStatus() throws FileNotFoundException, IllegalArgumentException, IOException
```

main 告诉编译器：谁调用我，谁就需要处理这 3 个异常！当然调用者也可以选择继续往下丢，最后丢到操作系统层。

6.2.4　运行程序

所有错误都消除后，就可以准备运行程序了。

（1）打 jar 包

> **注　意**
>
> 不能像普通程序那样直接在本地（宿主机）运行，因为一个 HDFS 操作背后可能涉及 NameNode 和 DataNode 与程序之间的网络通信，有很多端口和 IP 地址需要 Docker 容器内外转换，很麻烦。如果使用 VMWare 或 VirtualBox 这样的虚拟机，就不存在这个问题了，可以在宿主机中直接运行。

打 jar 包只需一条 Maven 命令，在 VSCode 的控制台（TERMINAL）窗口执行命令 `mvn package`，如图 6-35 所示。

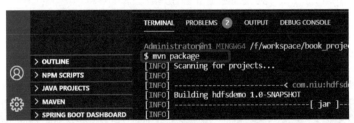

图 6-35

打包成功后，在项目根目录下的 target 目录下出现一个 jar 文件，如图 6-36 所示。

图 6-36

（2）上传到 HDFS 集群中

在 VSCode 的控制台窗口中执行 `$ docker cp target/hdfsdemo-1.0-SNAPSHOT.jar fad9b6637d47:/app/` 命令，将 jar 文件放到容器内的 /app 目录下。注意，容器要先启动。

（3）执行 jar 包

执行程序。进入容器控制台，先启动 HDFS，再运行命令：`/app/hadoop/bin/hadoop jar /app/hdfsdemo-1.0-SNAPSHOT.jar com.niu.edu.App`。正确运行时会看到如下信息：

```
HdfsLocatedFileStatus{path=hdfs://localhost:9000/tmp; isDirectory=true; modification_time=1610665885861; access_time=0; owner=root; group=supergroup; perm
```

6.2.5 示例 2：创建目录和文件

在 App 类中添加静态方法 createDirectory，创建一个目录，注意它不能递归式创建路径，所以在参数中传入的路径中要创建的目录的父目录必须存在：

```java
static void createDirectory(String dirPath) throws IOException {
    // NameNode 的地址
    String uri = "hdfs://localhost:9000";
    // 创建 Hadoop 配置对象
    Configuration config = new Configuration();
    // 创建 HDFS 文件系统对象，指定 NameNode 的地址（也可以放在 config 中）
    FileSystem fileSystem = FileSystem.get(URI.create(uri), config);

    // 如果已存在，则不创建
    if (fileSystem.exists(new Path(dirPath))) {
        fileSystem.close();
        return;
    }

    // 创建目录使用方法 mkdir，返回是否成功
    boolean mkdirs = fileSystem.mkdirs(new Path(dirPath));
    if (mkdirs) {
        System.out.println("成功！");
    } else {
        System.out.println("失败！");
    }
    // 别忘了关闭文件系统，以释放内存
    fileSystem.close();
}
```

在 main 方法中调用 createDirectory，比如 "createDirectory("/mydir");"。执行后可以在 WebUI 中查看，如图 6-37 所示。

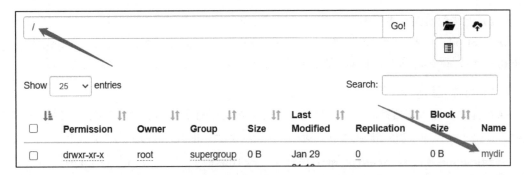

图 6-37

再创建一个方法 createFile 用于创建文件：

```java
public static void createFile(String fileName) throws Exception {
    // NameNode 的地址
    String uri = "hdfs://localhost:9000";
    // 创建 Hadoop 配置对象
    Configuration config = new Configuration();
    // 创建 HDFS 文件系统对象，指定 NameNode 的地址（也可以放在 config 中）
    FileSystem fileSystem = FileSystem.get(URI.create(uri), config);

    Path filePath = new Path(fileName);
    // 如果已存在，则不创建
    if (fileSystem.exists(filePath)) {
        System.out.println("文件已经存在");
        fileSystem.close();
        return;
    }

    //使用输出流对象向文件写数据（从内存向文件写叫作 out），
    //遵循了 Java File API 的编程模式
    FSDataOutputStream fos = fileSystem.create(filePath);
    String str = "我就是文件内容";
    fos.write(str.getBytes());
    fos.flush();

    //别忘了关闭流
    fos.close();
    fileSystem.close();
}
```

我们这样调用它：

```java
try {
    createFile("/mydir/afile");
} catch (Exception e) {
    System.out.print("Create file failed!");
```

}
```

执行结果如图 6-38 所示。

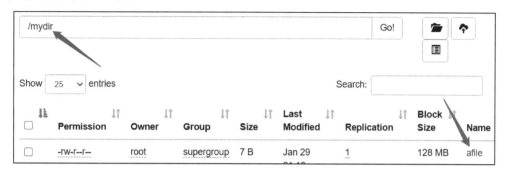

图 6-38

## 6.2.6 示例 3：读取文件内容

与 Java 读取普通文件没有什么差别，代码如下：

```java
public static void readFile(String filePath) throws Exception {
    // NameNode 的地址
    String uri = "hdfs://localhost:9000";
    // 创建 Hadoop 配置对象
    Configuration config = new Configuration();
    // 创建 HDFS 文件系统对象，指定 NameNode 的地址（也可以放在 config 中）
    FileSystem fileSystem = FileSystem.get(URI.create(uri), config);

    // 获取指定的文件
    FSDataInputStream open = fileSystem.open(new Path(filePath));
    // 将文件的内容装载到 BufferedReader 对象中去
    BufferedReader reader = new BufferedReader(new InputStreamReader(open));

    //假设是一个文本格式的文件
    String line = "";
    // 循环读取文件内容
    while ((line = reader.readLine()) != null) {
        //读一行，输出一行
        System.out.println(line);
    }

    // 关闭资源
    reader.close();
    open.close();
    fileSystem.close();
}
```
```

6.2.7 示例 4：上传和下载文件

方法 putToHDFS 相当于我们使用命令 hdfs dfs -put 所做的事，代码如下：

```
// localName: 本地文件路径
// fromName: HDFS 上的文件路径
public static void putToHDFS(String localPath, String toPath)
throws Exception {
    // NameNode 的地址
    String uri = "hdfs://localhost:9000";
    // 创建 Hadoop 配置对象
    Configuration config = new Configuration();
    // 创建 HDFS 文件系统对象，指定 NameNode 的地址（也可以放在 config 中）
    FileSystem fileSystem = FileSystem.get(URI.create(uri), config);

    //从本地复制文件到 HDFS 的路径下
    fileSystem.copyFromLocalFile(new Path(localPath), new Path(toPath));

    //别忘了关闭对象
    fileSystem.close();
}
```

调用方式是：

```
// 上传到 HDFS 中
try {
    putToHDFS("/app/hadoop/LICENSE.txt", "/mydir/license.txt");
} catch (Exception e) {
    System.out.print("Copy file failed!");
}
```

注意传给方法的源文件路径，它是容器中的一个本地路径，因为程序是在容器内执行的，而不是在宿主机系统中。

下面的方法相当于 hdfs dfs -get 所做的事：

```
// srcPath 是 HFDS 上的路径, localPath 是本地路径
public static void getFromHDFS(String srcPath,String localPath)
throws Exception {
    // NameNode 的地址
    String uri = "hdfs://localhost:9000";
    // 创建 Hadoop 配置对象
    Configuration config = new Configuration();
    // 创建 HDFS 文件系统对象，指定 NameNode 的地址（也可以放在 config 中）
    FileSystem fileSystem = FileSystem.get(URI.create(uri), config);

    //从 HDFS 上复制一个文件到本地
    fileSystem.copyToLocalFile(new Path(srcPath),new Path (localPath));
```

```
    // 别忘了关闭对象
    fileSystem.close();
}
```

调用方式可参考 putToHDFS。

6.3 WebHDFS 与 HttpFS

这两种组件提供了以 RESTful 方式使用 HDFS 功能的服务。RESTful 就是以 HTTP 进行网络交互，数据形式是 JSON。

WebHDFS 与 HttpFS 用的是相同的 HTTP 请求命令，只是在实现机制上稍有区别，这使得它们对外提供 RESTful 接口的网络端口不同：WebHDFS 使用 HDFS WebUI 的端口 9870，HttpFS 使用自己的端口 14000。

bin/hadoop 命令支持的操作它们都支持，比如在 HDFS 中创建一个目录：

```
curl -i -X PUT "http://namenode地址:9870/webhdfs/v1/hdfs路径
/newdir?user.name=root&op=MKDIRS"
```

- curl：Linux 中发出 HTTP 请求的命令，-i -X 是其参数。
- PUT：表示执行 HTTP PUT 方法（HTTP 执行多种请求方法，如 HEAD、GET、POST、PUT、DELETE 等）。PUT 表示更新服务端，可以认为是执行写操作。
- PUT 后的 URL：主机地址指向一个 namenode，端口是 9870。看到这个端口号，我们知道访问的是 WebHDFS 的接口，如果是 14000，则访问 HttpFS。
    ◇ URL 的路径必须以/webhdfs/v1 开始，即使请求 HttpFS，也是这样！v1 表示版本，当前仅支持 v1 版。其实真正的 HFDS 路径从 v1 后开始。newdir 是目标路径。
    ◇ 问号表示后面的是请求参数，不属于路径了。参数是 Key-Value 的形式，user.name=root 表示以 root 账户访问 HFDS，必须有账户！
    ◇ op 表示要执行的操作，MKDIRS 表示创建多层目录。

既然 HDFS 提供了 RESTful 接口，那么任何支持 HTTP 通信的开发语言都可以用来开发 HDFS 客户端程序。实际上，似乎没有不支持 HTTP 的语言，因为所有语言都配有 HTTP 操作库。

下面我们主要讲解如何组织 HTTP 命令以访问 HDFS。至于如何把它们放入编程代码中，可以查找 HTTP API 使用教程。

6.3.1 WebHDFS

HDFS 默认启动 WebHDFS。下面试着在容器的控制台中执行命令：`curl -i -X PUT "http://localhost:9870/webhdfs/v1/testwebhdfs?user.name=root&op=MKDIRS"`，在 HDFS 的根路径下创建目录 webhdfstest。

```
sh-4.4# curl -i -X PUT
"http://localhost:9870/webhdfs/v1/testwebhdfs?user.name=root&op=MKDIRS"
```

```
HTTP/1.1 200 OK
Date: Mon, 01 Feb 2021 23:27:49 GMT
Cache-Control: no-cache
Expires: Mon, 01 Feb 2021 23:27:49 GMT
Date: Mon, 01 Feb 2021 23:27:49 GMT
Pragma: no-cache
X-Content-Type-Options: nosniff
X-FRAME-OPTIONS: SAMEORIGIN
X-XSS-Protection: 1; mode=block
Set-Cookie:
hadoop.auth="u=root&p=root&t=simple&e=1612258069770&s=LVtNNamxR3VRr5w590H/cMIL
/rEicWdf8Vb6F4vsJGI="; Path=/; HttpOnly
Content-Type: application/json
Transfer-Encoding: chunked

{"boolean":true}
```

最后的{"boolean":true}是一个 JSON 数据，封装了返回结果，true 表示执行成功。在 WebUI 中可以看到新建的目录，如图 6-39 所示。

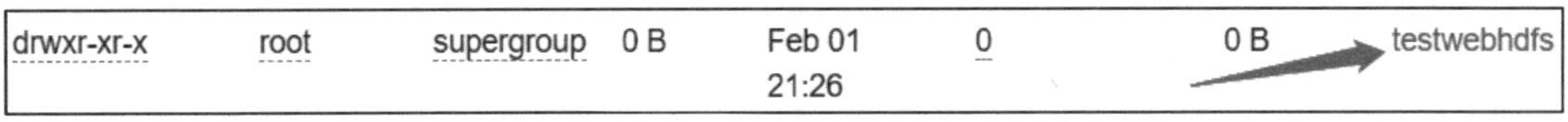

| drwxr-xr-x | root | supergroup | 0 B | Feb 01 21:26 | 0 | 0 B | testwebhdfs |

图 6-39

再试着获取刚创建的目录状态：

```
sh-4.4# curl -i -X GET
"http://localhost:9870/webhdfs/v1/testwebhdfs?user.name=root&op=GETFILESTATUS"
HTTP/1.1 200 OK
Date: Tue, 02 Feb 2021 12:29:51 GMT
Cache-Control: no-cache
Expires: Tue, 02 Feb 2021 12:29:51 GMT
Date: Tue, 02 Feb 2021 12:29:51 GMT
Pragma: no-cache
X-Content-Type-Options: nosniff
X-FRAME-OPTIONS: SAMEORIGIN
X-XSS-Protection: 1; mode=block
Set-Cookie:
hadoop.auth="u=root&p=root&t=simple&e=1612304991953&s=/Xrb5axLwmiw1eAlVmXizUts
fjgiyq+6tRv1bGIEiB4="; Path=/; HttpOnly
Content-Type: application/json
Transfer-Encoding: chunked

{"FileStatus":{"accessTime":0,"blockSize":0,"childrenNum":1,"fileId":20206
,"group":"supergroup","length":0,"modificationTime":1612267822446,"ownsh-4.4
```

> **注　意**
> 因为是读操作，所以这次使用的 HTTP 方法是 GET。

6.3.2　VSCode 插件 RestClient

我们之所以基于 WebHDFS 接口开发 HDFS 客户端程序，主要是为了在 Hadoop 集群外运行程序，而不是上传到 Hadoop 集群的某个节点上再执行。在开发过程中，我们经常需要测试一条 HTTP 请求是否可行。为了测试每次都写代码比较麻烦，如果有一个工具能帮我们组织成 HTTP 请求命令，发出请求后获取结果，就会大量节省我们的时间。其实这样的工具有很多，VSCode 的插件 RestClient 就是其中之一。

首先安装插件，如图 6-40 所示。

图 6-40

在 plugin 窗口的搜索框中输入 "rest"，可以看到 REST Client 插件，单击 Install 按钮安装，安装后可能需要重启才能生效。

在 VSCode 中打开一个文件夹，然后创建一个扩展名叫 http 的文件，如图 6-41 所示。

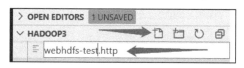

图 6-41

当在 VSCode 中打开一个文件时，VSCode 会根据文件扩展名自动选择插件打开。所以，打开 *.http 文件时，RestClient 会自动启用，在文件中输入 HTTP 命令即可，如图 6-42 所示。

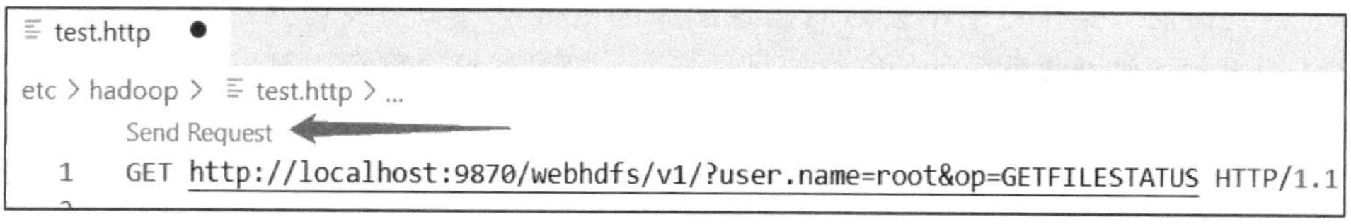

图 6-42

这条命令以 GET 开始，表示使用 HTTP GET 方法，后面是 URL，最后的 HTTP/1.1 指明 HTTP 版本（1.1 是被广泛支持的 HTTP 版本）。箭头所指的文本"Send Request"是 RestClient 自动添加的，单击之后就会把命令发出去，不论请求成功还是失败都会在右边出现一个窗口显示结果，如图 6-43 所示。

```
Response(34ms) ×

1   HTTP/1.1 200 OK
2   Date: Tue, 02 Feb 2021 13:22:39 GMT, Tue, 02 Feb 2021 13:22:39 GMT
3   Cache-Control: no-cache
4   Expires: Tue, 02 Feb 2021 13:22:39 GMT
5   Pragma: no-cache
6   X-Content-Type-Options: nosniff
7   X-FRAME-OPTIONS: SAMEORIGIN
8   X-XSS-Protection: 1; mode=block
9   Content-Type: application/json
10  Connection: close
11
12 ▽ {
13 ▽   "FileStatus": {
14       "accessTime": 0,
15       "blockSize": 0,
16       "childrenNum": 4,
17       "fileId": 16385,
18       "group": "supergroup",
19       "length": 0,
20       "modificationTime": 1612222069842,
21       "owner": "root",
22       "pathSuffix": "",
23       "permission": "755",
24       "replication": 0,
25       "snapshotEnabled": true,
26       "storagePolicy": 0,
27       "type": "DIRECTORY"
28     }
29   }
```

图 6-43

注意，此命令发出请求是从宿主机发到容器中，而不是直接在容器中发出，所以现在是在 Hadoop 集群外访问它。但是，从集群外访问是有问题的，我们前面遇到过，当我们写文件或读文件时就会遇到错误（操作目录不会遇到错误的原因是客户端不需要访问 DataNode，只需访问 NameNode，此时不涉及集群内外的网络地址转换）。要解决这个问题，可以使用 HttpFS。

6.3.3 HttpFS

HttpFS 的作用与 WebHDFS 相同，HTTP 请求命令也相同，不同的是侦听端口（HttpFS 默认是 14000），另外 HttpFS 服务需要单独启动（默认不启动）。它们最大的差别并不是这两处，而是内部机制，HttpFS 会以集群中的某个节点作为网关，集群中各节点与客户端交互的数据都要经这个节点转发，也就是说客户端仅直接与 HttpFS 节点通信，不存在网络地址转换的问题。

在哪个节点上启动 HttpFS 服务，哪个节点就是网关。比如以 NameNode 节点作为网关，可以在其控制台窗口中执行命令 `/app/hadoop/bin/hdfs --daemon start httpfs`。启动成功后，使用 jps 可以看到新的进程 HttpFSServerWebServer。

请求方式与 WebHDFS 相同，只是端口不同，这里就不重复了。试一下原先在 WebHFDS 中不能成功的命令：在集群外创建文件。在 .http 文件中输入语句：`PUT http://localhost:14000/webhdfs/v1/testwebhdfs/test.txt?user.name=app&op=CREATE HTTP/1.1`，点 Send Request 是不是返回成功了？（等待时间可能有点长，需要一定的耐心。）

> **提 示**
>
> 别忘了为容器添加端口映射，将容器的 14000 端口映射到宿主机的 14000 端口！最简单的方法是在 docker-compose.yml 中添加一条映射。

第 7 章

MapReduce 编程

一般情况下，我们编写 MapReduce 程序需要打成 jar 包，上传到 Hadoop 集群中才能被执行，因为各 NodeManager 都需要加载此 jar 包，才能执行里面的 Map 和 Reduce 逻辑，这就带来一个问题——开发过程中如何调试呢？其实这个问题不用担心，因为我们可以配置 MapReduce 程序在独立模式的 Hadoop 中运行。在开发 MR 程序的过程中，大部分时间与开发一个单机版的程序没有什么区别。独立模式的 Hadoop 不是一个提前启动的服务，而是在运行 MR 程序时才启动。当 MR 程序停止后，Hadoop 也会停止。而且，独立模式下 MR 处理的文件不在 HDFS 中，而是在本地文件系统中，所以测试起来既快又方便。

7.1 准备测试环境与创建项目

下面以 Windows 为例，因为 Windows 下配置 Hadoop 最麻烦，在其余系统下要简单得多。

配置独立模式的 Hadoop 需要做的工作也不多：一是配置 JAVA_HOME 环境量；二是解决 Windows 下独有的问题（bin 下包含的 native 库文件与 lib/native 下的库文件不兼容）。

除此之外，还需要在系统中配置 HADOOP_HOME 环境变量，并在 PATH 环境变量中添加 Hadoop 的 bin 目录，使得运行 MapReduce 程序时可以找到启动 Hadoop 的命令。

例如，在 Windows 系统下环境变量配置如图 7-1 所示。

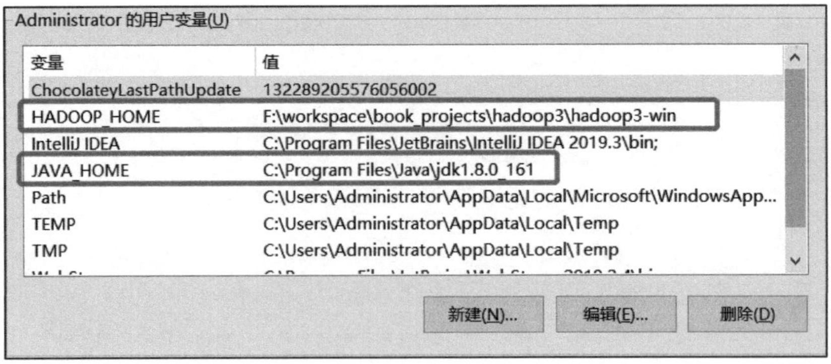

图 7-1

其中，F:\workspace\book_projects\hadoop3\hadoop3-win 就是 Hadoop 解压后的路径，其下的目录如下：

```
Mode                LastWriteTime        Length Name
----                -------------        ------ ----
d-----              2020/10/18   19:04          bin
d-----              2020/7/7      2:47          etc
d-----              2020/7/7      3:50          include
d-----              2020/7/7      3:50          lib
d-----              2020/7/7      3:51          libexec
d-----              2020/7/7      3:50          licenses-binary
d-----              2020/10/18   19:18          logs
d-----              2020/7/7      2:47          sbin
d-----              2020/7/7      4:27          share
-a----              2020/7/5      1:29   22976  LICENSE-binary
-a----              2020/3/25     1:23   15697  LICENSE.txt
-a----              2020/3/25     1:23   27570  NOTICE-binary
-a----              2020/3/25     1:23    1541  NOTICE.txt
-a----              2020/3/25     1:23     175  README.txt
```

下一步是运行 VSCode，创建一个 Maven Java 项目，取名为 wordcount。除了项目名，其余的与前面的例子相同，默认的主类名依然是 App。下面我们一步步实现 MapReduce 程序。

7.2 添加 MapReduce 逻辑

编写一个 MapReduce 程序，主要工作是创建两个 Java 类（一个 Map 类，一个 Reduce 类），然后在 main 方法中创建一个 Job，再将它们设置到 Job 中。

我们编写的程序主要用于统计文本，即对一个文件夹下的所有文本文件中的 word 进行统计，最终输出各 word 出现的次数。其处理过程如图 7-2 所示。

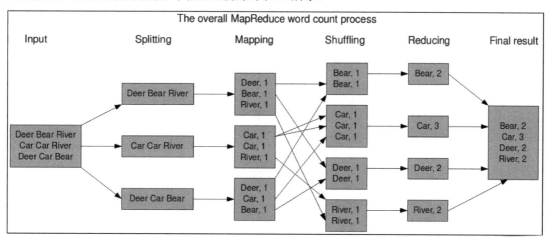

图 7-2

- Input：代表所有文件的内容集合，可以看到包含多个 word。
- Splitting：代表对内容进行分割后的结果，默认按行分割，Input 内容被分成 3 条数据。
- Mapping：代表 map 处理后的结果，也就是 Map 类中要做的事情：将每条（每行）数据再分割，取出每个 word，组成一个个 Key-Value 的形式。Key 是 word 本身，Value 是此 word 的数量，因为 map 阶段的原则是每条数据独立处理，不与其他数据发生关系，即使 Key 重复了，也不去合并，所以 Value 的值只能是 1。
- Shuffling：代表从 Map 阶段切换到 Reduce 阶段后的结果，相同 Key 的数据被放在一起组成一个列表。
- Reducing：代表 Reduce 处理后的结果，也就是我们的 Reduce 类所做的事情：相同 word 的 Value 被执行加运算。
- Final result：是最终输出结果。因为 Reduce 可能在多个结点上执行，所以要最终汇总到一起。

从编程角度讲，其过程是：在各 Mapper 端中，MapReduce 框架将输入文件按行分割，一行作为一条数据，以每条数据作为输入参数循环调用 map 处理方法，再将一条条输出的数据分发给各 Reducer，Reducer 对每条数据调用一次 reduce 处理方法，得到最终结果。

看起来好麻烦，一个简单的任务搞得如此复杂，但是这样可以做到并行处理，当数据量非常多时会体现出其巨大的优势。

7.2.1 添加 Map 类

Map 类的主要作用是封装 map 方法，将一行文本分割，产生类似<word --> 数量>的输出。
我们把它作为 App 类的嵌套类：

```java
public class App {
    //Map 处理类，从 Mapper 派生
    public static class MyMapper extends
Mapper<LongWritable, Text, Text, IntWritable> {
        //创建一个可写的整数对象，记录 word 的数量
        private final static IntWritable one = new IntWritable(1);
        //创建一个 Text 对象，保存 Word 的值，作为输出数据的 key
        private Text word = new Text();
        //map 方法，实现 map 处理的地方
        public void map(Object key, Text value, Context context) throws
IOException, InterruptedException {
            StringTokenizer itr = new StringTokenizer(value.toString());
            //分割出各 word
            while (itr.hasMoreTokens()) {
                //将分割出的 word 的内容设置给字段 word
                word.set(itr.nextToken());
                //形成一对 key-value，保存下来
                context.write(word, one);
            }
        }
    }
```

```
        }
    ......
```

- Mapper 类需要从 Mapper 派生。
- LongWritable 和 IntWritable 类：分别代表一个整数，相当于 Java 中的 Long 和 Interger 类，但是它们不能支持分布式的需求，所以创建了此类。
- Text 类：满足分布式需求的文本类，相当于 Java 中的 String。
- Mapper<LongWritable, Text, Text, IntWritable>：类 Mapper 是一个范型，我们自己的 Mapper 类需要从它派生。它需要四个类型作为范型参数，分别代表了 Mapper 输入输出数据的类型，因为输入和输出数据都是 Key-Value 的形式，所以需要 4 个范型参数。前两个参数对应输入数据的类型，输入数据是一行行文本，其 Key 是行号、Value 是文本内容，比如 < 2- -> Car Car River >。后两个是 Mapper 输出数据的类型，其 Key 是 word 的内容，Value 是 word 的数量，比如 < Car --> 1 >。注意，输入数据的类型是由框架决定的（也可以由我们定制），输出数据的类型是由我们决定的。
- IntWritable one：因为 Mapper 输出的每个 word 数量都是 1，所以创建了值为 1 的常量字段 one，作为 map 各条结果中 Key 的 Value 值，这样就不用为每个结果单独创建 Value 对象了。
- Text word：字段 word 作为每条结果的 Key。
- map(Object key, Text value, Context context)：框架调用它，每调用一次处理一条数据。数据的处理逻辑就放在此方法中，它接收一行文本，把这行文本分割成多个 word，形成 Key-Value 作为输出。前两个参数是一条输入数据 Key 和 Value，可参见上面 Mapper 的解释；参数 context 代表分布式环境的全局上下文，代表了每个 NodeManager 中运行 MapReduce 程序的环境。
- map 方法的逻辑：首先创建 StringTokenizer，用于分割一行文本，然后在循环中取出各 word，将 word 的内容设置到字段 word 中，最后将 word 和其数量 one 保存到 context 中，作为输出，以供后续步骤（Shuffle）使用。

7.2.2 添加 Reduce 类

Reduce 方法的主要作用是进一步处理 map 输出的各条数据，将 Key 相同的数据的 Value 累加，得到其数量：

```
public class App {
......
    public static class MyReducer extends Reducer<Text, IntWritable, Text, IntWritable> {
        private IntWritable result = new IntWritable();
        public void reduce(Text key, Iterable<IntWritable> values, Context context)
                throws IOException, InterruptedException {
            int sum = 0;
            for (IntWritable val : values) {
                sum += val.get();
```

```
            }
            result.set(sum);
            context.write(key, result);
        }
    }
......
```

- Reducer 类需要从 Reducer 派生。
- Reducer<Text, IntWritable, Text, IntWritable>：其范型参数的前两个是 Reducer 的一条输入数据的 Key 和 Value 的类型，需对应 Map 输出数据的 Key 和 Value 类型；后两个为一条输出数据的类型，也就是最终结果中每条数据的类型，比如<Car --> 3>。
- reduce(Text key, Iterable<IntWritable> values, Context context)：框架调用它，每调用一次处理一条数据。前两个参数是输入数据的 Key 和 Value 的类型。注意，Value 对应的参数改为 Values 了。这里解释一下，Iterable 是一个范型，表示可以被循处理的数据，比如 List、Map 等，我们可以认为 Iterable<IntWritable>是由 IntWritable 组成的集合。实际上，Reducer 的输入数据并不一定与 Mapper 的输出数据一样，因为 Shuffle 对 Mapper 的输出中 Key 相同的数据进行了合并，所以到 reduce 方法执行时其输入数据是< Car-->1,1,1 >，其 Value 部分是同 Key 数据的 Value 组成的集合，这样在 Reducer 中才可以研究数据间的关系。
- reduce 方法的逻辑很简单，在 for 循环中将 Values 中的各 Value（全是 1）相加，和 sum 作为输出的 Value，将输入的 Key 作为 Key，生成新的 Key-Value 对，形成最终输出。

7.3 创建 Job

Mapper 和 Reducer 类准备好了，我们还需要创建一个 MR（MapReduce）作业，将这两个类设置到作业中。创建作业需放在 main 方法中：

```
public static void main(String[] args) {
    //创建 Hadoop 配置对象，使用默认配置
    Configuration conf = new Configuration();
    //创建一个 MR 作业，取名为 word count，名字可用于管理作业
    Job job = Job.getInstance(conf, "word count");
    //告诉 job 可以根据 App 这个类的元数据信息找到 MR 的 jar 文件
    job.setJarByClass(App.class);
    //将 Mapper 类加入 job
    job.setMapperClass(MyMapper.class);
    //将 Reducer 类加入 job
    job.setReducerClass(MyReducer.class);
    //设置 MR 最终输出的数据的 Key 类型
    job.setOutputKeyClass(Text.class);
    //设置 MR 最终输出的数据的 Value 类型
    job.setOutputValueClass(IntWritable.class);
```

```
    //设置输入数据从哪个目录的文件中读
    FileInputFormat.addInputPath(job, new Path(args[0]));
    //设置输出数据存放的文件在哪个目录下
    FileOutputFormat.setOutputPath(job, new Path(args[1]));
    //执行job并等待其结束，然后程序退出
    System.exit(job.waitForCompletion(true) ? 0 : 1);
}
```

> **注　意**
>
> 设置输入文件和输出文件所在目录是通过 main 方法的参数 args 创建的 Path，args 中存放的是程序被启动时传入的所有命令行参数。所以，我们在执行此程序时需指定两个目录作为参数。

7.4　添加依赖库

在 pom.xml 中需要添加如下依赖项：

```xml
<dependency>
    <groupId>org.apache.hadoop</groupId>
    <artifactId>hadoop-common</artifactId>
    <version>3.3.0</version>
    <scope>provided</scope>
</dependency>
<dependency>
    <groupId>org.apache.hadoop</groupId>
    <artifactId>hadoop-mapreduce-client-common</artifactId>
    <version>3.3.0</version>
    <scope>provided</scope>
</dependency>
<dependency>
    <groupId>org.apache.hadoop</groupId>
    <artifactId>hadoop-mapreduce-client-core</artifactId>
    <version>3.3.0</version>
    <scope>provided</scope>
</dependency>
```

最终，Java 文件中的 import 语句如下：

```
import java.io.IOException;
import java.util.StringTokenizer;

import org.apache.hadoop.conf.Configuration;
import org.apache.hadoop.fs.Path;
import org.apache.hadoop.io.IntWritable;
import org.apache.hadoop.io.Text;
```

```
import org.apache.hadoop.mapreduce.Job;
import org.apache.hadoop.mapreduce.Mapper;
import org.apache.hadoop.mapreduce.Reducer;
import org.apache.hadoop.mapreduce.lib.input.FileInputFormat;
import org.apache.hadoop.mapreduce.lib.output.FileOutputFormat;
```

7.5 运行程序

当前的程序没有编译，可以运行了，但是还要准备一些东西：一是提供要处理的文件，二是配置运行方式。

（1）提供要处理的文件

我们需要为程序指定输入输出目录作为命令行参数，输入目录中存放要被处理的文本文件，输出目录中存放包含结果的文件，但是我们只需要创建输入目录，并向其中放入要处理的文件。输出目录不需创建，但要保证其父目录存在。

比如输入目录为"./input"，表示位于程序运行的目录下，也就是项目根目录（见图 7-3）。它下面有两个文本文件：1.txt 和 2.txt（内容随便）。输出目录也放在相同目录下：./output。

（2）配置运行方式

默认的运行方式不带命令行参数，所以需要配置一下。在 VSCode 的左侧单击 Run 图标，打开 Run and Debug 页面，单击其中的 Run and Debug 按钮或单击"create a launch.json file"链接，如图 7-4 所示。

图 7-3

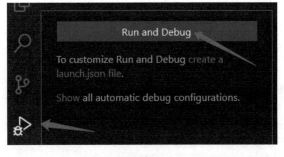

图 7-4

打开的 launch.json 文件内容如下：

```
{
    "version": "0.2.0",
    "configurations": [

        {
            "type": "java",
            "name": "Debug (Launch) - Current File",
```

```
            "request": "launch",
            "mainClass": "${file}"
        },
        {
            "type": "java",
            "name": "Debug (Launch)-App<WordCount>",
            "request": "launch",
            "mainClass": "com.niu.edu.App",
            "projectName": "WordCount",
        }
    ]
}
```

此文件中配置了两种运行方式：一是运行当前文件，在前面直接运行 main 方法时用的就是它（${file} 表示当前文件，当然它得包含一个主类）；二是运行一个工程，指定了项目的名字（"projectName": "WordCount"）和要启动的主类（"com.niu.edu.App"）。

任何一种方式都可以添加命令行参数，使用名为"args"的项，比如：

```
{
    "type": "java",
    "name": "Debug (Launch)-App<WordCount>",
    "request": "launch",
    "mainClass": "com.niu.edu.App",
    "projectName": "WordCount",
    "args": ["./input","./output"],
}
```

启动程序时要指定以哪种方式运行，选好后单击 RUN 旁边的三角按钮运行（绿色的），如图 7-5 所示。

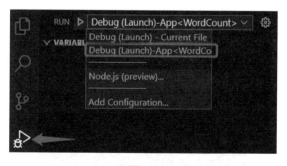

图 7-5

如果运行成功，output 文件就会被自动创建，其下有以下文件：

```
$ ls
_SUCCESS  part-r-00000
```

_SUCCESS 文件是空的，只是作为表示成功的标志，输出结果放在 part-r-00000 中，内容可能是这样的：

```
A        1
Hadoop   1
MapReduce    2
The 2
Typically    1
a   4
amounts 1
and 2
applications     1
are 3
both    1
by  1
care    1
chunks  1
```

注意，如果 output 目录存在，运行会报错，所以需要提前将它删除。

7.6 查看运行日志

运行没有问题，但是运行过程中没有输出日志，万一遇到问题，将无从下手处理。同时控制台窗口中还输出了 log4j 的警告，不能初始化日志系统，如图 7-6 所示。

图 7-6

配置好 log4j 后才可以看到日志。这件事情相当容易，只需要将 hadoop 目录下的 etc/hadoop/log4j.properties 文件放到工程中即可。在前面创建首个 Maven 工程时曾讲过，Java 源码文件放在 main/java 目录下，非源码文件放在 main/resources 下，所以只需手动创建 resources 目录，将 log4j.properties 放到其下即可，如图 7-7 所示。

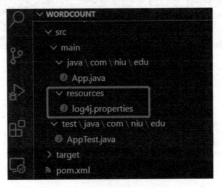

图 7-7

运行程序（注意要把 output 目录删掉），可以看到一个 MR Job 运行的完整过程：

```
......
2020-10-29 11:11:03,458 INFO mapred.LocalJobRunner: Finishing task: attempt_local365648623_0001_r_000000_0
2020-10-29 11:11:03,458 INFO mapred.LocalJobRunner: reduce task executor complete.
2020-10-29 11:11:03,881 INFO mapreduce.Job:  map 100% reduce 100%
2020-10-29 11:11:03,886 INFO mapreduce.Job: Job job_local365648623_0001 completed successfully
2020-10-29 11:11:03,954 INFO mapreduce.Job: Counters: 30
        File System Counters
                FILE: Number of bytes read=444432
                FILE: Number of bytes written=4966213
                FILE: Number of read operations=0
                FILE: Number of large read operations=0
                FILE: Number of write operations=0
        Map-Reduce Framework
                Map input records=799
                Map output records=3291
                Map output bytes=40317
                Map output materialized bytes=46959
                Input split bytes=1269
                Combine input records=0
                Combine output records=0
                Reduce input groups=602
                Reduce shuffle bytes=46959
                Reduce input records=3291
                Reduce output records=602
                Spilled Records=6582
                Shuffled Maps =10
                Failed Shuffles=0
                Merged Map outputs=10
                GC time elapsed (ms)=18
                Total committed heap usage (bytes)=8302624768
        Shuffle Errors
                BAD_ID=0
                CONNECTION=0
                IO_ERROR=0
                WRONG_LENGTH=0
                WRONG_MAP=0
                WRONG_REDUCE=0
        File Input Format Counters
                Bytes Read=29677
        File Output Format Counters
                Bytes Written=10059
```

7.7 在 Hadoop 中运行程序

本地运行没问题的 MR 程序在上线以前还需要放在接近真实的 Hadoop 环境中测试。

在真实的 Hadoop 环境中，MR 由 Yarn 运行，它访问的文件在 HDFS 中。程序需打包成 jar，上传到 Hadoop 的某个节点，在节点中执行 bin/hadoop 命令。在伪分布和全分布模式下都需要这样做，这里以伪分布模式的 Hadoop 来演示这个过程。

我们前面讲过，在 Windows 下配置伪分布式 Hadoop 时可以直接在 Windows 下执行 bin/hadoop 命令，推荐在 Docker 容器中执行，所以这里选择利用 Docker 容器来演示。

（1）启动 Hadoop 环境

启动我们前面创建的容器 hadoop-pseudo（如果忘了名字，可以利用 `docker ps -a` 找一下，前提是 docker 服务已启动）：`docker start hadoop-pesudo-dockerfile`，进入容器控制台：`docker exec -it hadoop-pesudo-dockerfile bash`。

接着在容器内执行 `cd /app/hadoop`，并启动 HDFS 和 Yarn：`sbin/start-all.sh`。

执行 jps，确保所有组件都已执行：

```
[root@hadoop330 hadoop]# jps
803 NodeManager
468 SecondaryNameNode
199 NameNode
696 ResourceManager
299 DataNode
```

再回到宿主机执行操作。

（2）打包 MR 程序

在 VSCode 中打开 MR 工程，将左侧窗口切换到在 Explore 视图，在 JAVA PROJECTS 区右击项目 WordCount，在右键菜单中选择 Run Maven Commands 命令，如图 7-8 所示。然后在顶部出现的选项窗口中选择 package（打包），如图 7-9 所示。

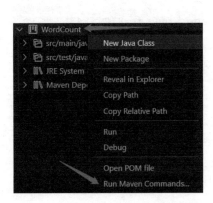

图 7-8

图 7-9

一个 jar 文件创建成功（需要从网上下载文件，过程可能比较耗时，请耐心等待），如图 7-10 所示。

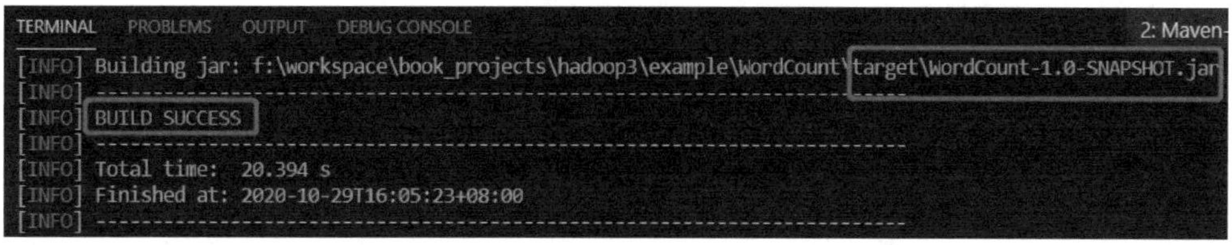

图 7-10

根据提示的位置可以找到这个 jar 文件。

（3）上传 MR 程序

在 jar 所在的目录下执行 `docker cp WordCount-1.0-SNAPSHOT.jar hadoop-pesudo-dockerfile:/app`，直接将 jar 文件上传到容器中的/app 目录下，在容器中可以立即看到：

```
[root@hadoop330 app]# ls
WordCount-1.0-SNAPSHOT.jar  hadoop  hdfs
```

（4）运行 MR 程序

下面在容器中操作。首先进入目录"/hadoop"，然后在 HDFS 中创建 input 目录：`/app/hadoop/bin/hdfs dfs -mkdir -p /user/root/input`。接着将本地的 etc/hadoop/*.xml 文件复制到 HFDS 的/user/root/input 中：`/app/hadoop/bin/hdfs dfs -put etc/hadoop/*.xml input`（因为执行 hdfs 命令的用户是 root，所以 HDFS 中的/user/root/input 路径可以简写为 input）。

执行以下命令运行程序：

`/app/hadoop/bin/hadoop jar /app/WordCount-1.0-SNAPSHOT.jar com.niu.edu.App input output`

其中，jar 后面是打包出的 jar 文件，其后的 com.niu.edu.App 是主类，再后面是 MR 程序的命令行参数，也就是输入目录和输出目录，它们都是 HDFS 中的路径。执行成功后，输出结果在 output 目录下，要查看其下文件的内容，执行 `bin/hdfs dfs -cat output/*` 命令。

至此，一个最简单的 MR 程序搞定了！

7.8 Combiner

Combiner（合并器）是帮我们优化 MR 执行效率的一个类。要明白 Combiner 的来龙去脉，要先思考以下问题。

假设 Mapper1 和 Mapper2 输出的数据如图 7-11 所示，Shuffle 将两个 Mapper 输出数据相同的 Key 合并，再经 Reducer 处理，最终结果如图 7-12 所示。

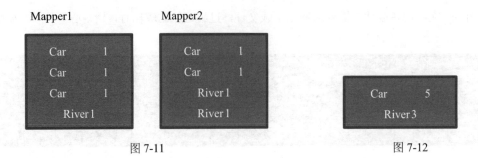

图 7-11　　　　　　　　　　　　　图 7-12

试着将 Mapper 端的输出变成如图 7-13 所示，也就是说在 Mapper 端将 Value 相加。Shuffle 之后 Reducer 端的输入数据如图 7-14 所示。这样的数据 Reducer 后如图 7-15 所示。

图 7-13　　　　　　　　图 7-14　　　　　　　　图 7-15

对 Reducer 的最终处理结果没有影响，但是 Mapper 端输出的数据所占字节数却减少了。如此一来，是不是 Shuffle 期间向 Reducer 节点传送的数据就少很多了？降低数据的传输量，在基于网络的分布式系统中，对于提高执行效率，其作用是显而易见的。

我们在 map 方法中是无法输出类似 "< Car --> 3 >" 这样的数据的，因为各条数据间不能发生关系，但是我们可以在 map 方法后再执行 Combiner。合并时数据是可以发生关系的，我们可以在其中执行 Reducer 的逻辑，也就是对 Mapper 输出数据先做一下 Reducer，合并 Value 后再 Shuffle，所以可以将 Combiner 认为是 Mapper 端的 Reducer。

Combiner 的逻辑不一定与 Reducer 一样，需根据业务需求而定。在 WordCount 例子中，它们是一样的，所以我们为 MR 作业设置合并器时直接使用 Reducer 类：

```
job.setCombinerClass(MyReducer.class);
```

现在整个 main 方法中的代码如下：

```
public static void main(String[] args) throws IOException,
ClassNotFoundException, InterruptedException {
    //创建 Hadoop 配置对象，使用默认配置
    Configuration conf = new Configuration();
    //创建一个 MR 作业，取名为 word count，名字可用于管理作业
    Job job = Job.getInstance(conf, "word count");
    //告诉 job 可以根据 App 这个类的元数据信息找到 MR 的 jar 文件
    job.setJarByClass(App.class);
    //将 Mapper 类加入 job
    job.setMapperClass(MyMapper.class);
    //将 Reducer 类设置为合并器，在 Mapper 端执行 Reducer 的逻辑，减少输出数据
    job.setCombinerClass(MyReducer.class);
    //将 Reducer 类加入 job
```

```
    job.setReducerClass(MyReducer.class);
    //设置 MR 最终输出的数据的 Key 类型
    job.setOutputKeyClass(Text.class);
    //设置 MR 最终输出的数据的 Value 类型
    job.setOutputValueClass(IntWritable.class);
    //设置输入数据从哪个目录的文件中读
    FileInputFormat.addInputPath(job, new Path(args[0]));
    //设置输出数据存放的文件在哪个目录下
    FileOutputFormat.setOutputPath(job, new Path(args[1]));
    //执行 job 并等待其结束，然后退出程序
    System.exit(job.waitForCompletion(true) ? 0 : 1);
}
```

7.9　Mapper 与 Reducer 数量

如何决定 Mapper 和 Reducer 的数量关系到框架的并行处理能力。

Mapper 的数量是由输入文件的大小决定的，输入文件在逻辑上被分成 128MB 大小的多个块（block），比如一个 150MB 的文件会被分成 2 个块，一个块为 128MB，一个块为 22MB。一个块对应一个 Mapper。如果一个文件不超过 128MB，也算作一个块，所以如果有大量小文件时就会造成 Mapper 过多，一般应该先将小文件合并成大文件再进行处理。总之，Mapper 的数量是由输入文件的数量和其大小综合决定的。当然，我们也可以自定义改变这个规则，一般情况下没有必要。

Reducer 的数量不是根据条件动态决定的，而是固定的，由 MR 程序编写者决定，也就是说人工设置一个值。对于这个值的设置，Apache 的 MapReduce 官方教程中给出的建议是：Reducer 个数应该设置为 0.95 或者 1.75 乘以节点数与每个节点容器数的乘积。当乘数为 0.95 时，Mapper 任务结束后所有的 Reducer 将会立刻启动并开始转移数据，此时队列中无等待任务，该设置适合 Reudcer 任务执行时间短或者 Reduce 任务在各节点的执行时间相差不大的情况；当乘数为 1.75 时，运行较快的节点将在完成第一轮 Reducer 任务后立即从队列中取出新的 Reducer 任务执行。由于该 Reducer 个数设置方法减轻了单个 Reduce 任务的负载，并且运行较快的节点将执行新的 Reducer 任务而非空等执行较慢的节点，因此其拥有更好的负载均衡特性。

设置 Reducer 数量的代码是"job.setNumReduceTasks(3);"。设置后，再次执行程序，可以在 output 目录中看到多个 part 文件（原先只有一个）：

```
$ dir
_SUCCESS  part-r-00000  part-r-00001  part-r-00002
```

显然，一个 part 文件保存一个 Reducer 的结果。

> **提　示**
>
> 本程序的示例工程可以从 Git 仓库获取：git clone https://gitee.com/niugao/hadoop-word-count.git。

7.10 实现 SQL 语句

前面 WordCount 是一个简单的 MR 示例，很多高级功能体现不出来，我们用另一个例子来深入学习 MapReduce 框架。

在新的例子中，我们要借助 MapReduce 模拟 SQL 查询语句，最终实现接近于“**select** 列名 1, 列名 2,... **from** 某个表 **where** 条件 **group by** 字段 x **sort by** 字段 y”所执行的查询(不完全一样)。

我们下面的处理都是针对下面的表（“电话”均为虚拟，无实际意义）：

ID	姓名	职业	电话	年龄	身高
1	王宝弱	教师	13500099887	16	155
2	李黑	诗人	18666677888	78	178
3	张三娘	教师	13500099887	55	167
4	李二黑	诗人	18666677883	34	188
5	熊大	诗人	18664477118	16	159
6	宋江	女技师	15566667777	55	180
7	李三黑	教师	13500099887	61	171
8	王宝宝	教师	13503499887	16	147
9	熊二	女技师	13503399287	43	185
10	齐强	教师	17700099887	16	166
11	王老汉	女技师	13507777887	78	144
12	黄老萌	诗人	13456789076	10	163

自行将此表的数据录入一个文本文件，一条记录占一行（第一行的字段名不用录入），记录的字段用空格或制表符分开。推荐在 Windows 下使用编辑器 Notepad++，并将文件保存为 utf8 编码以避免中文乱码，比如 table.txt，内容如图 7-16 所示。

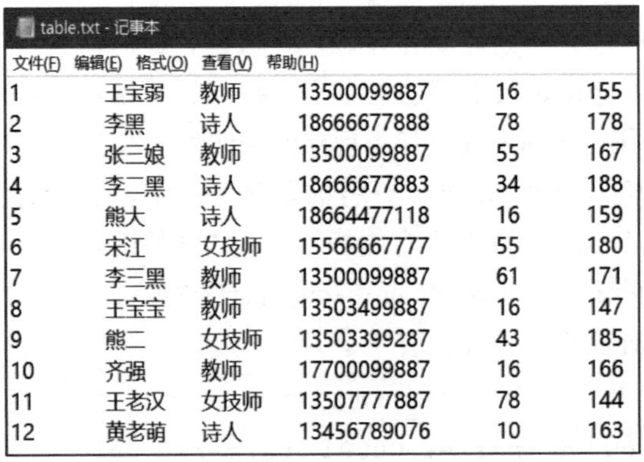

1	王宝弱	教师	13500099887	16	155
2	李黑	诗人	18666677888	78	178
3	张三娘	教师	13500099887	55	167
4	李二黑	诗人	18666677883	34	188
5	熊大	诗人	18664477118	16	159
6	宋江	女技师	15566667777	55	180
7	李三黑	教师	13500099887	61	171
8	王宝宝	教师	13503499887	16	147
9	熊二	女技师	13503399287	43	185
10	齐强	教师	17700099887	16	166
11	王老汉	女技师	13507777887	78	144
12	黄老萌	诗人	13456789076	10	163

图 7-16

7.10.1 简单查询

先举一个简单的示例：“select ID,姓名,职业,年龄,身高 from 表 where 年龄>10”，表示将表中所有年龄大于 10 的数据取出，每条数据中包含 ID、姓名、职业、年龄、身高五项信息，一行行写到输出文件中。

创建新的 Maven 工程 MapReduceSQL，输入工程信息：

```
Define value for property 'groupId': com.niu
Define value for property 'artifactId': MapReduceSQL
Define value for property 'version' 1.0-SNAPSHOT: :
Define value for property 'package' com.niu: : sql
```

配置 Maven 工程，记得在修改 pom.xml 后使它生效，如图 7-17 所示。

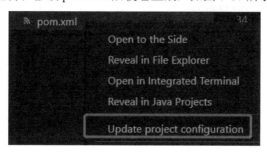

图 7-17

1. 添加 Person 类

Mapper 的输入是一行行文本（文本是一个人的信息），数据变复杂了。我们需要解析文本，获取各字段，然后用它们创建一个 Person 对象，以便对个人信息进行处理。

Person 类必须实现接口 Writable。Writable 表示可写，就是支持序列化和反序列化，因为只有支持序列化才能将对象写到存储介质中，才支持在网络中传输。

> **提 示**
>
> 序列化和反序列化都是操作类的对象而不是类本身。将对象的各字段写入一块内存中叫作序列化，将对象的各字段值从内存中读出叫作反序列化。序列化时字段的先后顺序并不重要，但反序列化时字段的读取顺序必须与序列化的写入顺序相反。序列化是对象持久化和跨进程、跨主机传输的基础。

支持序列化是必需的，因为 Mapper 输出的数据会暂存到文件中，并且 shuffle 会在网络中传输，如果不支持序列化，那么 Mapper 创建的对象如何被 Reducer 使用呢？

将 Person 作为一个独立的类放在 Person.java 文件中，内容如下：

```java
// Mapper 所输出的一条数据的类型
public class Person implements Writable {
private int id;//ID
    private String name;    //名字
    private String job;     //工作
    private String phone;   //电话
    private int age;        //年龄
    private int tall;       //身高

    //实现序列化
```

```java
    @Override
    public void write(DataOutput out) throws IOException {
        out.writeInt(id);
        out.writeUTF(name);
        out.writeUTF(job);
        out.writeUTF(phone);
        out.writeInt(age);
        out.writeInt(tall);
    }

    //实现反序列化
    @Override
    public void readFields(DataInput in) throws IOException {
        id = in.readInt();
        name = in.readUTF();
        job = in.readUTF();
        phone = in.readUTF();
        age = in.readInt();
        tall = in.readInt();
    }

    //各 getter 和 setter
    ......
}
```

write 是序列化方法，readFields 是反序列化方法，实现很简单，只需要利用框架传给 DataOutput 和 DataInput，写出和读入各字段的值即可。

注意，中间省略了 getter 和 setter 方法（都是样板代码，没有什么特殊处理，写出来却挺麻烦）。VSCode 的 Java 插件为我们提供了辅助工具，点几下鼠标就能搞定，操作如下：

在 Person 类内某个空白位置右击（见图 7-18），选择 Source Action 项，在出现的新菜单中选择 Generate Getters and Setters，如图 7-19 所示。

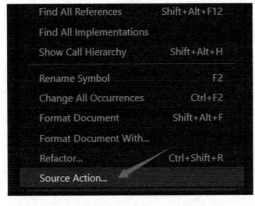 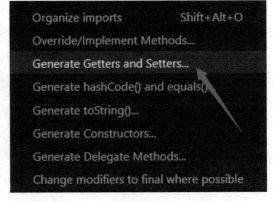

图 7-18　　　　　　　　　　　　　　图 7-19

出现字段选择窗口，如图 7-20 所示。

第 7 章　MapReduce 编程 | 123

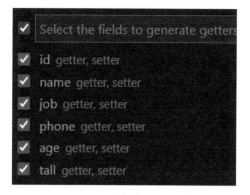

图 7-20

选择想创建 getter 和 setter 的字段，按回车键，Person 类中会出现一堆方法：

```
public int getId(){
        return id;
}
public void setId(int id){
        this.id = id;
}
public String getName() {
        return name;
}
public void setName(String name) {
        this.name = name;
}
public String getJob() {
        return job;
}
public void setJob(String job) {
        this.job = job;
}
public String getPhone() {
        return phone;
}
public void setPhone(String phone) {
        this.phone = phone;
}
public int getAge() {
        return age;
}
public void setAge(int age) {
        this.age = age;
}
public int getTall() {
        return tall;
```

```
    }
    public void setTall(int tall) {
        this.tall = tall;
    }
}
```

2. 添加 Mapper 类

设置 Mapper 类的类名为 SQLMapper。输入数据是文本，所以 Key 是整数（行号），Value 是文本。输出数据的 Value 是从一行文本解析出的一个 Person 对象，而 Key 的选择需斟酌一番，因为为了实现 SQL 的 select 效果，我们要防止 Mapper 输出的数据被 shuffle 合并，不能出现相同的 Key，最好选择值不重复的字段作为 Key，其中 ID 是不重复的，所以以 ID 为 Key（一个整数）。最终 Mapper 的输入输出类型应该是<LongWritable, Text, IntWritable, Person>。Mapper 类的内容如下：

```
public static class SQLMapper extends Mapper<LongWritable, Text, IntWritable, Person> {
    // 创建一个 Person 对象，作为输出数据的 value
    private Person person = new Person();
    //保存输出 Key 的内容
    private IntWritable outKey = new IntWritable();

    // map 方法，实现 map 处理的地方
    public void map(LongWritable key, Text value, Context context)
    throws IOException, InterruptedException {
        // 由单词内容创建一个 Tokenizer，用于将 value 中的各字段分割出来
        StringTokenizer itr = new StringTokenizer(value.toString());
        // 保存到 person 对象中
        person.setId(Integer.valueOf(itr.nextToken()));
        person.setName(itr.nextToken());
        person.setJob(itr.nextToken());
        person.setPhone(itr.nextToken());
        person.setAge(Integer.valueOf(itr.nextToken()));// 转成整数
        person.setTall(Integer.valueOf(itr.nextToken()));// 转成整数
        // 如果年龄不超过 10 岁，不收
        if (person.getAge() > 10) {
            // 形成一对 key-value，保存下来
            outKey.set(person.getId());
            context.write(outKey, person);
        }
    }
}
```

3. 添加 Reducer 类

类名设为 SQLReducer。其中，输入类型必须与 Mapper 的输出一致。输出数据的 Value 需写入文件中供人观看，应是由 Person 内容形成的文本，否则输出到文件中的是 Person 对象的信息，

而不是其内容；Key 不用显示，所以其类型不用改变。最终 Reducer 的范型参数是<Text, Person, Text, Text>。以下是 Reducer 类的内容：

```java
    public static class SQLReducer extends Reducer<IntWritable, Person,
IntWritable, Text> {
        //存放输出数据的 Value
        private Text line = new Text();

        public void reduce(IntWritable key, Iterable<Person> values, Context
context) throws IOException, InterruptedException {
            //values 中只有一个 Person，取出它作为输出的 value 即可
            Person person = values.iterator().next();
            //将 Person 的内容设成一条文本
            line.set( person.getName()+"\t"+person.getJob()+"\t"+
person.getAge()+"\t"+person.getTall());
            context.write(key, line);
        }
    }
```

Reducer 主要是将 Person 的内容转成一个字符串放入 line 中。

4. main 方法

main 方法与上一个例子中的流程完全一样，只是一些输入输出的类型要做修改：

```java
    public static void main(String[] args) throws
IOException, ClassNotFoundException, InterruptedException {
        //创建 Hadoop 配置对象，使用默认配置
        Configuration conf = new Configuration();
        //创建一个 MR 作业，取名为 SQLQuery，名字可用于管理作业
        Job job = Job.getInstance(conf, "SQLQuery");
        //告诉 job 可以根据 App 这个类的元数据信息找到 MR 的 jar 文件
        job.setJarByClass(App.class);
        //将 Mapper 类加入 job
        job.setMapperClass(SQLMapper.class);
        //将 Reducer 类加入 job
        job.setReducerClass(SQLReducer.class);
        //设置 Mapper 输出 Key 的类型
        job.setMapOutputKeyClass(IntWritable.class);
        //设置 Mapper 输出 value 的类型
        job.setMapOutputValueClass(Person.class);
        //设置 MR 最终输出的数据的 Key 类型
        job.setOutputKeyClass(IntWritable.class);
        //设置 MR 最终输出的数据的 Value 类型
        job.setOutputValueClass(Text.class);
```

```
    //设置 Reducer 数量
    job.setNumReduceTasks(1);
    //设置输入数据从哪个目录的文件中读
    FileInputFormat.addInputPath(job, new Path(args[0]));
    //设置输出数据存放的文件在哪个目录下
    FileOutputFormat.setOutputPath(job, new Path(args[1]));
    //执行 job 并等待其结束，然后退出程序
    System.exit(job.waitForCompletion(true) ? 0 : 1);
}
```

在新的 main 方法中，有两个问题要注意：

（1）明确设置 Mapper 的输出 Key 和 Value 的类型，尤其是 value 的类型 Person，它不是 MR 的内置类型，不设置的话会报错。

（2）没有设置 Combiner 类，因为像上一个例子那样直接将 Reducer 类设置成 Combiner 会引起错误，原因是 Reducer 类的输出类型与 Mapper 的输出类型不一致。Reducer 类作为 Combiner 是在 Mapper 端执行的,所以其输出类型必须与 Mapper 一致。这里需要为 Combiner 专门创建一个类，然而本例中是不需要的，因为我们的设计已经避免出现相同的 Key，Combiner 不会起作用。

5. 运行

为工程添加运行配置，launch.json 文件如下：

```
{
    "version": "0.2.0",
    "configurations": [
      {
        "type": "java",
        "name": "Debug (Launch)-App<MapReduceSQL>",
        "request": "launch",
        "mainClass": "sql.App",
        "projectName": "MapReduceSQL",
        "args": ["./input2","./output2"]
      }
    ]
}
```

在 input 目录下准备好存放表数据的文本文件，推荐以 NotePad++编辑，保存为 utf8 编码，以防止中文乱码，如图 7-21 所示。

另外，别忘了在 main/resources 下添加 log4j.properties，否则看不到输出日志。运行成功后，输出结果如图 7-22 所示，只有 10 岁以上的数据才能被查到。

第 7 章　MapReduce 编程 | 127

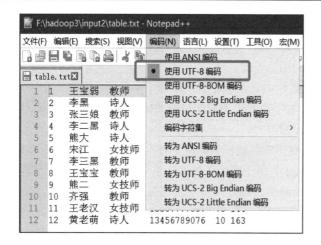

图 7-21　　　　　　　　　　　　　　　图 7-22

此程序虽然简单，但也是商业应用中一种常见的 MapReduce 使用模式：抽取数据。

7.10.2　排序

继续增加查询复杂度：对选取的数据进行排序，对应的 SQL 语句是："select ID,姓名,职业,年龄,身高 from 表 where 年龄>10 sort by 某字段"。

MapReduce 框架默认会对 Mapper 和 Reducer 的中间数据进行排序，这使得最终结果也是有序的。测试当前程序：将输入文件中的记录位置调换一下，最终输出依然按 ID 从小到大排序。

我们可以再做一个实验：设置 Reducer 任务数量为 3（Java 语句为 job.setNumReduceTasks(3)），这条语句会使 MR 框架创建 3 个 Reducer，最终结果也放在 3 个文件中。比如：

part-r-00000：

```
3    张三娘   教师   55   167
6    宋江    女技师  55   180
9    熊二    女技师  43   185
```

part-r-00001：

```
1    王宝弱   教师   16   155
4    李二黑   诗人   34   188
7    李三黑   教师   61   171
10   齐强    教师   16   166
```

part-r-00002：

```
2    李黑    诗人   78   178
5    熊大    诗人   16   159
8    王宝宝   教师   16   147
11   王老汉   女技师  78   144
```

各文件中的 ID 是不连续的，但是一个文件内的 ID 是从小到大排序的。

其排序过程是这样的：Mapper 输出的数据会被排序，Shuffle 汇聚分发到 Reducer 端的数据也被排序。排序默认规则与一条数据的 Key 类型相关，如果 Key 是数值，则按数的大小排序；如果 Key 是文本，则按 Key 的字符顺序排序，比如 WordCount 中是以单词首字母的 a,b,c...顺序排列的。如果真实业务需要对结果进行排序，可以利用这一点。

复杂的数据由多个字段组成，比如数据库的表，想让结果按哪个字段排序就将这个字段设为 Key。当然你的需求可能更复杂一点：对文本型的 Key 不以字母顺序排列，或者想以多个字段综合决定顺序（要满足这些需求，需要自定义比较器）。

比较器是一个类。它的一个方法在需要排序时被框架调用，每次为方法传入两条相邻数据的 Key，方法中对比 Key 的大小，返回表示大于、等于或小于的值，供框架决定两条数据的顺序。

虽然我们可以自定义比较器（Comparator），但是一般不用这么麻烦，我们只需要定义 Key 自身的比较逻辑，就能定制排序规则，因为比较器就是利用 Key 自己的比较逻辑进行对比的。Key 类从接口 Comparable 派生，实现 Comparable 中规定的方法 compareTo 之后，比较器才能调用 Key 的比较逻辑。

下面我们自定义一个简单的排序规则：将当前程序输出的数据改为按 ID 倒序（从大到小）排列。我们需要定义新的 Key 类，由于 Key 的值是整数，因此从 IntWritable 派生一个类比较简单。把这个类放在单独的文件中，名字叫 MyKey，其内容如下：

```java
public class MyKey extends IntWritable {
    //重新实现比较方法
    @Override
    public int compareTo(IntWritable other) {
        int thisValue = this.get();
        int thatValue = other.get();
        //返回小于 0 的值，表示比它小；返回 0 表示相等；返回大于 0 的值表示比它大
        //要倒序排列，需反其道而行
        if(thisValue==thatValue){
            return 0;
        }else if(thisValue<thatValue){
            return 1;
        }else{
            return -1;
        }
    }
}
```

IntWritable 实现了接口 WritableComparable，而 WritableComparable 是从 Writable 和 Comparable 两个接口派生的，所以我们的 Key 类实现了 Comparable 接口，能被比较器使用。

在程序中使用这个新 Key 类，需要修改不少地方。

（1）Mapper 类中输出 Key 类型要变：

```java
public static class SQLMapper extends Mapper<LongWritable, Text,MyKey, Person> {
    // 创建一个 Person 对象，作为输出数据的 value
    private Person person = new Person();
    // 保存输出 Key 的内容
    private MyKey outKey = new MyKey();
```

......

（2）在 Reducer 类中输入 Key 的类型和输出 Key 的类型要变：

```
public static class SQLReducer extends Reducer<MyKey, Person, MyKey, Text> {
    // 存放输出数据的 Value
    private Text line = new Text();
    public void reduce(MyKey key, Iterable<Person> values, Context context){
......
```

（3）在 main 方法中 Mapper 输出 Key 类型和最终输出 Key 类型都要变：

```
job.setMapOutputKeyClass(MyKey.class);
......
job.setOutputKeyClass(MyKey.class);
```

为了使效果更明显，我们把 Reducer 的数量设为 1。运行程序，结果如下：

```
11    王老汉     女技师    78   144
10    齐强       教师      16   166
9     熊二       女技师    43   185
8     王宝宝     教师      16   147
7     李三黑     教师      61   171
6     宋江       女技师    55   180
5     熊大       诗人      16   159
4     李二黑     诗人      34   188
3     张三娘     教师      55   167
2     李黑       诗人      78   178
1     王宝弱     教师      16   155
```

这个比较简单，下一节实现更复杂的排序。

> **提 示**
> 本程序的示例工程可以从 Git 仓库获取：git clone https://gitee.com/niugao/map-reduce-sql.git。进入目录 map-reduce-sql 后切换到分支 sort：git checkout sort。

7.10.3 复杂排序

根据年龄和身高两个字段来排序，这时需要确定一个优先级。

创建自己的 Key 类型，在其中实现比较方法。这个 Key 没有近似功能的基类可用，需要从头实现，类名为 MyKey2，内容如下：

```
//以年龄和身高共同比较
public class MyKey2 implements WritableComparable<MyKey2> {

    //保存一条记录的年龄和身高
    private int age = 0;
    private int tall = 0;
```

```java
//序列化
@Override
public void write(DataOutput out) throws IOException {
    out.writeInt(age);
    out.writeInt(tall);
}

//反序列化
@Override
public void readFields(DataInput in) throws IOException {
    this.age = in.readInt();
    this.tall = in.readInt();
}

//先比较年龄,如果年龄相等,再比较身高
@Override
public int compareTo(MyKey2 other) {
    if(this.age == other.age){
        if(this.tall == other.tall){
            return 0;
        }else if(this.tall < other.tall){
            return -1;
        }else {
            return 1;
        }
    }else if(this.age < other.age){
        return -1;
    }else {
        return 1;
    }
}

//返回打印 key 时所显示的内容
@Override
public String toString() {
    return this.age+this.tall+"";
}

public int getAge() {
    return age;
}

public void setAge(int age) {
    this.age = age;
}
```

```
    public int getTall() {
        return tall;
    }

    public void setTall(int tall) {
        this.tall = tall;
    }
}
```

它主要做的是保存年龄和身高，实现接口 WritableComparable 的方法，以支持序列化和对象相互比较。注意，这里还实现了方法 toString，在打印 Key 时打印的是它返回的字符串。

将代码中使用 MyKey 的地方改为 MyKey2，直接利用"查找-替换"功能即可。有一个地方的逻辑要手动改一下，即将 map 方法中设置输出数据的 Key 的地方修改如下：

```
if (person.getAge() > 10) {
    // 形成一对 key-value，保存下来
    outKey.setAge(person.getAge());
    outKey.setTall(person.getTall());
    context.write(outKey, person);
}
```

要测试新的排序，需要改一下输入文件，生成一些年龄相同的记录，如图 7-23 所示。

1	王宝弱	教师	13500099887	16	155
2	李黑	诗人	18666677888	78	178
3	张三娘	教师	13500099887	55	167
4	李二黑	诗人	18666677883	34	188
5	熊大	诗人	18664477118	16	159
6	宋江	女技师	15566667777	55	180
7	李三黑	教师	13500099887	61	171
8	王宝宝	教师	13503499887	16	147
9	熊二	女技师	13503399287	43	185
10	齐强	教师	17700099887	16	166
11	王老汉	女技师	13507777887	78	144
12	黄老萌	诗人	13456789076	10	163

图 7-23

运行结果如下：

```
163 王宝宝    教师     16   147
171 王宝弱    教师     16   155
175 熊大      诗人     16   159
182 齐强      教师     16   166
222 李二黑    诗人     34   188
228 熊二      女技师   43   185
222 张三娘    教师     55   167
235 宋江      女技师   55   180
232 李三黑    教师     61   171
222 王老汉    女技师   78   144
```

```
256  李黑         诗人        78    178
```

最后两列是年龄和身高，排序没有问题！第一列不再是 id，因为现在的 Key 不是 id 了。

看起来很成功，但是把 Reducer 的数量改成多于 1 时会遇到一个诡异现象：只有一个 Reducer 能收到数据！证据就是所有结果都集中在一个 part 文件中，其余都为空。为什么会出现这个问题呢？因为各 Key 的哈希码都相同，Shuffle 根据一条数据的 Key 的哈希码来决定数据发向哪个 Reducer，具体做法是：取得 Key 的哈希码（是一个整数），然后用它模 Reducer 的数量，余数是几就发给第几个 Reducer。我们没有为 MyKey2 实现 hashCode 方法，它使用了父类的实现，所以都返回了相同的值，下面为它实现 hashCode 方法，在类中添加代码：

```java
@Override
public int hashCode() {
    //简单地将年龄和身高相加
    return this.age+this.tall;
}
```

我们的做法很简单，将年龄和身高的和作为哈希码，这样基本能保证数据不会因为同 Key 被合并（还不放心的话可以再加上当前系统时间）。运行程序，会发现所有的 part 文件中都有数据。

这种依据两个字段进行排序的方式被叫作"二次排序"，当然你也可以进行三次排序、四次排序等。

> **提示**
>
> 本程序的示例工程可以从 Git 仓库获取：git clone https://gitee.com/niugao/map-reduce-sql.git。进入目录 map-reduce-sql 后切换到分支 sort2：git checkout sort2。

7.10.4 分区

分区是 Mapper 端的概念，一个分区对应一个 Reducer，所以 Reducer 的数量决定了分区的数量。比如 10 个 Mapper 有 3 个 Reducer，分别是 A、B、C，每个 Mapper 节点都上都会有 3 个分区 A、B、C 对应三个 Reducer，Shuffle 会收集各 Mapper 上分区 A 的数据放在一起发送给 Reducer，对 B、C 也是同样的操作。

本节我们准备为查询增加分组功能，对应的 SQL 语句为："select ID,姓名,职业,年龄,身高 from 表 where 年龄>10 group by 某字段"。我们将以年龄字段分组，按 0~30、31~60、51~100 三个年龄段分成三组。

分组功能可以利用分区实现，但是我们要控制数据的去向，这就需要自定义分区规则。可能有读者问了：在 Mapper 输出数据中，Key 相同的数据会被划到同一分区，那么为同组数据设置相同的 Key 是不是就可以了？错！相同的 Key 数据会被合成一条数据，类似于：

```
key -> value1,value2,value3
Key -> value4,value5
```

我们期望的分组结果是这样的：

```
Key value1
Key value2
```

```
Key value3


Key value4
Key value5
```

分区规则是由 Partitioner 类决定的，Shuffle 在确定每条数据的去向时都要调用此类的方法 getPartition 以得到数据对应的分区序号。默认使用的类叫作 HashPartitioner，它利用 Key 的哈希码来决定数据的去向。要自定义分区规则，需要创建我们自己的 Partitioner 类，实现其方法 getPartition：

```
//范型参数是mapper输出数据的key和value的类型
public class MyPartitioner extends Partitioner<MyKey2, Person> {
    // key和value是mapper输出的一条数据
    // numPartitions是分区数量
    @Override
    public int getPartition(MyKey2 key, Person value, int numPartitions) {
        // 整个年龄范围是0~100，平均分成numPartitions个段，
        // 计算一条记录的年龄属于哪个段，段与分区对应
        int part = value.getAge() / (100 / numPartitions);
        return part;
    }
}
```

将这个类设置到作业中才会起作用，以下代码写在方法 main 中：

```
// 设置自定义分区类
job.setPartitionerClass(MyPartitioner.class);
// 设置Reducer数量
job.setNumReduceTasks(3);
```

不要忘了将 Reducer 数量设置为 3，否则看不到分组效果。运行测试，会生成 3 个文件，内容分别如下：

part-r-00000：

```
10022    宋江      女技师    24    180
10067    王宝宝    教师      16    147
12111    齐强      教师      28    166
12778    王老汉    女技师    19    144
```

part-r-00002：

```
10014    张三娘    教师      55    167
10016    李二黑    诗人      34    188
10026    熊大      诗人      54    159
10039    李三黑    教师      61    171
10234    熊二      女技师    43    185
```

part-r-00003：

```
10011    王宝弱    教师      88    155
```

| 10012 | 李黑 | 诗人 | 78 | 178 |

可以看到按年龄段分组成功！

> **注 意**
>
> 不支持根据数据量或数据特点动态设置 Reducer 的数量，只能根据经验或需求手动设置！

> **提 示**
>
> 本程序的示例工程可以从 Git 仓库获取：git clone https://gitee.com/niugao/map-reduce-sql.git。进入目录 map-reduce-sql 后切换到分支 partition：git checkout partition。

7.10.5 组合

Shuffle 中将相同的 Key 的数据合并成<Key -> value1,value2,value3,...>的形式，叫作 Grouping。为了与 SQL 中的分组区分，这里把 Grouping 翻译成组合。

现在给出一个题目：在当前程序的基础上，统计各组中身高超过 170 的人数。我们必须将相同职业的数据 grouping 才可以在 reduce 方法中累计其数量，MapReduce 框架为我们准备了一个方法：job.setGroupingComparatorClass。此方法将一个比较器设置给作业，在 Reducer 端（只作用于 Reducer 端）会将 Key 不同的数据组合到一起，传给 reduce 方法。这个方法需要一个比较器（Comparator）类作为参数。我们要实现这个类，重写其方法 compare 来自定义 grouping 的逻辑：

```java
// 自定义组合规则
public static class MyGroupingComparator extends WritableComparator {
    @Override
    public int compare(WritableComparable a, WritableComparable b) {
        //参数是数据的 key，也就是 mapper 输出的 key
        MyKey2 key1 = (MyKey2) a;
        MyKey2 key2 = (MyKey2) b;
        if (key1.getTall() > 170 && key2.getTall() > 170) {
            // tall 高于 1 米 7 的返回 0，会导致这些数据被组合到同一 key 的 values 中
            return 0;
        }
        // 其他身高我们并不关心，随便返回一个非 0 数
        return -1;
    }

    public MyGroupingComparator() {
        //告诉父类，创建合适的 key 实例
        super(MyKey2.class, true);
    }
}
```

比较器类必须从 WritableComparator 派生。另外，必须实现构造方法，在其中将 Key 的类型传给父类的构造方法。

将比较器设置给 Job：

```java
// 在 Reducer 端，设置哪些数据可以在一次 reduce 方法调用中处理
job.setGroupingComparatorClass(MyGroupingComparator.class);
...
```

```
// 设置 Reducer 数量
job.setNumReduceTasks(1);
```

reduce 方法的代码也要改一下，因为现在一行可能有多条数据，我们把它们都输出一下：

```
public void reduce(MyKey2 key, Iterable<Person> values, Context context)
throws IOException, InterruptedException {
    String lineStr = "";
    // values 中只有一个 Person，取出它作为输出的 value 即可
    for (Person person : values) {
        lineStr += person.getName() + "\t" + person.getJob() + "\t"
+ person.getAge() + "\t" + person.getTall()+ "\t||\t";
    }
    // 将 Person 的内容设成一条文本
    line.set(lineStr);
    context.write(key, line);
}
```

运行结果如下：

```
163  王宝宝   教师      16   147  ||
171  王宝弱   教师      16   155  ||
175  熊大     诗人      16   159  ||
182  齐强     教师      16   166  ||
228  李二黑   诗人      34   188  ||   熊二  女技师     43   185  ||
222  张三娘   教师      55   167  ||
232  宋江     女技师    55   180  ||   李三黑  教师   61   171  ||
222  王老汉   女技师    78   144  ||
256  李黑     诗人 78   178  ||
```

可以看到，身高超过 170 的项被组合了。注意，只有紧邻的 170 以上的数据才被合并！

> **提 示**
>
> 本程序的示例工程可以从 Git 仓库获取：git clone https://gitee.com/niugao/map-reduce
> -sql.git。进入目录 map-reduce-sql 后切换到分支 sort2：git checkout sort2。

7.10.6 总结

- 写程序时，永远在脑中立一个 flag：Reducer 和 Mapper 类中创建的字段只在一个节点中起作用！
- Mapper 输出数据的 Key 的哈希码被用于分区，但是我们可以定制分区规则，定制时可以按其他属性进行分区。
- 一个分区对应一个 Reducer。
- Mapper 输出数据的 Key 的值用于排序，但我们也可以定制排序规则，此时需要创建自己的 Key 类型，实现比较方法。
- 凡是可以比较的数据都需要实现 Writable 接口。
- 所有需要在 Mapper 和 Reducer 间传递的数据都要支持序列化，必须实现 Comparable 接口。
- Mapper 输出的数据，Key 相同的被组合，不过可以通过 job.setGroupingComparatorClass。

设置一个比较器改变这个规则。这只发生在 Reducer 端，且在 reduce 方法执行前。

7.11 实现 SQL JOIN

JOIN 是关系型数据库中常见的操作，从两个表中各取出一些记录，根据某个条件将两个表的记录合并，最终形成一个表。

7.11.1 INNER JOIN

JOIN 有很多种，包括 LEFT JOIN、RIGHT JOIN、INNER JOIN、OUT JOIN 等，效果如图 7-24 所示。

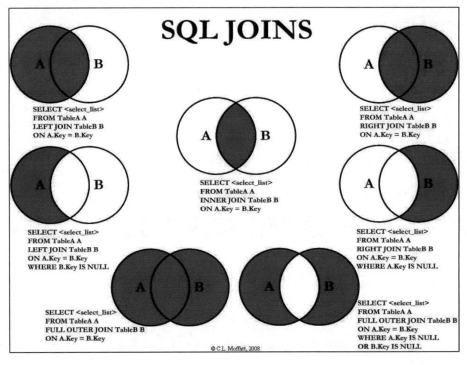

图 7-24

所有的 JOIN 语句都有 on，on 后面是 JOIN 的条件，指明两个表中的两个记录，凭什么合并成一条。要清楚所有的 JOIN 用法，可查询 SQL 相关文档，这里只实现 INNER JOIN，所以只讲解一下 INNER JOIN 具体干了什么。假设有两个表：个人信息表和考试记录表，详细信息如下：

个人信息表 table_person：

id	姓名	职业	电话	年龄	身高
1	王宝弱	教师	13500099887	16	155
2	李黑	诗人	18666677888	78	178
3	张三娘	教师	13500099887	55	167
4	李二黑	诗人	18666677883	34	188

5	熊大	诗人	18664477118	16	159	
6	宋江	女技师	15566667777	55	180	
7	李三黑	教师	13500099887	61	171	
8	王宝宝	教师	13503499887	16	147	
9	熊二	女技师	13503399287	43	185	
10	齐强	教师	17700099887	16	166	
11	王老汉	女技师	13507777887	78	144	
12	黄老萌	诗人	13456789076	10	163	

考试记录表 table_testing，其 person_id 列与 table_person 表的 id 是对应的：

id	person_id	成绩	考试
1	1	22	语文
2	1	76	政治
3	2	87	历史
4	3	5	语文
5	3	39	化学
6	1	57	蹦高

INNER JOIN 的 SQL 为：

```
SELECT table_person.*, testing.成绩, testing.考试 FROM table_person INNER JOIN table_testing ON table_person.id = table_testing.person_id
```

从 table_person 中取出的记录包含所有的列，从 table_testing 中取出的记录只包含成绩和考试这两列，将 table_person 中的 id 与 table_testing 的 person_id 相等的记录合成一条记录。执行结果如下：

id	姓名	职业	电话	年龄	身高	成绩	考试
1	王宝弱	教师	13500099887	16	155	22	语文
1	王宝弱	教师	13500099887	16	155	76	政治
1	王宝弱	教师	13500099887	16	155	57	蹦高
2	李黑	诗人	18666677888	78	178	87	历史
3	张三娘	教师	13500099887	55	167	5	语文
3	张三娘	教师	13500099887	55	167	39	化学

可以看到，只有 on 后面条件成立的记录才被合并。如果一个表中的一条记录与另一个表中的多条记录都符合条件，那么这一条记会被合并多次，总之符合条件的一条都不能丢，不符合的一条都不能收。

下面用 MapReduce 实现这个功能。

7.11.2 MapReduce 实现 JOIN

要实现并不难，难的是分布式实现。

如果是单机程序，我们可以将两个表的记录都读入内存，在内存中查找 table_person.id == table_testing.person_id 的记录，合并即可，但现在要考虑并行处理。

现在假设两个表非常大，大到不可能一次性读入内存中。利用 MapReduce 处理是没问题的，因为 MapReduce 不需要太多内存，而且中间数据会暂存入硬盘。为了提高 JOIN 过程的并行程度，充分利用 Hadoop 平台，我们应尽量让两个表同时被读取，在 Mapper 中给每条记录一个合适的 Key。

这个 Key 可以使 Reducer 自动合并两个表中符合 on 条件的记录，这样这个 Key 应该是 table_person 的 id 和 table_testing 的 person_id。最后还有一个问题：不符合 on 条件的记录要丢弃。这个也好办，凡是符合条件的数据，在 Reducer 的 Values 中包含超过一条记录！

创建一个新工程，名叫 MapReduceJoin，下面主要介绍 Mapper 的输出（也就是 Reducer 的输入）Value 的类型，并为它创建一个类 Record，内容如下：

```java
public class Record implements Writable {
    //标志，是 Person 还是 Testing
    //1-Person，0-Testing
    private byte isPerson;

    //记录的部分内容，用于最后的输出
    //Person 部分：王宝弱 教师 13500099887 16 155
    //Testing 部分：22 语文
    //最后将它们合成：王宝弱 教师 13500099887 16 155 22 语文
    private String content;

    public byte getIsPerson() {
        return isPerson;
    }

    public void setIsPerson(byte isPerson) {
        this.isPerson = isPerson;
    }

    public String getContent() {
        return content;
    }

    public void setContent(String content) {
        this.content = content;
    }

    @Override
    public void write(DataOutput out) throws IOException {
        out.writeByte(isPerson);
        out.writeUTF(content);
    }

    @Override
    public void readFields(DataInput in) throws IOException {
        isPerson = in.readByte();
        content = in.readUTF();
    }
}
```

我们的输入数据有两种（Person 和 Testing），要统一为它们创建一个类，这样才能成功为 Mapper 设置输出类型：Mapper<LongWritable, Text, IntWritable, **Record**>。Record 中有两个字段，isPerson 标志这条数据是 Person 还是 Testing；content 保存了一条数据的部分内容，这部分内容被用于构建一条最终输出的文本。下面是 Mapper 类的实现：

```java
// out key 是 person id，out value 是 Record
public static class JoinMapper extends
    Mapper<LongWritable, Text, IntWritable, Record> {
  // 创建一个对象，作为输出数据的 value
  private Record record = new Record();

  // 保存输出 Key 的内容
  private IntWritable outKey = new IntWritable();

  @Override
  protected void map(LongWritable key, Text value, Context context)
        throws IOException, InterruptedException {
    // 分析 in value，区分是哪个表来的数据，创建相应的对象
    String[] fields = value.toString().split("[\\s\t]+");
    int personId = 0;
    if (fields.length == 6) {
      // 如果能分割成 6 列，就是 Person 表的记录
      personId = Integer.valueOf(fields[0]);
      record.setIsPerson((byte) 1);
      record.setContent(fields[1] + "\t" + fields[2] + "\t" +
fields[3] + "\t" + fields[4] + "\t" + fields[5]);
    } else {
      // 是 Testing 表，第二列才是 person id
      personId = Integer.valueOf(fields[1]);
      record.setIsPerson((byte) 0);
      record.setContent(fields[2] + "\t" + fields[3]);
    }
    // 将 person id 保存到 Key 中
    outKey.set(personId);
    // 形成一对 key-value，保存下来
    context.write(outKey, record);
  }
}
```

Mapper 的主要工作是分析从 Person 表或 Testing 表来的记录，取出其 person id 作为输出数据的 Key，然后把部分内容转成文本保存到 Record 中，以供在 Reducer 端合成最终文本。下面是 Reducer 类的内容：

```java
//out key 是 person id，in value 是 Record，out Key 就是 in key，out value 是合成的文本
public static class JoinReducer extends
Reducer<IntWritable, Record, IntWritable, Text> {
  // 保存输出的 value
```

```java
    private Text line = new Text();

    // key 是 person id; values 中可能是 Person, 也可能是 Testing,
    // 这可能是 Person 和 Testing 组成的集合
    @Override
    protected void reduce(IntWritable key, Iterable<Record> values,
        Context context) throws IOException, InterruptedException {

        // Person 记录的部分内容
        String personStr = null;
        // 保存多条 Testing 记录的部分内容
        List<String> testingStrList = new ArrayList();

        // 只保留 values 中 value 数量大于 1 的数据
        for (Record record : values) {
            if (record.getIsPerson() == 1) {
                // Person, 第一条不一定是 Person Record,
                // 所以需要在循环中把它找出来
                personStr = record.getContent();
            } else {
                // 可能有多条 Testing Record, 把它们找出来加到 List 中
                testingStrList.add(record.getContent());
            }
        }

        // Person 在前, Testing 在后, 连成一行记录
        for (String testStr : testingStrList) {
            line.set(personStr + "\t" + testStr);
            // 每次 Write 都写出一条记录
            context.write(key, line);
        }
    }
}
```

Reducer 的主要工作是将一条数据中的 values 取出,在其中找到 Person,肯定只有一个 Person,其余的都是 Testing,然后将 Person 的 content 分别与各 Testing 的 content 连接成文本作为输出。

main 方法内容如下:

```java
public static void main(String[] args)
        throws IOException, ClassNotFoundException, InterruptedException {
    // 创建 Hadoop 配置对象, 使用默认配置
    Configuration conf = new Configuration();
    // 创建一个 MR 作业, 取名为 SQLQuery, 名字可用于管理作业
    Job job = Job.getInstance(conf, "SQLQuery");
    // 告诉 job 可以根据 App 这个类的元数据信息找到 MR 的 jar 文件
    job.setJarByClass(App.class);
    // 将 Mapper 类加入 job
```

```
job.setMapperClass(JoinMapper.class);
// 将 Reducer 类加入 job
job.setReducerClass(JoinReducer.class);
// 设置 Mapper 输出 Key 的类型
job.setMapOutputKeyClass(IntWritable.class);
// 设置 Mapper 输出 value 的类型
job.setMapOutputValueClass(Record.class);
// 设置 MR 最终输出的数据的 Key 类型
job.setOutputKeyClass(IntWritable.class);
// 设置 MR 最终输出的数据的 Value 类型
job.setOutputValueClass(Text.class);
// 设置 Reducer 数量
job.setNumReduceTasks(1);
// 设置输入数据从哪个目录的文件中读
FileInputFormat.addInputPath(job, new Path(args[0]));
// 设置输出数据存放的文件在哪个目录下
FileOutputFormat.setOutputPath(job, new Path(args[1]));
// 执行 job 并等待其结束，然后退出程序
System.exit(job.waitForCompletion(true) ? 0 : 1);
}
```

执行前要准备好文件，对应两个表，如图 7-25 所示。

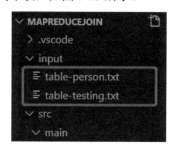

图 7-25

配置运行参数，与之前的程序一样：

```
{
    "type": "java",
    "name": "Debug-App",
    "request": "launch",
    "mainClass": "sql.App",
    "projectName": "MapReduceJoin",
    "args": ["./input","./output"]
}
```

运行结果如下：

```
1    王宝弱    教师 13500099887 16    155  57    蹦高
1    王宝弱    教师 13500099887 16    155  76    政治
1    王宝弱    教师 13500099887 16    155  22    语文
```

2	李黑	诗人 18666677888 78	178	87	历史
3	张三娘	教师 13500099887 55	167	39	化学
3	张三娘	教师 13500099887 55	167	5	语文

第一列是 Person id，最后两列是分数与考试名字，完全正确！我们成功实现了分布式的 SQL JOIN！

> **提 示**
>
> 本程序的示例工程可以从 Git 仓库获取：git clone https://gitee.com/niugao/map-reduce-join.git。

7.11.3 Mapper JOIN

如果参与 JOIN 的两个表非常大，就必须用上面讲的方式；如果其中一个表很大、另一个表很小，小到能放到内存中，就可以用 Mapper JOIN 来提高执行速度。

Mapper JOIN 就是在 Mapper 中完成 JOIN 操作，而不必使用 Reducer。

实际上，MR 程序中可以没有 Reducer。如果一个任务仅靠 Mapper 就能完成，就没有必要使用 Reducer，这会减少 Mapper 向 Reducer 的数据传递过程，效率大大提高。同时，不是说不创建 Reducer 类就没有 Reducer 了，而是需要将 Reducer task 的数目设置为 0。

下面仅用 Mapper 来完成 Person 和 Testing 两个表的 JOIN。此时，input 目录中只能有大表，我们将 Person 作为大表，将 Testing 表放在另一个地方，程序启动时将 Testing 表读入。如果 Mapper 有多个，那么每个 Mapper 中都有整个小表的数据，而大表的数据只能读取一部分。现在 map 方法的输入只有 Person 表的记录，我们要做的是取出 Person 的 id，然后去小表中找 person id 相同的项，组合成一条输出记录。

以下是 Mapper 的实现：

```java
// outkey 是 Person id, out value 是 Person 或 Testing 的 Record
public static class JoinMapper extends
        Mapper<LongWritable, Text, IntWritable, Text> {
    // 保存输出 Key 的内容
    private IntWritable outKey = new IntWritable();
    private Text outValue = new Text();

    // 保存 Testing 表的数据, key 是 Person id, value 是一条 testing 记录中用于输出的部分
    private List<Record> testingTable = new ArrayList();

    // Mapper 初始化方法, 在 map 方法前执行在其中读入 Testing 数据非常合适
    @Override
    protected void setup(Context context)
            throws IOException, InterruptedException {
        // 读入 Testing 表的数据
        // 利用 HDFS API 读取, 既可读 HDFS 上的文件, 也可读本地文件
        Configuration configuration = new Configuration();
        FileSystem fileSystem = FileSystem.get(configuration);
```

```java
            FSDataInputStream fsDataInputStream = null;
            BufferedReader bufferedReader = null;

            try {
                // 打开 Testing 表文件
                Path path = new Path("./table-testing.txt");
                fsDataInputStream = fileSystem.open(path);
                bufferedReader = new
                    BufferedReader(new InputStreamReader(fsDataInputStream));

                // 将文件内容读入，一次读一行
                for (;;) {
                    String line = bufferedReader.readLine();
                    if (line == null) {
                        break;
                    }
                    // 分析一行，取出各字段，第二列才是 Person id
                    String[] fields = line.toString().split("[\\s\t]+");

                    int personId = Integer.valueOf(fields[1]);
                    String content = fields[2] + "\t" + fields[3];
                    // 加入 map, value 是：22 语文
                    testingTable.add(new Record(personId, content));
                }
            } catch (IOException e) {
                e.printStackTrace();
            } finally {
                if (bufferedReader != null) {
                    bufferedReader.close();
                }
                if (fsDataInputStream != null) {
                    IOUtils.closeStream(fsDataInputStream);
                }
            }
            super.setup(context);
        }

        @Override
        protected void map(LongWritable key, Text value, Context context)
                throws IOException, InterruptedException {
            // 分析 in value, 区分是哪个表来的数据，创建相应的对象
            String[] fields = value.toString().split("[\\s\t]+");
            int personId = Integer.valueOf(fields[0]);

            // 将 Person id 保存到 Key 中
            outKey.set(personId);
```

```
            // 在 Testing 表中查找 Person id 相同的项，找到一个记录一个
            for (Record record : testingTable) {
                if (record.getPersonId() == personId) {
                    // 找到了
                    String personContent = fields[1] + "\t" + fields[2] + "\t" +
                            fields[3] + "\t" + fields[4] + "\t" + fields[5];
                    outValue.set(personContent + "\t" + record.getContent());
                    // 形成一对 key-value，保存下来
                    context.write(outKey, outValue);
                }
            }
        }
    }
}
```

Mapper 类的 setUp 方法用于 Mapper 的初始化，我们在其中将 Testing 表读入内存，保存在一个 List 中。注意，文件 table-testing.txt 必须放在工程的根目录下，如图 7-26 所示。

图 7-26

在 map 方法中，从输入文本中取出 person id，再去 List 中找这个 id，找到一个，合成一条输出数据。

Record 类需要修改一下，因为现在不用将数据传给 Reducer 了，只是用于在内存中保存一条 Testing 记录。其修改如下：

```
public class Record {
    //person id
    private int personId;
    //保存 Testing 这部分内容：22 语文
    private String content;

    public Record(int personId, String content) {
        this.personId = personId;
        this.content = content;
    }
```

```java
    public int getPersonId() {
        return personId;
    }

    public void setIsPerson(int personId) {
        this.personId = personId;
    }

    public String getContent() {
        return content;
    }

    public void setContent(String content) {
        this.content = content;
    }
}
```

现在 Reducer 完全用不到了，可以将类删除。

以下是 main 方法，改变了 Mapper 输出类型，去掉了 Reducer 相关的设置。不要忘了，将 Reducer 的数量设为 0：

```java
public static void main(String[] args)
        throws IOException, ClassNotFoundException, InterruptedException {
    // 创建 Hadoop 配置对象，使用默认配置
    Configuration conf = new Configuration();
    // 创建一个 MR 作业，取名为 SQLQuery，名字可用于管理作业
    Job job = Job.getInstance(conf, "SQLQuery");
    // 告诉 job 可以根据 App 这个类的元数据信息找到 MR 的 jar 文件
    job.setJarByClass(App.class);
    // 将 Mapper 类加入 job
    job.setMapperClass(JoinMapper.class);
    // 设置 Mapper 输出 Key 的类型
    job.setMapOutputKeyClass(IntWritable.class);
    // 设置 Mapper 输出 value 的类型
    job.setMapOutputValueClass(Text.class);
    // 设置 Reducer 数量
    job.setNumReduceTasks(0);
    // 设置输入数据从哪个目录的文件中读
    FileInputFormat.addInputPath(job, new Path(args[0]));
    // 设置输出数据存放的文件在哪个目录下
    FileOutputFormat.setOutputPath(job, new Path(args[1]));
    // 执行 job 并等待其结束，然后退出程序
    System.exit(job.waitForCompletion(true) ? 0 : 1);
}
```

注意，input 文件中只包含 table-person.txt 文件，如果要在 Hadoop 中执行此程序，需将 table-testing.txt 上传到 HDFS 的/user/root 目录下，将 table-person.txt 上传到/user/root/input 目录下。

如果一个处理工作只需 Mapper 就能完成,那么一定不要用 Reducer,因为能节省大量的数据汇总和分发传输时间,当然也能节省节点资源。

> **提 示**
>
> 本程序的示例工程可以从 Git 仓库获取:git clone https://gitee.com/niugao/map-reduce-join.git。然后切换到 Mapper-join 分支:git checkout mapper-join。

7.11.4 DistributedCache

DistributedCache 是 Hadoop 提供的分布式缓存工具,从作用来讲它更应该被视为分布式文件分发工具,它将我们指定给 Job 的 cache 文件分发到各任务节点上。这些文件的内容可以是数据、程序以及一些配置项,总之每个节点都能以本地文件的方式(注意不是 HDFS)访问它们。它们位于 Task 程序的当前目录下,所以可以用相对路径访问。

需要注意的是,要 cache 的文件必须先放到 HDFS 中,才可被分发到各 Task 节点,而且它们不是立即发送给 Task 节点,当在 Task 中用到时才被节点获取到本地。

被 cache 的文件是只读的,也就是说在 Task 中不能改动,但是可以在 Task 外改动,改动后新执行的 Task 会自动使用新版。

要 cache 的文件可以在配置文件、执行 Job 的命令行以及程序中指定,而且如果这些文件是被 Task 代码所引用的 jar,还可以指定它们被传到 Task 节点后放入 classpath 中。

根据 DistributedCache 的作用,我们可以将 Mapper JOIN 程序中的 Testing 表文件放到 cache 中。

(1)在 main 方法中,Job 实例被创建后添加文件到 cache:

```
// 创建 Hadoop 配置对象,使用默认配置
Configuration conf = new Configuration();
// 创建一个 MR 作业
Job job = Job.getInstance(conf, "Join");
// 将 HDFS 中的/table-testing.txt 文件放入 cache,
// 使用它时只需用 table-testing 作为名字
job.addCacheFile(new
URI("hdfs://localhost:9000/table-testing.txt#table-testing"));
```

注意 HDFS 路径,建议将 table-testing.txt 放在 "/" 下,否则找不到它,也就无法分发了。URL 中的#后面是文件的软链接名,在代码中以此名访问文件即可。

(2)修改 setup 方法,以本地文件的方式读取 table-testing.txt:

```
protected void setup(Context context)
throws IOException, InterruptedException {
    // 读入 testing 表的数据
    FileReader reader = new FileReader("table-testing");
    BufferedReader br = new BufferedReader(reader);
    String line = null;
    while ((line = br.readLine()) != null) {
```

```
            // 分析一行,取出各字段,第二列才是 Person id
            String[] fields = line.split("[\s\t]+");

            int personId = Integer.valueOf(fields[1]);
            String content = fields[2] + "\t" + fields[3];
            // 加入 map,value 是: 22 语文
            testingTable.add(new Record(personId, content));
        }
        br.close();
        reader.close();

        super.setup(context);
    }
```

其余代码都不用动。

(3) 将 table-testing.txt 上传到 HDFS 中。
(4) 将 table-person.txt 放在 HDFS 的/user/root/input 目录中。
(5) 启动 Hadoop 全分布式或伪分布式系统。
(6) 执行程序,比如:`bin/hadoop jar /app/MapReduceJoin-1.0-SNAPSHOT.jar input output`。

注意,没有在 jar 文件后指明主类,因为在打包 jar 时已指明了主类及其在 jar 中的相对路径。在 Maven 工程中,只需在 pom.xml 中找到插件 maven-jar-plugin,修改其配置即可:

```xml
<plugin>
  <artifactId>maven-jar-plugin</artifactId>
  <version>3.0.2</version>
  <configuration>
    <archive>
      <manifest>
        <addClasspath>true</addClasspath>
        <classpathPrefix>libs/</classpathPrefix>
        <mainClass>sql.App</mainClass>
      </manifest>
      <manifestEntries>
        <Class-Path>./</Class-Path>
      </manifestEntries>
    </archive>
  </configuration>
</plugin>
```

> **提 示**
>
> 本程序的示例工程可以从 Git 仓库获取:git clone https://gitee.com/niugao/map-reduce-join.git。然后切换到 mapper-join 分支:git checkout mapper-join。

7.12　Counter

Counter（计算器）的作用主要是计数。通过 Counter 能够查看数据处理中某些指标的统计，帮助我们查找问题和缺陷，使我们可以排除问题或根据数据的特点优化处理逻辑。

我们在 MapReduce 程序的输出日志中能看到如下信息：

```
2020-11-15 07:54:09,962 INFO mapreduce.Job: Counters: 30
    File System Counters
        FILE: Number of bytes read=2566
        FILE: Number of bytes written=815257
        FILE: Number of read operations=0
        ......
    Map-Reduce Framework
        Map input records=12
        Map output records=11
        ......
        Total committed heap usage (bytes)=468713472
    Shuffle Errors
        BAD_ID=0
        CONNECTION=0
        IO_ERROR=0
        WRONG_LENGTH=0
        ......
    File Input Format Counters
        Bytes Read=475
    File Output Format Counters
        Bytes Written=323
        ......
```

上面是 MapReduce 框架对一个作业输出的统计信息，可以看到数据处理的详细数据。里面类似于"FILE: Number of bytes read=2566"的日志就是一个 Counter，其中"FILE: Number of bytes read"是 Counter 的名字，"2566"是 Counter 的值。

Counter 处于组中，"File System Counters"就是一个组，组相当于 Counter 的类别，使我们很容易查看某方面的统计。

我们可以在能得到 Context 的任何地方创建 Counter，比如 map 和 reduce 方法。假设我们要对输入数据中的不合规项进行监控，可以如下创建 Counter：

```
if(无法解析出 Person 的字段){
    context.getCounter("ErrorCounter", "person parse").increment(1);
}
```

它所在的组为"ErrorCounter"，其名字是"person parse"，其值视 increment 方法被调用的次数而定。此方法表示累加，其参数是累加的数量。日志中的输出内容如下：

```
ErrorCounter
    person parse=12
```

也可以借助枚举来创建 Counter，枚举类名就是组名，枚举项名就是 Counter 的名字，比如：

```
public static enum ERROR_COUNTER {
    PERSON_PARSE
};
......
if(无法解析出 Person 的字段){
    context.getCounter(ERROR_COUNTER.PERSON_PARSE).increment(1);
}
```

日志中的输出如下：

```
sql.App$ERROR_COUNTER
        PERSON_PARSE=12
```

上面是在各节点中分别统计 Counter，我们还可以在作业执行完毕后获取各节点 Counter 的汇集结果，这要在 main 方法中设置：

```
job.waitForCompletion(true);
Counter counter = job.getCounters().findCounter("ErrorCounter","person parse");
//对 counter 进行使用
......
```

7.13 其他组件

1. InputSplit

这个类决定了输入数据如何分割成段，一段传给一个 Mapper。默认使用的类是 FileSplit 类，它对文件内容进行分割，一个段最多 128MB；如果一个文件不到 128MB，就将一个文件作为一段。

2. InputFormat

此类决定了如何读取输入的数据，默认是 FileInputFormat，它读取文本文件，以行分割单条数据。

3. OutputFormat

此类决定了如何将输出数据写到文件中，默认是 FileOutputFormat，它将各条数据写入文本文件，以换行区分它们。

4. Job 的作用

Job 类帮助我们创建作业，提交作业，跟踪作业的执行过程，访问作业各任务的报告和日志，收集各节点的状态信息等。

5. Job 链

MapReduce 组合运行一次作业干不了太多事情，一些复杂的数据转换或处理需要多个作业串联起来才可以完成。因为作业的输入和输出都是文件，所以我们只需要将作业 A 的输出目录指定为作业 B 的输入目录即可，在 main 方法中先创建作业 A，等待作业 A 完成再创建作业 B，等待作业 B 完成再创建 C，以此类推。

6. 性能调优

借助 Java 内置的 profiler 组件，可以对执行性能进行监视，默认不开启，将配置项 mapreduce.task.profile 设置为 true 即为开启。

7. 远程调试

当程序运行在真正的 Hadoop 系统中时，我们无法像本地程序一样方便地 Debug、随时暂停以洞析内存中的一切。遇到问题时，主要做法是查看 Hadoop 的 logs 目录下的日志，但这些日志是分散到不同文件中的，如果能把它们集中起来就方便了，Hadoop 就支持这个需求。

我们可以自定义一个用于调试的脚本，当作业执行失败时，它可以访问各任务 stdout 和 stderr 的输出，以及 syslog 和 jobconf 的内容，还可以在脚本中处理这些日志，然后输出到脚本的 stdout 或 stderr，这些输出会在执行任务的控制台输出。

如果设置 Debug 脚本呢？可利用 DistributedCache 部署各任务节点，再通过两种途径告诉任务脚本文件的名字。一是用配置项 mapreduce.map.debug.script 指定，二是调用方法 Configuration.set(MRJobConfig.MAP_DEBUG_SCRIPT , String) 和 Configuration.set(MRJobConfig.REDUCE_DEBUG_SCRIPT, String)指定。

8. 数据压缩

MapReduce 支持对中间数据（Mapper 输出）和最终数据（Reducer 输出）进行压缩，以减少网络传输和硬盘占用。其内置的 CompressionCodec 类基于 zlib 支持 gzip、bzip2、snappy、lz4 等算法。

7.14　升级版的 WordCount

现在我们已经比较全面地了解 MapReduce 了，下面改写 WordCount 程序，向其融入更多的组件，使它更像一个商业级的应用。新增的功能有：

- 对字符大小写进行区分。
- 略过不符合模式的单词。
- 通过命令行设置是否大小写敏感与匹配模式。
- 利用 Counter 统计有效字符的个数。

运行时，命令行如下：

```
/app/hadoop/bin/hadoop jar wc.jar App -Dcase.sensitive=true input output -skip
/user/root/patterns.txt
```

以下是 Mapper 类：

```java
public static class MyMapper extends
        Mapper<Object, Text, Text, IntWritable> {
    //定义 Count
    static enum CountersEnum {
        INPUT_WORDS  //统计有效输入单词的数量
    }

    //Out Key
    private final static IntWritable one = new IntWritable(1);
    //out value
    private Text word = new Text();

    //对单词是否区分大小写
    private boolean caseSensitive;
    //保存要省略的单词匹配模式，比如包含\. \, \! 的单词不被统计
    private Set<String> patternsToSkip = new HashSet<String>();

    private Configuration conf;
    private BufferedReader fis;

    @Override
    public void setup(Context context)
            throws IOException, InterruptedException {
        //从配置项中读出是否区分字符大小写
        conf = context.getConfiguration();
        caseSensitive = conf.getBoolean("case.sensitive", true);
        //从配置项中读出是否使用模式来匹配单词
        if (conf.getBoolean("skip.patterns", false)) {
            //如果使用，就从 DistrubtedCache 获取模式文件
            URI[] patternsURIs = Job.getInstance(conf).getCacheFiles();
            for (URI patternsURI : patternsURIs) {
                Path patternsPath = new Path(patternsURI.getPath());
                String patternsFileName = patternsPath.getName().toString();
                //取出模式，保存到 patternsToSkip 中
                parseSkipFile(patternsFileName);
            }
        }
    }

    //分析模式文件，取出模式
    private void parseSkipFile(String fileName) {
        try {
```

```
                fis = new BufferedReader(new FileReader(fileName));
                String pattern = null;
                while ((pattern = fis.readLine()) != null) {
                    patternsToSkip.add(pattern);
                }
            } catch (IOException ioe) {
                System.err.println(
    "Caught exception while parsing the cached file '" +
    StringUtils.stringifyException(ioe));
            }
        }

        @Override
        public void map(Object key, Text value, Context context)
                throws IOException, InterruptedException {
            //如果不区分大小写，就需将所有字符转为小写
            String line = (caseSensitive) ?
                    value.toString() :
                    value.toString().toLowerCase();
            //把符合模式的单词略过
            for (String pattern : patternsToSkip) {
                line = line.replaceAll(pattern, "");
            }

            //分析各单词
            StringTokenizer itr = new StringTokenizer(line);
            while (itr.hasMoreTokens()) {
                word.set(itr.nextToken());
                context.write(word, one);
                //累加有效的单词数量
                Counter counter = context.getCounter(
                        CountersEnum.class.getName(),
                        CountersEnum.INPUT_WORDS.toString());
                counter.increment(1);
            }
        }
    }
```

Reducer 类没有什么变化，因为过滤是发生在 Mapper 中的：

```
    public static class MyReducer extends Reducer<Text, IntWritable, Text, IntWritable> {
        private IntWritable result = new IntWritable();

        public void reduce(Text key, Iterable<IntWritable> values, Context context)
                throws IOException, InterruptedException {
            int sum = 0;
```

```java
        for (IntWritable val : values) {
            sum += val.get();
        }
        result.set(sum);
        context.write(key, result);
    }
}
```

main 方法新增的改变主要是从命令行中获取匹配模式设置，生成表示是否进行匹配的配置项，以供 Mapper 的 setup 方法使用，同时启用模式匹配时要将模式文件放到 DistributedCache 中：

```java
public static void main(String[] args)
        throws IOException,
        ClassNotFoundException,
        InterruptedException {
    Configuration conf = new Configuration();
    // 命令行参数比较复杂，创建一个工具帮我们分析
    GenericOptionsParser optionParser = new GenericOptionsParser(conf, args);
    String[] remainingArgs = optionParser.getRemainingArgs();
    if ((remainingArgs.length != 2) && (remainingArgs.length != 4)) {
        //如果命令行参数不正确，就提示一下
        System.err.println(
          "Usage: wordcount <in> <out> [-skip skipPatternFile]");
        System.exit(2);
    }

    //创建job并设置相关组件
    Job job = Job.getInstance(conf, "word count");
    job.setJarByClass(App.class);
    job.setMapperClass(MyMapper.class);
    job.setCombinerClass(MyReducer.class);
    job.setReducerClass(MyReducer.class);
    job.setOutputKeyClass(Text.class);
    job.setOutputValueClass(IntWritable.class);

    //从命令行中取出是否进行模式匹配
    List<String> otherArgs = new ArrayList<String>();
    for (int i = 0; i < remainingArgs.length; ++i) {
        if ("-skip".equals(remainingArgs[i])) {
            //需要模式匹配，所以将模式文件放到 DistributedCache 中分发
            job.addCacheFile(new Path(remainingArgs[++i]).toUri());
            job.getConfiguration().setBoolean("skip.patterns", true);
        } else {
            otherArgs.add(remainingArgs[i]);
        }
    }
```

```
        FileInputFormat.addInputPath(job, new Path(otherArgs.get(0)));
        FileOutputFormat.setOutputPath(job, new Path(otherArgs.get(1)));

        System.exit(job.waitForCompletion(true) ? 0 : 1);
    }
```

注意，配置项 case.sensitive 没有在 main 方法中创建，因为命令行中以-D 后的条目自动被放入 Configuration 中。

> **提示**
>
> 本程序的示例工程可以从 Git 仓库获取：git clone https://gitee.com/niugao/hadoop-word-count.git。切换到 v2 分支：git checkout v2。

7.15　分布式 k-means

k-means 是一种迭代求解的聚类分析算法，通俗地讲就是把一堆数据分成几组，组内数据有较高的相关性。

它常用于分类与分群的需求，比如我们有关于人的行为的大量数据，可以尝试将这些数据在不同的维度进行 k-means 分类，利用程序帮我们找出某个维度上的明显人群区别。比如，我们试图从行为数据中分析出一个人的犯罪倾向，当然分析出的结论还要经过验证，可能对，也可能不对，但这是让我们能加快研究进度的一条途径。

我们要研究的数据已经有了，是类似这样的一个矩阵：

```
1,13.56,1.73,2.46,20.5,116,2.96,2.78,.2,2.45,6.25,.98,3.03,1120
1,14.22,1.7,2.3,16.3,118,3.2,3,.26,2.03,6.38,.94,3.31,970
1,13.29,1.97,2.68,16.8,102,3,3.23,.31,1.66,6,1.07,2.84,1270
1,13.72,1.43,2.5,16.7,108,3.4,3.67,.19,2.04,6.8,.89,2.87,1285
2,12.37,.94,1.36,10.6,88,1.98,.57,.28,.42,1.95,1.05,1.82,520
2,12.33,1.1,2.28,16,101,2.05,1.09,.63,.41,3.27,1.25,1.67,680
2,12.64,1.36,2.02,16.8,100,2.02,1.41,.53,.62,5.75,.98,1.59,450
2,13.67,1.25,1.92,18,94,2.1,1.79,.32,.73,3.8,1.23,2.46,630
......
```

一行是一条数据，一条数据包含 14 个特征值，构成一个向量，向量的元素以逗号分隔，每个向量的首列是 1、2、3 之一，这样在结果中容易看出分群效果。

将这些数据分成几个群由我们自主决定，而且分群不是一步就能完成的，需要反复多次分群，慢慢接近最终目标。

比如我们要分成 3 个群，就需要提供 3 个初始的群中心向量（每个向量必须包含 14 个值），具体确定哪些数据属于同一群是通过计算每条数据与群中心的距离而定的。对每条数据都计算与三个中心的距离，离哪个中心近就属于哪个群。然后对处于一个群的数据再求出平均值，这个平均值就是新的中心，这个中心比上一个中心更接近真正的群中心。反复进行这个过程，直到找到真正的群中心，根据真正的群中心分出来的群就是最终的群。

这里创建的工程如图 7-27 所示。

图 7-27

input 下的 data.txt 存放我们要进行分群的数据，kmeans-center.txt 中是 n 个中心向量，此文件的内容在每次更新中心后被改写，保存新的中心向量。

7.15.1 Mapper 类

Mapper 类的实现代码如下：

```java
public static class MyMapper extends
        Mapper<Object, Text, IntWritable, ArrayPrimitiveWritable> {
    // n 个中心，初始值从 kmeans-center.txt 读入
    private ArrayList<double[]> centers = null;
    // 存放输出的 value，一条数据是一个 double 数组
    private ArrayPrimitiveWritable valueOut = new ArrayPrimitiveWritable();

    @Override
    protected void setup(Context context)
            throws IOException, InterruptedException {
        // 从存放中心向量的文件中读出中心向量
        centers = KmeansUtils.readCenters(
                context.getConfiguration().get("centersFile"));
        super.setup(context);
    }

    @Override
    protected void map(Object key, Text value, Context context)
            throws IOException, InterruptedException {
        // value 是一行文本，一行文本包含一个向量
        double[] dataVector = KmeansUtils.parseNumbersFromLine(value);

        // 保存最小距离
```

```java
            double minDistance = 99999999;
            // 循环比较到第几个中心
            int centerIndex = 0;

            // 依次取出各中心向量
            // 与一条数据向量做距离计算
            for (int i = 0; i < centers.size(); i++) {
                // 与第i个中心向量相比较
                double[] centerVector = centers.get(i);
                // 保存与中心向量的距离
                double currentDistance = 0;
                for (int j = 0; j < dataVector.length; j++) {
                    // 相同序号的列进行比较
                    double centerNumber = Math.abs(centerVector[j]);
                    double aNumber = Math.abs(dataVector[j]);
                    // 累加距离,距离算法很多,请自行查阅相关资料
                    currentDistance += Math.pow(
                            (centerNumber - aNumber) / (centerNumber + aNumber),
                            2);
                }

                // 比如currentDistance比最小距离小,则当前距离就是最小距离
                if (currentDistance < minDistance) {
                    minDistance = currentDistance;
                    centerIndex = i;
                }
            }
            // 以最接近的center序号为Key,将分解成double数据的Value输出
            valueOut.set(dataVector);
            context.write(new IntWritable(centerIndex + 1), valueOut);
        }
    }
```

主要工作是在 setup 方法中将各中心向量读入,在 map 方法中将数据与各中心向量比较,以离得最近的向量序号为 Key,所以在 Reducer 中相同群的数据会在一起。

7.15.2 Reducer 类

```java
    public static class MyReducer extends
            Reducer<IntWritable, ArrayPrimitiveWritable, NullWritable, Text> {
        // 利用values的各向量重新计算它们的中心
        protected void reduce(IntWritable key,
                Iterable<ArrayPrimitiveWritable> values,
                Context context)
                throws IOException, InterruptedException {
            // 保存从values中解析出的各数据向量,放在List中形成一个矩阵
            ArrayList<double[]> matrix = new ArrayList<double[]>();
```

```java
            // 依次读取记录集，value 是 ArrayPrimitiveWritable 组成的集合
            // 取出被合并在一起的各向量，重新将它们设成独立的条目
            for (Iterator<ArrayPrimitiveWritable> it = values.iterator(); it.hasNext();) {
                ArrayPrimitiveWritable arrayPrimitive = it.next();
                matrix.add((double[]) arrayPrimitive.get());
            }

            boolean isLastJob = context.getConfiguration().get("lastJob").equals("true");
            if (isLastJob) {
                // 如果是最后一次任务，输出的是分群后的 data
                for(double[] dataVector : matrix){
                    context.write(NullWritable.get(), new Text(Arrays.toString(dataVector).replace("[", "").replace("]", "")));
                }
            } else {
                // 不是最后一次任务，输出的是新的中心
                // 每行的元素个数
                int numberCount = matrix.get(0).length;
                // 保存矩阵各列的平均数，形成新的中心
                double[] avg = new double[numberCount];

                // 迭代每一列
                for (int i = 0; i < numberCount; i++) {
                    // 求当前列的平均值
                    double sum = 0;
                    int size = matrix.size();
                    // 迭代每一行
                    for (int j = 0; j < size; j++) {
                        // 同列的数相加
                        sum += matrix.get(j)[i];
                    }
                    // 求出当前列的平均值
                    avg[i] = sum / size;
                }
                // 输出 key 不需要，所以是空类型
                // 将输出 Value 形成适合 map 输入的形式，因为要作为下一次 MapReduce 的输入
                context.write(NullWritable.get(), new Text(Arrays.toString(avg).replace("[", "").replace("]", "")));
            }
        }
}
```

Reducer 的平时工作是将各条输入数据中的数据向量单独列出，用它们算出新的中心，作为输出；最后一次 Job 中，Reducer 的工作发生变化，因为它要将分群后的数据输出。

7.15.3 执行任务的方法

因为要反复执行 Job，所以创建与启动作业的过程被封装到单独的方法中：

```java
// 创建并执行一次新作业
// centerFile 是 kmeans-center.txt
// inpath 是 input 目录，outpath 是 output 目录
public static void execJob(String centerFile,
                String inPath,
                String outPath,
                boolean lastJob)
        throws IOException, ClassNotFoundException, InterruptedException {
    Configuration conf = new Configuration();
    conf.set("centersFile", centerFile);
    if (lastJob) {
        // 最后一次，告诉 Mapper Task 它会做特殊处理
        conf.set("lastJob", "true");
    } else {
        conf.set("lastJob", "false");
    }

    Job job = Job.getInstance(conf, "k-means");
    job.setJarByClass(App.class);
    job.setMapperClass(MyMapper.class);
    job.setMapOutputKeyClass(IntWritable.class);
    job.setMapOutputValueClass(ArrayPrimitiveWritable.class);
    job.setReducerClass(MyReducer.class);
    job.setOutputKeyClass(NullWritable.class);
    job.setOutputValueClass(Text.class);
    if (lastJob) {
        //最后一次作业，将 reducer 设置为 3，这样更容易观察结果
        job.setNumReduceTasks(3);
    }

    FileInputFormat.addInputPath(job, new Path(inPath));
    FileOutputFormat.setOutputPath(job, new Path(outPath));
    System.out.println(job.waitForCompletion(true));
}
```

在 main 方法中反复执行 Job，直到达到目标：

```java
public static void main(String[] args)
    throws ClassNotFoundException, IOException, InterruptedException {
    // 文件全部用相对路径，这样不论是在 HDFS 中还是本地，
```

```
        // 都可以用相同的代码访问
        // 存放中心的文件
        String centerFile = "kmeans-center.txt";
        // 数据所在的路径
        String dataPath = "input";
        // 新计算出的中心文件所在的目录
        String newCenterPath = "output";

        // 统计执行了几次job
        int execCount = 0;
        while (true) {
            // 执行一次job
            App.execJob(centerFile, dataPath, newCenterPath, false);
            execCount += 1;
            System.out.println(" 第 " + execCount + " 次计算 ");
            // 比较新旧中心，如果相等，则说明不用再收敛了，
            // 此时得到的是从各节点汇集到App master节点的文件
            if (KmeansUtils.compareCenters(centerFile, newCenterPath)) {
                // 执行最后一次job，输出分群结果
                execJob(centerFile, dataPath, newCenterPath, true);
                break;
            }
        }
    }
```

7.15.4 辅助类

将一些文件操作和距离比较操作封装到一个工具类中，名叫 KmeansUtils，包含了以下四个方法：

```
public class KmeansUtils {
    // 从文件中读出各中心向量
    public static ArrayList<double[]> readCenters(String inPath)
throws IOException {
        // 一个center是一个向量，有多个Center，所以List套List
        ArrayList<double[]> centers = new ArrayList<double[]>();
        // 创建path，用于获取FileSystem实例
        Path path = new Path(inPath);
        // 获取指向path的FileSystem
        Configuration conf = new Configuration();
        FileSystem fileSystem = path.getFileSystem(conf);
        if (fileSystem.getFileStatus(path).isDirectory()) {
            // 如果参数是一个目录，则读出其下所有文件的内容
            FileStatus[] listFile = fileSystem.listStatus(path);
            for (int i = 0; i < listFile.length; i++) {
centers.addAll(readCenters(listFile[i].getPath().toString()));
            }
```

```java
        } else {
            // 是文件，读之
            // 打开一个指向文件的流
            FSDataInputStream inputStream = fileSystem.open(path);
            LineReader lineReader = new LineReader(inputStream, conf);
            Text line = new Text();
            // 一次读一行，解析一行
            while (lineReader.readLine(line) > 0) {
                double[] centerVector = parseNumbersFromLine(line);
                // 加入 center 列表
                centers.add(centerVector);
            }
            // 别忘了关闭 io 对象
            lineReader.close();
            inputStream.close();
            // fileSystem.close();
        }
        return centers;
    }

    // 删除一个文件或目录
    public static void deletePath(String pathStr) throws IOException {
        Configuration conf = new Configuration();
        Path path = new Path(pathStr);
        FileSystem hdfs = path.getFileSystem(conf);
        hdfs.delete(path, true);
    }

    // 比较原先的 centers 和新的 centers，如果新的没有进步，说明收敛到极限了
    // 返回 true，表示要停止迭代，否则返回 false，表示需要继续收敛
    // newCenterPath 就是存放结果的目录:output
    public static boolean compareCenters(String centerFile, String newCenterPath) throws IOException {
        // 先从文件中读出两个 Centers
        List<double[]> centers = KmeansUtils.readCenters(centerFile);
        List<double[]> newCenters = KmeansUtils.readCenters(newCenterPath);

        // 获取 center 中向量的数量
        int centerVectorCount = centers.size();
        // 获取一个向量中的数值数量
        int vectorSize = centers.get(0).length;
        double distance = 0;
        for (int i = 0; i < centerVectorCount; i++) {
            for (int j = 0; j < vectorSize; j++) {
                // 将两个 Center 中相同的列进行比较
                double t1 = Math.abs(centers.get(i)[j]);
                double t2 = Math.abs(newCenters.get(i)[j]);
                // 将每一组的差距都累加到 distance 中。pow 是计算一个数的 n 次方
```

```java
                distance += Math.pow((t1 - t2) / (t1 + t2), 2);
            }
        }

        if (distance == 0.0) {
            // 收敛到极限了，当前的 Center 文件中已经是最终的中心，把新的文件删掉
            // 这样才可以存放最终所要的输出，最终的输出是对数据进行分类
            KmeansUtils.deletePath(newCenterPath);
            return true;
        } else {
            // 将新的中心文件内容复制到中心文件中，再删掉输出目录
            Configuration conf = new Configuration();
            Path outPath = new Path(centerFile);
            FileSystem fileSystem = outPath.getFileSystem(conf);

            // 将输出目录中的所有文件内容复制到存放中心的文件中（kmeans-center.txt）
            Path inPath = new Path(newCenterPath);
            FileStatus[] listFiles = fileSystem.listStatus(inPath);
            FSDataOutputStream out = fileSystem.create(outPath);
            for (int i = 0; i < listFiles.length; i++) {
                // 复制 output 下每个文件的内容
                FSDataInputStream in = fileSystem.open(listFiles[i].getPath());
                IOUtils.copyBytes(in, out, listFiles[0].getLen(), true);
                in.close();
            }
            out.close();
            // 删掉 output 目录，以便下一次任务运行能够输出
            KmeansUtils.deletePath(newCenterPath);
            return false;
        }
    }

    // 从一行文本中分析出一个向量
    public static double[] parseNumbersFromLine(Text line) {
        // 分割一行中的各数字
        String[] fileds = line.toString().split(",");
        // 存放返回的向量
        double[] numbers = new double[fileds.length];
        // 将它们转成数字放入 List 中，作为一个向量
        for (int i = 0; i < fileds.length; i++) {
            numbers[i] = Double.valueOf(fileds[i]);
        }
        return numbers;
    }
}
```

7.15.5 运行

要正确运行,就必须准备好输入数据和中心文件,前面已讲过。需要注意的是,每次 Job 运行的最后都会修改中心文件 kmeans-center.txt,所以要为最初的中心文件做好备份,在重新运行程序前将 kmeans-center.txt 恢复为初始内容。同时还会产生一个.kmeans-center.txt.crc 文件,重新运行程序时要把此文件删除。

运行结果如图 7-28 所示。

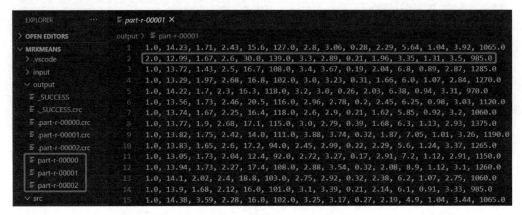

图 7-28

> **提 示**
>
> 本程序的示例工程可以从 Git 仓库获取:git clone https://gitee.com/niugao/kmeans-on-map-reduce.git。

7.15.6 MapReduce 深入剖析

MapReduce 的原理图如图 7-29 所示。

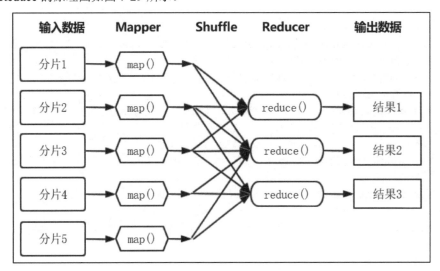

图 7-29

其中，Shuffle 在 Mapper 节点和 Reducer 节点上都存在，应该说从 map 方法执行完毕到 reduce 方法执行前都是 Shuffle（细节争议忽略，这里以理解为目标）。

Mapper 节点上的具体执行步骤如图 7-30 所示。

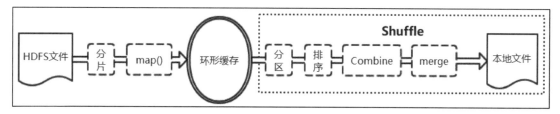

图 7-30

map 方法执行完，输出的数据先放在内存中的缓冲区内，这个缓冲区是环形的（一块固定大小的内存，数据写到其尾部时再折回去继续从头部写），大小约为 100MB，当数据占满其 80%时就要写入文件中。写入文件前先根据 Key 决定数据属于哪个分区，分区内的数据还要排序，排序使得相同的 Key 靠在一起，此时会将相同 Key 的数据组成一条数据。如果指定了 Combiner，就会将同一 Key 的数据先 reduce 一下。这个文件叫溢出（spill）文件，存储在本地，文件内的数据分区存放，且分区内的 Key 是有序的，这种文件会创建很多。在向 Reducer 发送数据前，还要将已存在的溢出文件合并成一个大文件，大文件中的数据也是分区存放的，并且分区内的数据有序。在合成大文件时进行了归并排序（Merge）。小文件中的数据有序是进行归并排序的基础，所以 Mapper 阶段进行了两次排序，先在内存中排序，再归并排序。

向各 Reducer 发送数据时，就是从最终的大文件中读取对应分区的数据。

Reducer 节点上的具体执行步骤如图 7-31 所示。

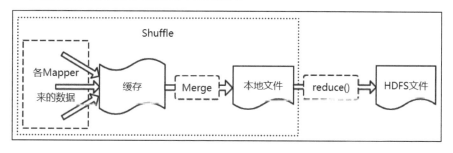

图 7-31

从各 Mapper 来的数据先放在内存缓冲区中，当缓冲区快满时将数据溢出到本地文件，这会产生很多文件。在将数据送入 reduce 方法前，将这些文件合并成一个大文件，合并时要进行归并排序，所以大文件中的数据也是有序的（如果数据不多，就可能不产生这些文件，而是直接在内存中排序，然后将结果送给 reduce 方法）。必须按 Key 的顺序摆放数据，这样才能让各 Mapper 来的 Key 相同的数据靠在一起，将它们组成一条数据，并且只能等到所有的 Mapper 数据全部收到才能执行 reduce 方法，否则不能保证一个 Key 的数据全部被收录，这就是为什么在各阶段都要排序的原因。

根据对过程的深入剖析，我们定位一下 Suffle 所跨跃的范围。整体展示如图 7-32 所示。

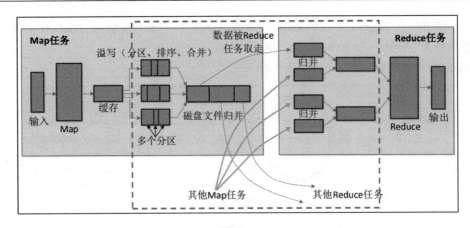

图 7-32

Shuffle 跨跃了 Mapper 和 Reducer 两个阶段，主要工作是数据排序、存储、分发等。现在我们已经对 MapReduce 的设计有了深入了解，可以总结一下它的缺点：Reducer 必须等待所有的 Mapper 都完成才能开始；为了应付大量数据，需要将数据多次落入硬盘以进行归并排序，这些做法决定了它是一个批处理引擎，而不是实时处理引擎，只有面对大量数据时才能体现出它的优势。后来出现的新引擎（比如 Spark），以基于内存进行数据处理的方式改进了这个缺点，使自己同时能应对批处理和实时（准实时）处理。

MapReduce 还有一个缺点，对复杂的处理不能由一个 job 完成，而串联多个 job 的工作需要开发者自己完成。为了消除这个缺点带来的麻烦，出现了两个工具：Pig 和 Hive。它们将用户编写的复杂处理指令分解成多个 MR job，并且还有一定的优化能力。尤其是 Hive，它以近似 SQL 语句的形式提供数据处理指令，使熟悉关系型数据库的人非常容易上手。

图 7-33 展示了 MapReduce 作业串联的过程。

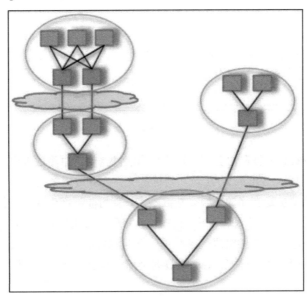

图 7-33

一个圈表示一个作业,作业之间的云表示 HDFS,意思是说作业间的数据要放入 HDFS 中。Spark 引擎改进了这个问题,使用 Spark 的 API,我们可以写出流式调用代码,将多步处理连接起来,比写 MapReduce 程序方便得多,而且数据也不用多次存入 HDFS 中。要理解这个新引擎,MapReduce 是基础。

至此,我们已经知道了 Hadoop 的核心组件是什么,甚至可以说在原理方面有了比较深入的了解。后面章节我们研究一下与 Hadoop 关系亲密且应用广泛的其他工具。

第 8 章

Hive

Hive（相关信息可参考官方网站）是一个基于 MapReduce 的海量数据处理、分析工具，为我们利用 Hadoop 平台处理数据提供了一个简易途径。

我们利用 MapReduce 对数据所做的事大部分与关系型数据库中的 SQL 语句所做的相同。Hive 可以让我们用 SQL 的方式描述对数据如何处理，并解析 SQL 语句、转化成 MapReduce job 链、自动执行 Job 链输出结果，省去很多工作。

Hive 严重依赖 Hadoop，它所处理的数据必须放在 HDFS 中，所以 HDFS 的缺点会影响对 Hive 所实现功能的取舍。

Hive 提供的查询语言叫作 HiveQL，其语法与 SQL 基本相同，熟悉 SQL 的人都能很快上手。

Hive 被称作数据仓库工具，因为它适合做的事与关系型数据库是有差别的，它基于 HDFS 和 MapReduce，适合做一些对数据进行抽取、转换、加载（ETL）的工作，而不适合做事务性的工作（修改这些数据），其原因是 HDFS 不支持随机写（比如 update 等 SQL 命令），Hive 在版本更新的过程中逐渐开始支持行级的增、删、改，但是只有支持事务的表才能对行执行修改操作，一般的表是不允许的，实际应用中也不推荐创建支持事务的表。

Hive 适于做联机数据分析（OLAP），而不适于做联机事务处理（OLTP），所以大家喜欢将 Hive 为数据仓库而不是数据库。

Hive 的初始定位不是一个独立的系统，只是提供一个便于利用 MapReduce 进行数据处理的辅助工具。随着功能的更新和发展，它的定位正在发生变化，变得越来越像一个数据库系统。

8.1 Hive 的设计架构

为了让用户以关系型数据库方式查询和计算数据，Hive 提供了表结构管理服务。

假设 HDFS 中已经存在一个文本文件，数据如下：

1	王宝弱	教师	13500099887	16	155
2	李黑	诗人	18666677888	78	178
3	张三娘	教师	13500099887	55	167
4	李二黑	诗人	18666677883	34	188
5	熊大	诗人	18664477118	16	159
6	宋江	女技师	15566667777	55	180
7	李三黑	教师	13500099887	61	171
8	王宝宝	教师	13503499887	16	147
9	熊二	女技师	13503399287	43	185
10	齐强	教师	17700099887	16	166
11	王老汉	女技师	13507777887	78	144
12	黄老萌	诗人	13456789076	10	163

很明显，一行可以作为一条记录。每行都有 6 列，为了能用 SQL 查询，我们为每列取一个列名，而且还要指定数据类型：

```
列名:   Id    name    job    phone    age      tall
类型:   int  string  string  string  tinyint  tinyint
```

Hive 支持的基本数据类型与其他数据库差不多。Hive 会在数据文件之外独立地保存其表结构以及表的其他属性（这些叫作元数据 meta），这就是表结构管理服务所提供的，这个服务的名字叫作 MetaStore（元数据存储）。

我们通过 Hive 处理文件中的数据时需要先创建表，并将表与文件关联（当然要保证表的结构与文件中的数据是一致的，否则就会出错），然后就可以用 SQL 进行数据查询了。

下面我们讲一下 Hive 的安装、配置和基本用法。

8.2 运行架构

Hive 程序包的下载地址为 http://www.apache.org/dyn/closer.cgi/hive/。

要使用 Hive3，需先启动其服务程序 HiveServer2，然后通过 Hive 提供的命令行工具连接，就可以进行交互式操作了。HiveServer2 的命令行工具叫 beeline。

HiveServer2 的主要功能是接受客户端的连接，接收客户端发出的 SQL 语句，处理语句，转成 MR 作业链，执行 MR 作业，返回结果。

HiveServer2 在处理 SQL 语句时需要表的元数据，所以需要访问 MetaStore 服务。对 MetaStore 要明确一点：它对元数据的存储使用的是传统的关系型数据库，比如 MySQL、PostgreSQL，也可以是嵌入式数据库，比如 Derby。所以，MetaStore 的运行需要一个数据库支持。

HiveServer2 访问 MetaStore 的方式有点复杂，因为 MetaStore 有两种部署方法：一是嵌入式，二是独立式。嵌入式的 MetaStore 以库的形式被 HiveServer2 引入其进程内，也就是说 HiveServer2 和 MetaStore 处于相同进程，此时 MetaStore 只能被同进程的 HiveServer2 访问。独立的 MetaStore 处于一个单独的进程中，与 HiveServer2 之间以 Thrift 协议远程通信，此时 MetaStore 作为一个远程服务可被多个 HiveServer2 进程访问，当然也可以被其他 MetaStore 客户端访问。

同时，MetaStore 依赖的数据库也有两种部署模式：嵌入式和独立式。当采用 Derby 这样的嵌入式数据库时，MetaStore 与数据库处于同一进程中；当采用 MySQL 这样的独立服务时，MetaStore 以 JDBC 远程访问数据库。

最后，HiveServer2 和 beeline 的关系也不那么单纯了，它们也可以合体或分开运行。它们合体时，客户端与服务端在一个进程中，这种方式只适合用于单元测试，其余场景下还是分开好。

它们的依赖关系如图 8-1 所示。

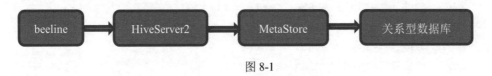

图 8-1

搞懂了各组件间的关系，下面我们就可以安装部署 Hive 了。

8.3　安装配置 Hive3

下面按照复杂的部署形式安装，因为这接近于生产环境。

> **提　示**
>
> 本章所用到的 Docker 描述文件可从 https://download.csdn.net/download/nkmnkm/15314642 下载。

8.3.1　安装依赖软件

首先安装 Hive 所依赖的软件，包括 Java、Hadoop、数据库。

建议安装 JDK 8，Hadoop 3.x，以学习 Hive 为目的时配置一个伪分布式的 Hadoop 即可。当然，我们也可以利用已经配好 Hadoop 的容器，在此基础上进行。

MetaStore 数据库选择 PostgreSQL，以独立方式运行，所以我们需要讲一下 PostgreSQL 的安装。

在 PostgreSQL 的官网中有 Redhat 与其衍生版本的安装教程，网页地址为 https://www.postgresql.org/download/linux/redhat/。在网页的中间区域，可以选择我们安装的版本和系统的版本，图 8-2 所示。

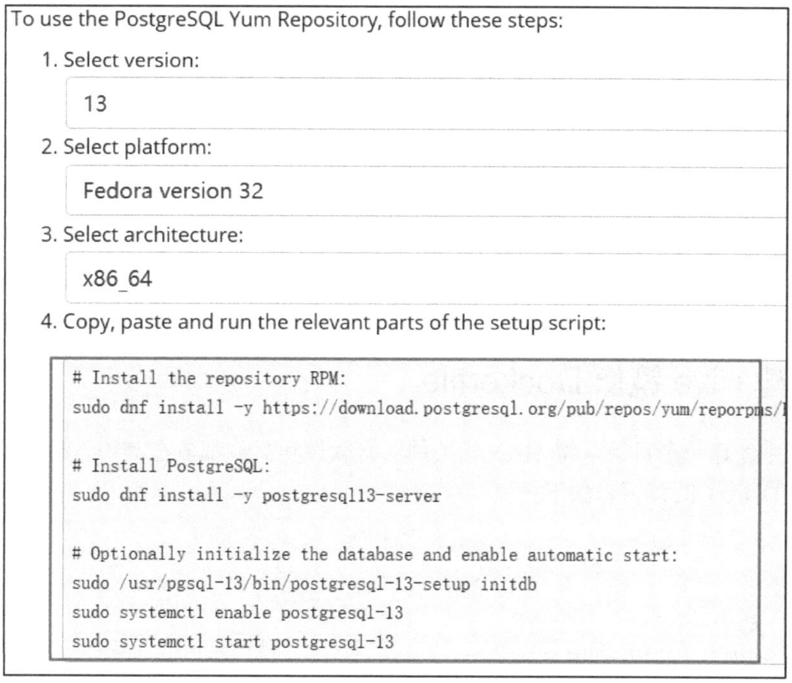

```
To use the PostgreSQL Yum Repository, follow these steps:
  1. Select version:
     13
  2. Select platform:
     Fedora version 32
  3. Select architecture:
     x86_64
  4. Copy, paste and run the relevant parts of the setup script:

     # Install the repository RPM:
     sudo dnf install -y https://download.postgresql.org/pub/repos/yum/reporpms/
     
     # Install PostgreSQL:
     sudo dnf install -y postgresql13-server
     
     # Optionally initialize the database and enable automatic start:
     sudo /usr/pgsql-13/bin/postgresql-13-setup initdb
     sudo systemctl enable postgresql-13
     sudo systemctl start postgresql-13
```

图 8-2

选择版本之后，在下面可以看到安装步骤。当然，我们要先确定 Linux 系统的版本，如果是 Fedora，可以查看版本：

```
sh-5.0# cat /etc/fedora-release
Fedora release 32 (Thirty Two)
```

然后根据安装步骤安装。这个教程面向的是完整的 Linux 系统，而不是容器中这种被删减的系统，所以在容器中安装是比较烦琐的，需要对 PostgreSQL 非常熟悉。PostgreSQL 并不是重点，我们需要找一种更简便的安装方法：直接运行已配置好 PostgreSQL 的镜像。

各种软件的开发者一般都提供包含其软件与运行环境的官方镜像，我们可以拿来直接创建容器以运行其软件，即容器化。我们要做的是：获取 PostgreSQL 官方镜像，以它创建容器，将这个容器与 Hive 容器放入同一个虚拟局域网，使它们可以远程通信。借助 docker-compose，可以轻松完成这些工作。

官方镜像可以用 docker search 命令搜索，如图 8-3 所示。

```
PS C:\Users\Administrator> docker search postgresql
NAME                      DESCRIPTION                                     STARS
postgres                  The PostgreSQL object-relational database sy…   8590
sameersbn/postgresql                                                      155
paintedfox/postgresql     A docker image for running Postgresql.          77
bitnami/postgresql        Bitnami PostgreSQL Docker Image                 70
orchardup/postgresql      https://github.com/orchardup/docker-postgres…   49
```

图 8-3

搜出的镜像列表以 Stars（星星数量）排序，数量最多的一般是官方镜像（名字叫 postgres）。在创建容器时，要指定数据库初始化用到的一些参数（比如数据库的管理员账户和密码），并且这些参数是以环境变量的形式传入的。创建环境变量的命令行参数是-e，比如：`docker run --name postgre1 -e POSTGRES_PASSWORD=123 -d -p 5432:5432 postgres:latest`。

从 postres:lastest 镜像创建一个名为 postgre1 的容器，设置数据库的账户密码为 123，将数据库的服务端口 5432 映射到宿主机 5432。如果不设置，默认名是 postgres；如果要设置，就使用环境变量 POSTGRES_USER。

了解其基本用法之后，我们编写一个 docker-compose.yml 文件，定义两个容器：一个运行 Hive，一个运行 PostgreSQL（PostgreSQL 作为 metastore 的元数据库）。在此之前，我们需要创建一个定义 Hive 镜像的 Dockerfile。

8.3.2　创建 Hive 镜像 Dockerfile

在宿主机中新建一个目录，将 Hive 相关的所有软件和文件都放在其中，目录就叫 HIVE。在其下创建文件 Dockerfile，内容如下：

```
FROM fedora:latest

ENV HADOOP_HOME /app/hadoop
ENV HIVE_HOME /app/hive
ENV JAVA_HOME /usr/lib/jvm/java

RUN dnf install java-1.8.0-openjdk java-1.8.0-openjdk-devel -y \
    && dnf install openssh-server openssh-clients -y \
 && dnf install findutils hostname -y \
    && ssh-keygen -q -t rsa -b 2048 -f /etc/ssh/ssh_host_rsa_key -N '' \
    && ssh-keygen -q -t ecdsa -f /etc/ssh/ssh_host_ecdsa_key -N '' \
    && ssh-keygen -t dsa -f /etc/ssh/ssh_host_ed25519_key -N '' \
    && ssh-keygen -t rsa -P '' -f ~/.ssh/id_rsa \
    && cat ~/.ssh/id_rsa.pub >> ~/.ssh/authorized_keys \
    && chmod 0600 ~/.ssh/authorized_keys \
 && mkdir /var/hadoopdata

#NameNode WebUI 服务端口
EXPOSE 9870

#Yarn WebUI
EXPOSE 8088

#HIVE WebUI
EXPOSE 10002

CMD /sbin/sshd -D
```

- Hadoop 和 HIVE 都放在容器系统的 /app 目录下（通过卷将宿主机的目录映射进去）。
- NameNode 和 DataNode 的数据放在容器系统的 /var/hadoopdata 下，所以需要建立这个文件夹。

- 暴露了端口 10002，它是 HiveServer2 的 Web 用户接口。通过它，用户使用浏览器就可以查看其状态，而不必输入麻烦的命令行。

8.3.3 创建 docker-compose.yml

docker-compose.yml 文件主要定义两个容器（Hive 容器和 PostgreSQL 容器），内容如下：

```
version: '3'
services:
  hive:
    build: .
    ports:
      - "9870:9870"
      - "8088:8088"
      - "10002:10002"
    volumes:
      - "./hadoop3:/app/hadoop"
      - "./hive3:/app/hive"
  metastore:
    image: postgres
    restart: always
    environment:
      POSTGRES_PASSWORD: 111
```

两个容器的服务名分别叫 hive 和 metastore，它们处于同一个虚拟局域网中，它们之间的网络通信可以直接使用服务名，而不必使用 IP 地址，因为 IP 可能会变化。

- "build: ."：表示 hive 容器是由当前目录下的 Dockerfile 构建的镜像创建的，也就是说执行 docker-compse 命令时必须处于 Dockerfile 所在的目录，docker-compose.yml 也位于此目录下，就是我们创建的 hive 目录。
- volumes: 指明宿主机与容器内的目录映射。/hadoop3 是宿主系统的路径,表示当前路径,也就是说执行 docker-compse 命令时需位于宿主机的 hive 目录下，而/app/hadoop 是容器内对应的路径。所以，可以在 Dockerfile 中将环境变量 HADOOP_HOME 的值指定为 "/app/hadoop"。
- metastore: 指定使用 postgres 镜像，environment 创建环境变量，相当于 Dockerfile 中的 ENV。

HIVE 目录下的文件组织如图 8-4 所示。

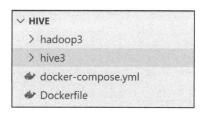

图 8-4

8.3.4　Hadoop 配置调整

考虑到数据的安全性，应该在连接 Hive 服务时指定一个非 root 账户，名字为 hive，所以发出的 HiveQL 查询在访问 Hadoop 时所用的账户是 hive。当前的 Hadoop 版本只允许一个账户访问，即启动 Hadoop 时的 Linux 系统账户（我们用的是 root），Hadoop 这样做也是为了安全性考虑。所以，我们需要添加配置项，告诉 Hadoop 用 root 账户来代理 hive 账户，这样就可以以任意账户访问 Hadoop 了。账户代理需在 core-site.xml 文件中配置，其最终内容如下：

```xml
<configuration>
 <property>
   <name>fs.defaultFS</name>
   <value>hdfs://localhost:9000</value>
 </property>
 <property>
   <name>hadoop.proxyuser.root.hosts</name>
   <value>*</value>
 </property>
 <property>
   <name>hadoop.proxyuser.root.groups</name>
   <value>*</value>
 </property>
</configuration>
```

"*" 表示所有账户，也就是说任何账户都可以以 root 的身份执行 Hadoop。

如果启动 Hadoop 的 Linux 系统账户不是 root，而是 laowang，那么要将 root 换成 laowang，比如 hadoop.proxyuser.laowang.hosts。

8.3.5　为 Hive 准备数据库

我们直接使用 PostgreSQL 的默认 database（postgres）来存储 Hive 元数据。要告诉 Hive 如何连接 meta 数据库，需为其创建 hive-site.xml 文件。此文件位于 hive 的 conf 目录下。在宿主系统中创建此文件并填入以下内容：

```xml
<?xml version="1.0" encoding="UTF-8" standalone="no"?>
<?xml-stylesheet type="text/xsl" href="configuration.xsl"?>
<configuration>
<property>
<name>javax.jdo.option.ConnectionURL</name>
<value>jdbc:postgresql://metastore:5432/postgres?createDatabaseIfNotExist=true</value>
    <description>JDBC connect string for a JDBC metastore</description>
  </property>
  <property>
    <name>javax.jdo.option.ConnectionDriverName</name>
    <value>org.postgresql.Driver</value>
    <description>Driver class name for a JDBC metastore</description>
```

```
    </property>
    <property>
      <name>javax.jdo.option.ConnectionUserName</name>
      <value>postgres</value>
      <description>username to use against metastore database</description>
    </property>
    <property>
      <name>javax.jdo.option.ConnectionPassword</name>
      <value>111</value>
      <description>password to use against metastore database</description>
    </property>
</configuration>
```

- javax.jdo.option.ConnectionURL：连接数据库的 jdbc URL 地址。"metastore:5432"指明数据库服务主机的主机名和端口，在容器之间，以容器名和 Service 名（docker-compose.yml 中指定的）互相进行网络通信。后面的 postgres 指向 PostgreSQL 中的 database，"?"后的 createDatabaseIfNotExist=true 是 URL 的参数，是 Key=Value 的形式，此处的 Key 表示如果库不存在是否自动创建库（我们已经创建了），Value 为 true，表示已经创建。
- javax.jdo.option.ConnectionDriverName：操作数据库所使用的 Java 类必须是 org.postgresql.Driver。
- javax.jdo.option.ConnectionUserName 和 javax.jdo.option.ConnectionPassword：操作数据库所用的账户和密码。我们使用了默认的账户 postgres，密码是 docker-compose.yml 中指定的（POSTGRES_PASSWORD: 111）。

到此配置完毕！

8.4 运行 Hive3

这里主要是把 HiveServer2 运行起来。

首先，在 hive 目录下执行命令 `docker-compose up` 以启动两个容器。Docker-compse 会自动生成容器名字，其规则是"当前目录名_Service 名_序号"，比如连接 hive 容器：`docker exec -it hive_hive_1 bash`。

然后，在 hive 容器中进行下面的操作。

（1）启动 Hadoop。Hive 运行之前，Hadoop 必须已经运行。第一次启动 Hadoop 时要先格式化 HDFS（`/app/hadoop/bin/hdfs namenode -fomat`）。然后再启动：`/app/hadoop/sbin/start-all.sh`。

（2）创建 Hive 表存储目录。Hive 表存于 HDFS 的文件中，所以我们需要在 HDFS 中为 Hive 创建仓库目录，默认路径为 /user/hive/warehouse。另外，还需要创建一个存储临时数据的目录：/tmp。这两条命令为：

```
/app/hadoop/bin/hdfs dfs -mkdir /tmp
/app/hadoop/bin/hdfs dfs -mkdir -p /user/hive/warehouse
```

修改这两个目录的权限，使当前账户（root）同组的任何账户都可以写操作：

```
/app/hadoop/bin/hdfs dfs -chmod g+w /tmp
/app/hadoop/bin/hdfs dfs -chmod g+w /user/hive/warehouse
```

（3）初始化 HiveServer2。第一次运行 HiveServer2 也需要先执行初始化（主要是初始化 Meta 数据库），创建供 Meta 管理使用的表，命令为：`/app/hive/bin/schematool -dbType postgres -initSchema`。其中，dbType 指明数据库的类型，对应 PostgreSQL 的必须是 postgres。

（4）启动 HiveServer2。执行 `/app/hive/bin/hiveserver2 &` 命令，其中"&"表示在后台运行。启动后，如果没有错误，就会输出类似下面的内容：

```
OpenJDK 64-Bit Server VM warning: You have loaded library
/app/hadoop/lib/native/libhadoop.so which might have disabled stack guard. The VM
will try to fix the stack guard now.
It's highly recommended that you fix the library with 'execstack -c <libfile>',
or link it with '-z noexecstack'.
Hive Session ID = e61be908-8c10-4a4f-b64a-542b1dad2e59
```

（5）在 WebUI 中查看 HiverServer2 状态。在宿主系统中运行浏览器，在地址栏中输入"http://localhost:10002"，就会看到 HiverServer2 的 WebUI。在其中会实时显示 HiverServer2 的各种信息，如图 8-5 所示。

图 8-5

至此，Hive 已成功运行。

下面可以连接 Hive 的服务进行各种操作了。使用 beeline 连接 HiveServer2，命令为 `/app/hive/bin/beeline -u jdbc:hive2://localhost:10000 -n hive`。其中，-u 后面是 URL，-n 后面是账户名。如果连接成功，就会看到如下提示：

```
Connecting to jdbc:hive2://localhost:10000
Connected to: Apache Hive (version 3.1.2)
```

```
Driver: Hive JDBC (version 3.1.2)
Transaction isolation: TRANSACTION_REPEATABLE_READ
Beeline version 3.1.2 by Apache Hive
0: jdbc:hive2://localhost:10000>
```

退出 beeline 需执行 `!exit` 命令。

注意，HiveServer2 的启动时间可能比较长，客户端或网页连接都要多试几次。如果启动不成功，可以去查看日志，位置是"/tmp/root/hive.log"。

8.5 其他运行方式

8.5.1 MetaStore 单独运行

在以上运行方式中，MetaStore 嵌入到 HiveServer2 中，它们处于同一进程。这样的好处是，MetaStore 与 HiveServer2 的交互不用通过远程调用，效率很高。在 Hive3 中，对 MetaStore 的设计是非常独立的，其实 MetaStore 可以不与 Hive 其他组件一起运行，并且此模式下 MetaStore 还可以为 Hive 外的软件提供 Meta 服务，比如 Spark SQL。

MetaStore 虽有自己的配置文件，但也可读取 hive-site.xml。数据库的连接配置其实是属于 MetaStore 的，所以可以放在其自己的配置文件 metastore-site.xml 中。我们可以单独启动 MetaStore，如果 MetaStore 与 HiveServer2 不是运行于同一主机，那么 MetaStore 的配置项必须在 metastore-site.xml 中配置。此时我们要告诉 HiveServer2 如何连接 MetaStore 服务，这可以在 hive-site.xml 中配置。

（1）hive.metastore.uris：value 为 thrift://<host_name>:<port>。

MetaStore 以 Thrift 协议提供服务，默认端口是 9083，如果在同一主机中单独运行，那么配置项应写为如下形式：

```
<property>
  <name>hive.metastore.uris</name>
  <value>thrift://localhost:9083</value>
</property>
```

（2）hive.metastore.local：value 必须为 false，表示 MetaStore 不以嵌入方式运行。

```
<property>
  <name>hive.metastore.local</name>
  <value>false</value>
</property>
```

Hive 配置项的默认值都在 hive-default.xml 中，如果要覆盖默认值，就需创建 hive-site.xml 文件，在其中配置不同值。在 hive-default.xml 中可以看到 hive.metastore.local 默认是 true，所以 MetaStore 与 HiveServer2 在一起了。

在本模式下要运行 HiveServer2 时需先启动 MetaStore（启动方式是 `/app/hive/bin/hive`

`--service metastore &`),然后启动 HiveServer2(`/app/hive/bin/hiveserver2 &`),最后就可以连接 beeline 了。

8.5.2 嵌入 Meta 数据库

不论 MetaStore 与 HiveServer2 合体还是独立运行,它都可以为元数据的保存选择使用嵌入式数据库还是独立数据库。

前面的运行模式都是使用了独立运行的数据库 PostgreSQL,下面我们试一下嵌入式数据库。在此模式下,MetaStore 与数据库合体为一个进程,如果此时 MetaStore 与 HiveServer2 也是合体运行,那么它们三个都在同一进程中,称之为 3P 模式(其实还有 4P 模式)。

默认支持的嵌入式数据库是 Derby,要使用它,将 hive-site.xml 或 metastore-site.xml 中与数据库访问有关的配置项全部删除(也可注释掉)即可:

```
javax.jdo.option.ConnectionURL
javax.jdo.option.ConnectionDriverName
javax.jdo.option.ConnectionUserName
javax.jdo.option.ConnectionPassword
```

就这么简单!因为不配置数据库时 MetaStore 会自动选择 Derby。

换了数据库,就要重新初始化 MetaStore,命令为 `/app/hive/bin/schematool -dbType derby -initSchema`。数据库类型必须为 derby。初始化完成后,启动 HiveServer2(根据配置,可能需要先启动 MetaStore),然后就可以用 beeline 连接了。

8.5.3 HiveServer2 与 beeline 合体

此模式专用于单元测试,这是最简单的一种模式。如果 Meta 数据库也是嵌入式,就出现了四合一(4P)的奇观。

以此模式运行,只需执行一条命令:`/app/hive/bin/beeline -u jdbc:hive2://`。成功执行的前提是 Meta 数据库已初始化。

此模式下除了需要配置 Meta 数据库的连接,其余配置均可不动,如果使用 Derby,则连数据库配置也省了(4P)。如果是新解压的 hive,只需两条命令即可:

```
/app/hive/bin/schematool -dbType derby -initSchema
/app/hive/bin/beeline -u jdbc:hive2://
```

有的教程中会直接使用 hive 命令启动 Hive 服务,这是早期版本的运行方式,此方式下 HiveServer1 与 hive 命令行同时运行,就像现在 HiveServer2 的 4P 模式。为了兼容旧版本,现在依然支持这种方式,但是它在安全性和多用户支持上非常差,所以不推荐使用。

8.6 Hive 数据管理

Hive 是一个关系型数据库,所以支持类似 SQL 这样的查询语言,它所存储的数据也是有类型的，但是它本身不支持主键。如果的确需要主键，就需要想办法为某列产生不重复的值。

8.6.1 基本操作

（1）查看已有的库：*show databases;*。

```
0: jdbc:hive2://postgres:111@localhost:10000> show databases;
OK
INFO  : Compiling
command(queryId=root_20210114113800_e1748726-80f7-42b6-8601-e
    e310e536f09): show databases
INFO  : Concurrency mode is disabled, not creating a lock manager
INFO  : Semantic Analysis Completed (retrial = false)
INFO  : Returning Hive schema:
Schema(fieldSchemas:[FieldSchema(name:database_
    name, type:string, comment:from deserializer)], properties:null)
INFO  : Completed compiling
command(queryId=root_20210114113800_e1748726-80f7-
    42b6-8601-ee310e536f09); Time taken: 2.694 seconds
INFO  : Concurrency mode is disabled, not creating a lock manager
INFO  : Executing
command(queryId=root_20210114113800_e1748726-80f7-42b6-8601-
    ee310e536f09): show databases
INFO  : Starting task [Stage-0:DDL] in serial mode
INFO  : Completed executing
command(queryId=root_20210114113800_e1748726-80f7-
    42b6-8601-ee310e536f09); Time taken: 0.366 seconds
INFO  : OK
INFO  : Concurrency mode is disabled, not creating a lock manager
+----------------+
| database_name  |
+----------------+
| default        |
+----------------+
1 row selected (4.482 seconds)
```

默认有一个名为 default 的库。最下面一行指示这条命令涉及的行数，小括号中的数据是这条命令执行的秒数。

（2）创建库：*create database db1;*。

```
0: jdbc:hive2://postgres:111@localhost:10000> create database db1;
OK
......
INFO  : Completed executing
command(queryId=root_20210114122141_a42f9c90-daa6-
    41ae-8b37-a5aae0977f7a); Time taken: 0.077 seconds
INFO  : OK
```

```
INFO  : Concurrency mode is disabled, not creating a lock manager
No rows affected (0.163 seconds)
```

"INFO:OK"表示成功,此时执行 `show databases;` 会看到以下内容:

```
+----------------+
| database_name  |
+----------------+
| db1            |
| default        |
+----------------+
rows selected (0.298 seconds)
```

(3) 当库不存在时才创建库:`create database if not exists db1;`。

(4) 使用库 db1:`use db1;`。从此以后的操作默认都是在库 db1 中进行。

(5) 数据库非常多时,可以指定字符过滤条件,比如 `show databases like 'db*';`。

(6) 查看一个库的详细信息:`describe database db1;`。结果如下:

```
+--------+--------+---------------------------+----------+----------+----------+
|db_name |comment |        location           |owner_name|owner_type|parameters|
+--------+--------+---------------------------+----------+----------+----------+
| db1    |        |hdfs://localhost:9000/user | hive     | USER     |          |
|        |        |/hive/warehouse/db1.db     |          |          |          |
+--------+--------+---------------------------+----------+----------+----------+
1 row selected (0.742 seconds)
```

我们可以看到库在 HDFS 中的路径、其拥有者等。

"/user/hive/warehouse"是我们前面为 Hive 创建的仓库目录,Hive 的 database 都位于其中。每个库对应一个目录,其中 db1.db 就是一个目录。db1 中的每个表又对应一个目录,位于目录 db1.db 内。可以改变仓库目录的位置,配置项是"hive.metastore.warehouse.dir"。

(7) 删除空数据库:`drop database db1;`。

(8) 存在空数据库时将其删除:`drop database if exists db1;`。

(9) 删除非空数据库:`drop database db1 cascade;`。Cascade 参数使 Hive 先删除 db1 中所有的表再删除 db1。

8.6.2 Hive 表

1. Hive 表的特点

不像传统关系型数据库,Hive 并没有自己的数据存储格式,其表数据的存储格式是多种多样的。

大数据处理在初期面对的主要是文本文件中的数据,现在依然是文本文件居多。很多时候 Hive 表是这样创建的:已经存在一个或一堆文件,文件的数据都是结构化的,比如存储的是所有学生几年的考试成绩。为了能用 Hive 处理它们,我们会创建一个表 score,然后将这些文件中的数据 load 到表中,这个 load 动作其实就是简单地复制了一下,将这些文件复制到 Hive 仓库目录中,然后就可以用类似 SQL 的方式处理这些数据了。

需要注意的是,创建表时,必须保证表的结构与文件中的数据兼容,即表的列数与数据可分出的字段数相同,且对应的列与字段的类型要兼容(如果一个字段中含有非数字字符,就不能把它当成数值类型)。

既然 Hive 将文件直接当作表,那么它必须能将文件中的每条数据区分出来,一条数据中的各字段也要区分出来。对于文本文件,如何进行区分?在创建表时,除了指定表结构,也要考虑这些问题。在文本文件中,大多数结构化数据一条占一行,一条数据的字段之间以逗号、空格或其他符号分割,比如文件 employees.txt 中有如下数据:

```
1201,Gopal,45000,Technical manager
1202,Manisha,45000,Proof reader
1203,Masthanvali,40000,Technical writer
1204,Kiran,40000,Hr Admin
1205,Kranthi,30000,Op Admin
```

创建可以 load 这个文件的表时,HiveQL 语句应是:

```
CREATE TABLE IF NOT EXISTS
db1.employee (id INT, name STRING, salary FLOAT, position STRING)
COMMENT 'Employee details'
ROW FORMAT
    DELIMITED FIELDS TERMINATED BY ','
    LINES TERMINATED BY '\n'
STORED AS TEXTFILE;
```

解释一下:

(1)小括号中是表的结构,每列的类型与对应的字段值是兼容的。我们赋予每列的意义分别是 id、名字、薪水、职位。

(2)ROW FORMAT 表示定义一条数据的区分方式;

- DELIMITED 表示在语句中指定如何区分各条数据和一条数据中的字段。
- FIELDS TERMINATED BY ',' 表示一条数据中各字段以逗号分割。
- LINES TERMINATED BY '\n' 表示各条数据以换行符分割。

(3)STORED AS TEXTFILE 表示数据文件的类型是无格式的文本文件。

此语句执行完毕后,在 Hive 的数据仓库中可以看到表 employee 对应的目录,如图 8-6 所示。

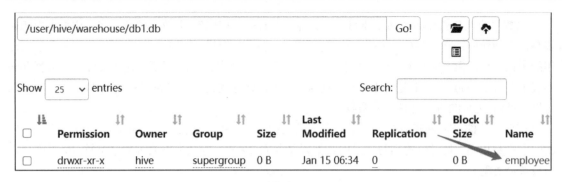

图 8-6

向表中添加数据的典型场景是：假设源数据文件的路径是容器中的本地路径"/root/employees.txt"，将其数据放入表的方法是使用 load 语句 LOAD DATA LOCAL INPATH '/app/hive/employees.txt' INTO TABLE employee;。其中，LOCAL 表示本地文件，如果没有 LOCAL，则是 HDFS 中的文件；INPATH 后面是源文件路径，其余与 SQL 相同。此语句执行效果如下：

```
0: jdbc:hive2://postgres:111@localhost:10000> LOAD DATA LOCAL INPATH '/app/hive
/employees.txt' INTO TABLE db1.employee;
Loading data to table db1.employee
INFO  : Compiling command(queryId=root_20210114223735_d78201e7-03ff-4875-a412-6
f035a3a37db): LOAD DATA LOCAL INPATH '/app/hive/employees.txt' INTO TABLE db1.employee
INFO  : Concurrency mode is disabled, not creating a lock manager
INFO  : Semantic Analysis Completed (retrial = false)
INFO  : Returning Hive schema: Schema(fieldSchemas:null, properties:null)
INFO  : Completed compiling command(queryId=root_20210114223735_d78201e7-03ff-4
875-a412-6f035a3a37db); Time taken: 0.624 seconds
INFO  : Concurrency mode is disabled, not creating a lock manager
INFO  : Executing command(queryId=root_20210114223735_d78201e7-03ff-4875-a412-6
f035a3a37db): LOAD DATA LOCAL INPATH '/app/hive/employees.txt' INTO TABLE db1.employee
INFO  : Starting task [Stage-0:MOVE] in serial mode
INFO  : Loading data to table db1.employee from file:/app/hive/employees.txt
OK
INFO  : Starting task [Stage-1:STATS] in serial mode
INFO  : Completed executing command(queryId=root_20210114223735_d78201e7-03ff-4
```

```
875-a412-6f035a3a37db); Time taken: 2.869 seconds
INFO  : OK
INFO  : Concurrency mode is disabled, not creating a lock manager
No rows affected (3.51 seconds)
```

在仓库中可以看到表文件，如图 8-7 所示。

图 8-7

要查看结果，运行语句 *SELECT * FROM employee;*，结果如下：

```
0: jdbc:hive2://postgres:111@localhost:10000> SELECT * FROM employee;
......
INFO  : OK
INFO  : Concurrency mode is disabled, not creating a lock manager
+----------------+----------------+------------------+----------------------+
| employee.eid   | employee.name  | employee.salary  | employee.position    |
+----------------+----------------+------------------+----------------------+
| 1201           | Gopal          | 45000.0          | Technical manager    |
| 1202           | Manisha        | 45000.0          | Proof reader         |
| 1203           | Masthanvali    | 40000.0          | Technical writer     |
| 1204           | Kiran          | 40000.0          | Hr Admin             |
| 1205           | Kranthi        | 30000.0          | Op Admin             |
+----------------+----------------+------------------+----------------------+
5 rows selected (7.605 seconds)
```

如果源文件类型与创建表时指定的类型（STORED AS TEXTFILE 中的 TEXTFILE 指定了表文件类型为无格式文本）不符，则不能 load，相关的详内容将在后面解释。

Hive 所使用的文件一般是其他系统产生的，所以不要指望每条数据都像 MySQL 的表一样有主键，即使有的数据有可以作为主键的字段（比如编号），也不能保证它的值没有重复，这是 Hive 表的一个特点。

2. 数据存储格式

表数据除了可以存于文本文件中，还可以存于其他类型的文件，即使是文本文件，也有很多格式，比如 JSON、CVS 等，最简单的是无格式的文件（plane text），就是 TEXTFILE。

创建表时，可以使用"stored as"子句指定文件格式。Hive 内置支持的文件格式除了 TEXTFILE，还有 SEQUENCEFILE、ORC、PARQUET、AVRO、RCFILE、JSONFILE（Hive4 才有）。除了 TEXTFILE，其他文件都是有格式的文件，有格式的文件本身就能解决各条数据的划分以及数据内字段（也就是列）的划分。对于 TEXTFILE，自身不能决定这些划分，数据如何组织由使用者决定，所以是可以玩出很多花样的，这些花样被叫作 SerDe（对象序列化/反序列化）。也就是说，当数据存储格式为 TEXTFILE 时（默认就是 TEXTFILE），可以指定不同的 SerDe，指定 SerDe 的子句是 ROW FORMAT。

ROW FORMAT 有两种：DELIMITED 和 SerDe。（其实 DELIMITED 也对应一个 SerDe 类。）

如果选择 DELIMITED，就需要指定各条数据如何区分、字段间如何区分。如果字段的类型是一个复杂类型（结构、数组、字典），还可以指定一个字段内各项字段如何区分。语法如下：

```
ROW FORMAT
DELIMITED [FIELDS TERMINATED BY char [ESCAPED BY char]]
    [COLLECTION ITEMS TERMINATED BY char]
    [MAP KEYS TERMINATED BY char]
    [LINES TERMINATED BY char]
```

COLLECTION 对应数组或结构，MAP 对应字典。语句的示例可以回看上一节。

如果选择 SerDe，就不需要那么麻烦了，只需要指定进行序列化和反序列化的类名即可，语法如下：

```
ROW FORMAT
SERDE serde_name
    [WITH SERDEPROPERTIES (property_name=property_value, property_name=
        property_value, ...)]
```

如果 SerDe 类需要一些参数，就通过 WITH 子句添加。比如创建一个新表 employee_serde，指定其 SerDe 为 org.apache.hive.hcatalog.data.JsonSerDe：

```
CREATE TABLE IF NOT EXISTS db1.employee_serde
(eid INT, name STRING, salary FLOAT, position STRING)
ROW FORMAT SERDE 'org.apache.hive.hcatalog.data.JsonSerDe'
STORED AS TEXTFILE;
```

因为默认就是 TEXTFILE，所以 store as 子句是可以省略的。此语句创建的表以 JSON 格式组织各条数据。

如果想把不兼容的文件内容加入表中，就用另一种方式向表中写入数据：`insert as select`。其做法是：从表 A 中 select 数据，然后将数据插入表 B 中，语法如下：

```
INSERT OVERWRITE TABLE tableB [IF NOT EXISTS]] select_statement1 FROM tableA;
```

或

```
INSERT INTO TABLE tableB select_statement1 FROM tableA;
```

INSERT OVERWRITE 表示覆盖 tableA 中的数据，INSERT INTO 表示添加数据。比如，将

employee 中的数据放入 employee_serde 中：

```
INSERT OVERWRITE
TABLE db1.employee_serde
SELECT eid,name,salary,position FROM db1.employee;
```

执行成功后，在目录/user/hive/warehouse/db1.db/employee_serde 中会出现一个文件 000000_0，其内容如下：

```
{"eid":1201,"name":"Gopal","salary":45000.0,"position":"Technical manager"}
{"eid":1202,"name":"Manisha","salary":45000.0,"position":"Proof reader"}
{"eid":1203,"name":"Masthanvali","salary":40000.0,"position":"Technical writer"}
{"eid":1204,"name":"Kiran","salary":40000.0,"position":"Hr Admin"}
{"eid":1205,"name":"Kranthi","salary":30000.0,"position":"Op Admin"}
```

> **提 示**
>
> 如果以上语句执行时遇到错误"ClassNotFoundException: org.apache.hive.hcatalog.data.JsonSerDe"，原因是找不到 jar 包 hive-hcatalog-core-x.y.z.jar（请将 x.y.z 改为自己的版本），所以无法加载类 JsonSerDe。此 jar 文件位于 hive/lib 中，将它加入 classpath 可以解决错误，比如在 beeline 中执行 `add jar /app/hive/lib/hive-hcatalog-core-x.y.z.jar`。另外，还有一种办法，即修改 Hive 的 conf/hive-env.sh 文件，添加命令：`export HIVE_AUX_JARS_PATH=/app/hive/lib`。

3. 支持事务

一般的 Hive 表不支持事务，所以不能进行删除（delete）和更新（update）操作，但是支持增加操作（这里指的是普通 insert，不是 insert as select）。测试一下就会发现，执行时间很长，效率很低。以下是供测试的表：

```
CREATE TABLE course ( cno  STRING COMMENT '课程number',
          cname STRING COMMENT '课程name,',
          thno  STRING COMMENT '教师number' )
ROW FORMAT DELIMITED
   FIELDS TERMINATED BY '\t'
   LINES TERMINATED BY '\n';
```

以下是供测试的数据插入语句：

```
INSERT INTO course
VALUES  ('3-4405','计算机基础',825),
    ('3-2553','Linux操作系统', 804),
    ('1-1426','数据结构',856),('6-8380','低等数学',100);
```

不论数据量多少，每执行一次 insert，都会在表目录下产生一个 00000 开头的文件，而且这个文件是 128MB（Hadoop 中 block 的大小），可见 Hive 普通 insert 的效率非常低！

当一个表支持事务时，它支持行级数据更改，可以执行 update 和 delete 操作，insert 也不会以现在这种蹩脚的形式实现。

从一大堆数据中取出一部分用于分析，以改进或提升业务时，不需要对原有数据更新，这叫 OLAP（联机分析处理）；像登录注册或银行交易这样的业务，需要在业务完成后修改数据保持新的状态（比如银行账户增加 money 了），这叫 OLTP（联机事务处理）。OLTP 要求数据处理必须满足原子性（Atomicity）、一致性（Consistency）、隔离性（Isolation）、持久性（Durability）四要素，否则无法保持稳定的业务状态。

- 原子性：一个事务处理中不管包含了多少步骤，只要有一步失败，事务就失败了；只有全部步骤执行成功，事务才成功。
- 一致性：一个事务处理中相关的数据必须保持设计的一致性，一个步骤失败后，必须回滚所有已成功的步骤，于是数据都恢复到执行前的状态。
- 隔离性：多个事务并发且操作的数据有交集时，不能互相干扰，必要时可将有冲突的事务串行化，一个完成了才能执行另一个。
- 持久性：事务成功后，新的状态（一堆相关的数据）能持久保存。

如何创建支持 ACID 的表呢？选一种支持 ACID 的存储格式即可，当前只有一种：ORC。下面创建一个支持事务的表：

```
CREATE TRANSACTIONAL TABLE trans_table(key STRING, value STRING) STORED AS ORC;
```

注　意

必须使用关键字 **TRANSACTIONAL**。

Hive3 对事务的支持依然不够友好，需要满足非常多的限制条件才能创建表。这部分内容可以作为了解的内容，不必强行使用，因为 Hive 更偏向作为数据仓库，而不是传统的关系型数据库。如果 Hive 对事务的支持改进了，就可以尝试执行上述语句。

4. 分区

Hive 面对的是海量数据的分析和挖掘，对企业来讲，经常会遇到按地区或年份分析销售情况或查看销售业务报表的需求，如果所有的数据都放在一起，要定位某一年的数据并读出，对 HDFS 来讲是非常耗时的。遇到这种情况时，可以分区存储数据来改善效率。

分区的用法是：先创建支持分区的表，然后在向表中添加数据时指定放在哪个分区。一个分区在表目录下对应一个目录。

例如，我们可以在创建前面的 employee 表时添加分区描述：

```
CREATE TABLE employee_part
(eid INT, name STRING, salary FLOAT, position STRING)
PARTITIONED BY (year STRING)
ROW FORMAT DELIMITED
    FIELDS TERMINATED BY ','
    LINES TERMINATED BY '\n'
```

```
STORED AS TEXTFILE;
```

> **注　意**
>
> 比原来多了"PARTITIONED BY"子句。向表中添加数据时，不论是 LOAD 还是 INSERT，都要指明数据放在哪个分区。数据放在哪个分区与数据中各列的值没有关系，也就是说，你可以将 2016 年的数据放到 2017 年的分区中，Hive 不做检查！例如：
>
> ```
> INSERT OVERWRITE
> TABLE employee_part
> PARTITION (year='2021')
> select eid,name,salary,position
>     FROM employee;
>
>
> LOAD DATA
> LOCAL INPATH '/app/hive/employees.txt'
> INTO TABLE employee_part
> PARTITION (year='2022');
> ```

相同的数据被添加了两次，在表的目录下出现两个子目录：year=2021 和 year=2022，它们是分区目录，分区数据存于分区目录内的文件中。通过 HDFS 的 WebUI 查看的结果如下：

```
sh-4.4# bin/hdfs dfs -ls /user/hive/warehouse/db1.db/employee_part
Found 2 items
drwxr-xr-x   - hive supergroup 0 2021-01-16 02:38 /user/hive/warehouse/db1.db/
    employee_part/year=2016
drwxr-xr-x   - hive supergroup 0 2021-01-16 02:43 /user/hive/warehouse/db1.db/
    employee_part/year=2017
```

当我们使用 select 获取数据时，得到的结果中会出现分区列。执行查询语句 `SELECT * FROM employee_part;`，结果如图 8-8 所示。

employee.eid	employee.name	employee.salary	employee.position	employee.year
1201	Gopal	45000.0	Technical manager	2016
1202	Manisha	45000.0	Proof reader	2016
1203	Masthanvali	40000.0	Technical writer	2016
1204	Kiran	40000.0	Hr Admin	2016
1205	Kranthi	30000.0	Op Admin	2016
1201	Gopal	45000.0	Technical manager	2017
1202	Manisha	45000.0	Proof reader	2017
1203	Masthanvali	40000.0	Technical writer	2017
1204	Kiran	40000.0	Hr Admin	2017
1205	Kranthi	30000.0	Op Admin	2017

图 8-8

分区值被作为一列显示，不是真实的列，而是一个虚拟列，但是它也可以定义多个列，一个列是一层目录，比如 `partitioned by(a int,b int,c int)`，当向分区添加数据后，其目录结构可能如下：

```
表目录
a=1000
    b=222
        c=44
        c=55
    b=333
a=2000
    b=444
    b=555
        c=66
```

也就是说，b 是 a 的子分区，c 是 b 的子分区，a 被称作根分区。

查询 employee_part 表时，在 WHERE 子句中加入"year=2017"这样的过滤条件，查询效果会提高很多！

上面所讲的分区方式叫静态分区。有静态分区，就有动态分区。所谓动态分区，是指 Hive 可以根据某列值自动决定数据放在哪个分区的模式。

5. 动态分区

假设有一个表含有一个"月份"列，但它不支持分区，随着数据的快速增加，某一天我们可能想将它的数据按月份分区，于是我们重新创建一个支持分区的表，然后以 insert as select 语句一个月一个月地将数据移入新表中。如果有 100 个月，那么我们要手动执行 100 次语句，能够自动分区的话将是多么美好啊！

其实 Hive3 默认是支持动态分区的，可以在 beeline 中查看：

```
0: jdbc:hive2://postgres:111@localhost:10000> set
hive.exec.dynamic.partition.
mode;
+------------------------------------------+
|                   set                    |
+------------------------------------------+
| hive.exec.dynamic.partition.mode=strict  |
+------------------------------------------+
1 row selected (0.932 seconds)
```

strict 表示严格分区模式，在此模式下，根分区不支持允许自动分区，根分区下的子分区和孙分区等才可以自动分区，这样做是为了避免出现过多分区，当然也可以让根分区支持自动分区，这叫全自动分区，只需将 strict 改为 true 即可，但是此时要小心处理数据，以防分区泛滥。

对于支持动态分区的分区，在 load 或 insert 数据时，其对应的列不用手动指定值，因为它可以对列中的值进行分析，将值相同的归为同一分区。比如 employee2.txt 文件中有以下数据：

```
1201,    Gopal,      45000, Technical manager, 2021,   1
```

```
1202,   Manisha,       45000,  Proof reader,       2021,  1
1203,   Masthanvali,40000,    Technical writer,   2022,  1
1204,   Kiran,         40000,  Hr Admin,           2022,  2
1205,   Kranthi,       30000,  Op Admin,           2022,  3
```

最后两列是年份与月份。

我们想将它放入 Hive 中并且以最后两列进行分区，年份为根分区，月份为子分区。先创建一个支持分区的表：

```
CREATE TABLE IF NOT EXISTS employee_part2
(eid int, name string, salary float, position string)
COMMENT 'Employee details'
PARTITIONED BY (year String,month String)
ROW FORMAT DELIMITED
FIELDS TERMINATED BY ','
LINES TERMINATED BY '\n';
```

下面加载数据，测试一下全分区模式。先在 beeline 中执行命令 `hive.exec.dynamic.partition.mode=strict`，再执行以下语句：

```
LOAD DATA LOCAL
INPATH '/app/hive/employees-part.txt'
INTO TABLE employee_part2;
```

Hive 会根据最后两列数据自动分配分区。以下是根分区目录：

```
sh-4.4# bin/hdfs dfs -ls /user/hive/warehouse/db1.db/employee_part2
Found 5 items
drwxr-xr-x   - hive supergroup   0 2021-01-16 03:35 /user/hive/warehouse/db1.db/
    employee_part2/year=2021
drwxr-xr-x   - hive supergroup   0 2021-01-16 03:35 /user/hive/warehouse/db1.db/
    employee_part2/year=2022
```

以下是根分区 year=2021 下的子分区目录：

```
sh-4.4# bin/hdfs dfs -ls /user/hive/warehouse/db1.db/employee_part2/year=2021
Found 2 items
drwxr-xr-x   - hive supergroup  0 2021-01-16 03:34 /user/hive/warehouse/db1.db/
    employee_part2/year=2021/month=1
drwxr-xr-x   - hive supergroup  0 2021-01-16 03:34 /user/hive/warehouse/db1.db/
    employee_part2/year=2021/month=2
```

6. 外部表

我们前面示例中创建的表为内部表，相对的就是外部表。它们的主要区别是，内部表完全被

Hive 所管理，当删除表时，表的元数据和文件都被删除，而外部表只会删除元数据，其文件会保留。除此之外，Hive 对待内部表和外部表没有什么区别。

外部表的创建语句与内部表基本相同，只是多了一个关键字：EXTERNAL。下面的语句创建了一个名叫 a_table 的外部表：

```
CREATE EXTERNAL TABLE a_table
(eid INT, name STRING)
PARTITIONED BY (year STRING)
ROW FORMAT DELIMITED
    FIELDS TERMINATED BY ','
    LINES TERMINATED BY '\n'
STORED AS TEXTFILE;
```

外部表的文件默认是存储于 Hive 仓库目录中的。我们也可以在创建表时用 LOCATION 关键字指定它存于其他目录中，比如：

```
CREATE EXTERNAL TABLE a_table
(eid INT, name STRING)
PARTITIONED BY (year STRING)
ROW FORMAT DELIMITED
    FIELDS TERMINATED BY ','
    LINES TERMINATED BY '\n'
STORED AS TEXTFILE
LOCATION '/user/hive/external'
```

然后就可以对其做与内部表相同的事了。

7. 分桶

Hive 除了支持分区，还支持分桶。分区是将数据分散存储，以提高查询速度。分桶也是将数据分散存储的，那么它与分区有什么不同呢？它们之间又是什么关系呢？

每个桶对应不同的文件。要使一个表支持分桶，就需在创建表时指定，还要指明以哪个列进行分桶以及分成几个桶，所以分桶数量是固定的，而不是动态决定的。比如：

```
CREATE TABLE a_table
(eid INT, name STRING,country STRING)
CLUSTERED BY (country) INTO 4 BUCKETS SORTED BY (name)
ROW FORMAT DELIMITED
    FIELDS TERMINATED BY ','
    LINES TERMINATED BY '\n'
STORED AS TEXTFILE;
```

指明以 country（国家）分成 4 个桶。分桶列不是虚拟列，这点与分区不同。桶内还可以排序，比如指定以名字排序。如果创建表时也同时支持分区，那么桶文件在分区目录之内。

向此表中加载或插入数据的语句与普通表没有什么区别，数据被分散到四个文件中，如图 8-9 所示。

Last Modified	Replication	Block Size	Name
Jan 17 09:02	1	128 MB	000000_0
Jan 17 09:02	1	128 MB	000001_0
Jan 17 09:02	1	128 MB	000002_0
Jan 17 09:02	1	128 MB	000003_0

图 8-9

当我们向表中插入或加载数据时，在数据被放入表的过程中，Hive 会根据 Hash(country)%4 的值（对 4 取余，结果只能是 0、1、2、3 中的一个）自动分桶。这对两种操作的效率提高有显著帮助：一是采样，二是 Join 操作。

采样是从海量数据中抽取一小部分，主要用于测试阶段。如果表支持分桶，那么采样时可以指定从哪个桶开始采，采几个桶中的数据，本身就可以减少文件 IO；如果采样时指定的列与分桶列相同，那么采样效率会进一步提高。

Join 操作是对两个表进行连接，两个表中必须有相同的列。上面所创建的表，其 country 值相同的记录必定被分到同一个桶中。如果另一个表也有 country 列且以 country 列分桶，那么两个表连接时，两表之间桶的对应关系是清晰的，比如 a 表 1 个桶对应 b 表 1 个桶、a 表 1 个桶对应 b 表 n 个桶、a 表 n 个桶对应 b 表 1 个桶，但不会出现 a 表 n 个桶对应 b 表 n 个桶相互交叉的情况，这有利于 MapReduce 作业对任务执行进行优化。

8.6.3 数据倾斜

数据倾斜指的是分布式数据处理中各节点处理的数据量不平衡。存在 Shuffle 过程的计算框架都存在这种隐患。以 MapReduce 为例，Mapper 阶段是不用担心数据倾斜的。我们知道，Mapper 的数量是由 Splitter 决定的，默认是一个 block（128MB）对应一个 Mapper。Reducer 阶段很可能出现数据倾斜，因为 Shuffle 会将同 Key 数据放在一个 Reducer 节点，如图 8-10 所示。

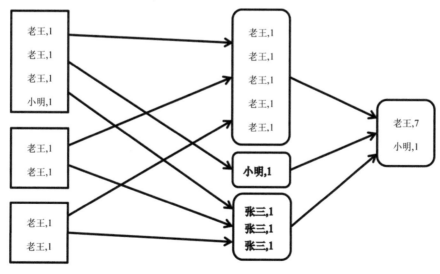

图 8-10

数据倾斜不仅会导致一个 Job 的完成时间过长，还可能引起资源调度（Yarn）管理器的不正常行为，甚至任务无法完成（内存不足引起）。

对 Hive 来说，凡是包含 Reducer 的查询都可能引起数据倾斜，比如 group by、join、count distinct 等。要避免数据倾斜，可以尽量使查询在 Mapper 中完成，必须包含 Reducer 时，可以想办法使 Mapper 输出的 Key 值分布均匀。比如 group by 操作，如果在执行查询前执行了设置命令 `set hive.groupby.skewindata=true;`，就可以解决数据倾斜问题。启用此设置，会产生两个 Job 来完成一个 group by 查询。在第一个 MapReduce Job 中，Mapper 的输出结果集合会随机分布到 Reduce 中（用自定义分区器），各 Reducer 进行同 Key 聚合操作，并输出结果。显然这个结果不是最终结果，是部分聚合。第二个 MapReduce Job 再执行正常的 group by，完成最终的聚合操作。经过第一个 Job，会急剧减少倾斜 Key，第二个 Job 即使有数据倾斜也不会太严重。还有一个设置对 group by 也有帮助，设置命令为 `set hive.map.aggr=true;`，相当于 MapReduce 中的 Combiner，可在 shuffle 前大量减少倾斜 Key。

对于 join 操作，如果两个表中有一个 Key 倾斜严重，就会引起 Reducer 的数据倾斜。改善方法需看表的大小。如果两个表一大一小，就可以执行 mapper join，避免使用 Reducer，此时小表会被加载入内存。Hive3 中 mapper join 是根据小表的大小自动启用的，默认情况下，如果表小于 25MB 就自动启用，这个值可以通过设置 hive.mapjoin.smalltable.filesize 改变。如果两个都是大表，可以设置 "hive.optimize.skewjoin=true" 开启数据倾斜优化，此时 Hive 会自动判断是否存在数据倾斜，如果同 Key 数据的数量超过配置项 hive.skewjoin.key 的值（默认是 100000），就认为存在数据倾斜，启动优化。

join 操作还经常遇到大量 Key 为空值的情况。空值 Key 肯定会汇集在一个 Reducer 中，引起数据倾斜。我们可以使用 where 子句将空值过滤掉，或者将空 Key 转变为字符串加随机数或纯随机数，以将倾斜的数据分布到多个 Reducer 中。

对于 count distinct 操作，可以先执行 group by 操作，对 key 进行 reduce 操作，再执行 count 操作。

以上是计算框架层面的解决方案，其实还可以在业务层面想办法，总之应根据实际情况灵活处理。

8.7　Hive 查询优化

Hive 查询效率的问题其实都是 MapReduce 的问题，所以对 Hive 查询的优化主要聚焦于如何使 MapReduce 作业优化。总结起来就是一句话：绕开 MapReduce 的坑！上一节我们讨论数据倾斜时给出的解决方法也是这样的思路，当然也属于查询优化。下面讨论更多场景下的查询优化。

1. 小表

首先考虑一下对小表的查询。如果数据量很小，没有必要大动干戈搞分布式执行，仅在一个节点中执行可能更省时间。Hive 也考虑到了这一点。执行语句 `set hive.exec.mode.local.auto=true;`，开启自动本地执行模式（默认是关的），当满足以下 3 个条件时 Hive 将只在一个节点执行查询：

- 数据量少于 hive.exec.mode.local.auto.inputbytes.max 的值（默认 128MB）。
- Job 预期要开启的 Mapper 任务数小于 hive.exec.mode.local.auto.tasks.max 的值（默认是 4）。
- Job 的 Reducer 任务数是 1 或 0。

2. 并行

一个查询往往由多个阶段组成，MapReduce Job 只是其中的一个阶段，如果某些阶段之间没有相互依赖关系，那么可以让它们并行执行。例如：

```
select a.col1,b.col2 from
(select count(*) as col1 from tableA) a,
(select count(*) as col2 from tableB) b;
```

括号中的两个 select 子句分别对应一个 MapReduce Job，并且它们没有任何关联，完全可以并行。此时只要执行语句 `set hive.exec.parallel=true;`，将并行模式打开（默认是关闭）就可以使两个 Job 并行执行。

3. 严格模式

某些查询会为集群带来沉重的负担，比如：

- 在支持分区的表做查询，却忽略分区的作用。
- 在语句中使用了 ORDER BY。它会引发全局排序，所有数据只能被一个 Reducer 处理！
- 笛卡儿积式 join。两张表关联时，条件不使用 join on 而使用 where 指定，或者连 where 都不用，使得两张表的记录多对多全面排列组合，如图 8-11 所示。

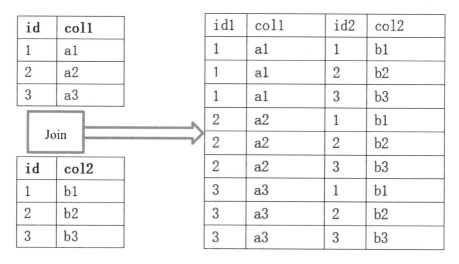

图 8-11

为了避免这些坑，Hive 提供了严格模式选项，名为 hive.mapred.mode。如果将它的值设置为 strict，那么上面三种查询会受到不同程度的限制：

- 对分区表的查询必须指定分区，也就是必须带有 where 子句，where 的条件中必须有分区列的过滤。
- 对于带有 ORDER BY 的语句，必须带上 LIMIT，限制获取记录的数量，防止将所有数据全访问一遍。
- 禁止笛卡儿积式 join。

Hive 准备了很多可以调节的选项，这里就不一一列举了。

8.8 索引

Hive 支持为表创建索引。索引的作用是提高查询速度，当然是有前提的：只有以索引列为 where 的过滤条件时才能提高速度。创建索引时，会产生一张额外的索引表，它记录索引哪个列、列值在哪个 HDFS 文件中、列值在文件中的位置等，这样可以快速定位一行，避免读取所有文件。

创建索引的语句如下：

```
CREATE INDEX my_index
ON TABLE test(id)
AS 'org.apache.hadoop.hive.ql.index.compact.CompactIndexHandler'
WITH DEFERRED REBUILD
IN TABLE test_index;
```

表示为表 test 创建一个索引，索引其 id 列，索引名为 my_index，索引存于表 test_index 中，AS 后面的类是索引处理器，DEFERRED REBUILD 表示延迟创建索引，所以后面需要手动建立索引，语句为 `ALTER INDEX my_index ON TABLE test REBUILD;`。

要使索引在查询时生效，还需要设置启用索引，因为默认是不启用的：

```
SET hive.input.format=org.apache.hadoop.hive.ql.io.HiveInputFormat;
SET hive.optimize.index.filter=true;
SET hive.optimize.index.filter.compact.minsize=0;
```

删除索引的语句为 `DROP INDEX IF EXISTS my_index ON TABLE test;`。

每次建立、更新数据后都要重建索引，以构建索引表。Hive 索引最适合用于不更新的列，因为这样可以避免重建索引数据。在实际应用中，索引使用较少，因为它带来查询速度提升的同时（只是某些条件下的）也带来了很多额外的负担。

8.9 HCatalog

什么是 HCatalog？它有什么用？要解答这两个问题，需从 Hive 说起。

Hive 为 HDFS 中的数据赋予了自我描述能力，通过 MetaData，软件可以了解文件中数据的意义和数据的结构。我们可能想自己处理这些数据而不是使用 HiveQL，或者基于其他计算框架实现 Hive 的替代品（比如 Spark SQL），此时我们需要使用 Hive 的 MetaStore 服务，而不需要 HiveQL。

我们获得 MetaData 后，还需要按 MetaData 的指示从文件中读出结构化数据，这也是一个麻烦事。

我们发现"读取 MetaData"与"按指示读取数据"是非常通用的功能，那么可不可以把它们抽象出来组合成一个服务，为数据处理软件提供结构化数据读写服务呢？当然可以，于是 HCatalog 诞生了！（见图 8-12）

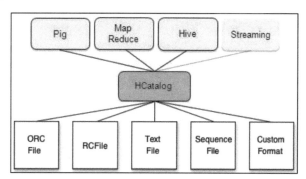

图 8-12

Hive3 中自带 HCatalog，位于$HIVE_HOME/hcatalog 目录中。HCatalog 基于 Hive 的 MetaStore 来提供 MetaData 管理服务，所以它的配置与 Hive 的 MetaStore 相同。

启动它的脚本是$HIVE_HOME/hcatalog/sbin/hcat_server.sh，它还带有一个命令行工具 hcat，位于$HIVE_HOME/hcatalog/bin 下，通过 hcat 我们可以执行 HiveQL，但是只能执行 DDL（数据定义语言，就是表管理操作，而不是数据操作）。

HCatalog 提供了两种软件编程接口（API）：一是 Java 语言接口，二是 RESTful 接口。

假设编写 MapReduce 程序时需要借助 HCatalog 读写 HDFS 文件中的数据，就可以为 Job 对象设置输入输出格式类（HCatInputFormat 和 HCatOutputFormat），而且利用 HCatOutputFormat 指定向表的哪个分区中写数据。如果写的是非 MapReduce 程序并且需要以结构化方式读写 HDFS 文件中的数据，就可以使用 HCatReader 和 HCatWriter（它们也支持分布式并行）。

提供 RESTful 接口的组件是 WebHCat，以前叫 Templeton，它的端口默认是 50111，请求的 URL 格式和可用命令可查阅 https://cwiki.apache.org/confluence/display/Hive/WebHCat+Reference。注意，它扩展了 HCatalog 的职能（DDL 操作），利用它不仅可以使用 HCatalog 的核心功能，还可以执行 MapReduce 程序、HiveQL 等（见图 8-13）。

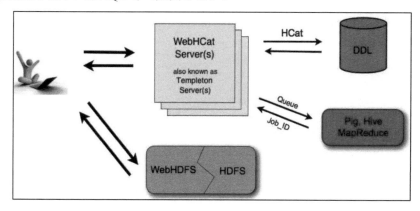

图 8-13

图 8-13 说明了客户端是如何使用 WebHCat 模式的。下面与 WebHDFS/HDFS 的交互图示表达的意思是：用户需要在 HDFS 中指定一个输出路径，这样才能获取各种请求的执行结果。

8.10 Hive 编程

Hive 是一个关系型数据库，因此提供了 JDBC API 和 ODBC API。下面我们选择 Java 接口 JDBC 来研究如何在程序中使用 Hive，并初步窥探一下如何为 Hive 增加自定义的功能。

8.10.1 JDBC 操作 Hive

首先使用 VSCode 创建 Java Maven 项目，并在 pom.xml 中添加依赖项：

```xml
<dependency>
  <groupId>org.apache.hive</groupId>
  <artifactId>hive-jdbc</artifactId>
  <version>3.1.2</version>
</dependency>
```

JDBC 客户端的编程规范如下：

（1）加载驱动（实现 JDBC 访问功能的类）。
（2）通过一个 URL 连接数据库服务中的一个 database，得到一个连接对象。
（3）通过连接对象创建 SQL 语句对象。
（4）执行语句对象。
（5）如果是 select 语句，就会返回一个结果，可以把它认为是一个内存中的临时表，需要从临时表中获取每条记录。

示例代码如下：

```java
package hivedamo;

import java.sql.Connection;
import java.sql.DriverManager;
import java.sql.ResultSet;
import java.sql.SQLException;
import java.sql.Statement;

public class App
{
    //保存 Hive JDBC 驱动类的全名
    private static String driverName = "org.apache.hive.jdbc.HiveDriver";

    //入口方法
    public static void main(String[] args) throws SQLException {
        try {
```

```java
        //加载驱动类
        Class.forName(driverName);
    } catch (ClassNotFoundException e) {
        e.printStackTrace();
        //如果加载失败，退出
        return;
    }

    // 创建与 HiveServer 连接的对象
    //localhost 表示此程与 hiveserver2 在同一主机运行
    Connection con = DriverManager.getConnection(
        "jdbc:hive2://localhost:10000/default", //HiveServer2 的 jdbc URL
        "root",//连接 Hive 的账户名
        "");

    //以连接对象创建语句对象，为执行 HiveQL 对象做准备
    Statement stmt = con.createStatement();

    //执行 HiveQL 语句，创建一个 database，名叫 mydb
    stmt.executeUpdate("CREATE DATABASE mydb");

    //在 mydb 中创建一个表 employee
    String sql = "CREATE TABLE IF NOT EXISTS " +
        "mydb.employee ( "+
"eid int, name String, salary String, destignation String"+
") " +
        "ROW FORMAT DELIMITED "+
"FIELDS TERMINATED BY ',' LINES TERMINATED BY '\n' " +
        "STORED AS TEXTFILE";
    //执行 HiveQL 语句
    stmt.executeUpdate(sql);

    //向表 employee 中加载数据，/app/hive/employees.txt 是 Linux 本地
    //文件，所以需要有 LOCAL 关键字
    stmt.executeUpdate("LOAD DATA LOCAL INPATH '/app/hive/employees.txt' "
        +"OVERWRITE INTO TABLE mydb.employee");

    //查询表 employee 中的数据，ResultSet 代表多行多列形式的数据，
    //可以认为是内存中的一个临时表
    ResultSet res = stmt.executeQuery("SELECT * FROM mydb.employee");
    System.out.println("Result:--------------------------");
    //在数上先把列名显示出来
    System.out.println(" ID \t Name \t Salary \t Designation ");

    //要获取各行数据，需要循坏
    while (res.next()) {
```

```
            //取一行中各列的值。
            //取一列的值调用getXXX方法，其中XXX是列的类型，
            //参数是列的序号，从1开始
            System.out.println(
                    res.getInt(1) + " \t " +
                    res.getString(2) + " \t " +
                    res.getDouble(3) + " \t " +
                    res.getString(4));
        }
        System.out.println("-------------------------------");

        //别忘了关掉连接，以释放资源
        stmt.close();
        con.close();
    }
}
```

需要注意的是，调用执行select语句时，调用Statement的executeQuery方法，它会返回ResultSet；当执行增删改等语句时，需调用Statement的executeUpdate方法，因为它们是更新操作，它返回的是一个整数，代表了这个操作影响的行数。

如何执行程序呢？具体可分3步：一是打jar包；二是上传到容器中；三是用java命令执行jar。

注意，执行时需要将Hive的Java库添加到classpath中，否则程序找不到依赖的类。为了方便程序执行，Hive为我们准备了一个包含所有Hive Java库的jar包（hive-jdbc-3.1.2-standalone.jar），位于hive目录下的jdbc目录中。所以，执行程序的命令类似于 `java -classpath /app/hive/jdbc/hive-jdbc-3.1.2-standalone.jar:hive3demo.jar hivedemo.App`（将路径、包和类名改成自己的）。employees.txt在前面用过，内容如下：

```
2211,Gopal,45000,Technical manager
2302,Manisha,45000,Proof reader
1503,Masthanvali,40000,Technical writer
1604,Kiran,40000,Hr Admin
6205,Kranthi,30000,Op Admin
......
```

8.10.2 自定义函数

像其他数据库一样，Hive内置了很多函数，例如：

- avg：对多条记录取平均值。
- count：对多条记录求总数。
- round：对一个数四舍五入。
- rand：获取一个随机数。
- size：取一个集合的长度。
- upper：将一个字符串转成大写。

除此之外还有很多，请自行查看 Hive 函数手册。在 Hive 命令行中使用函数的方式如下：

```
0: jdbc:hive2://localhost:10000> select size(array(1,3,5,33,66,78,9,0));
......
+------+
| _c0  |
+------+
|  8   |
+------+
```

这里构建了一个数组作为参数传给 size 函数，并将返回的结果用 select 显示。

有时这些内置函数无法满足我们的需要，从而无法以 HiveQL 完成查询，那么我们可以考虑自己编写一个 MapReduce 程序或者创建一个 Hive 函数，用 HiveQL+自定义函数完成查询。

当前 Hive 支持三种自定义函数：UDF（用户定义函数）、UDTF（用户定义表函数）、UDAF（用户定义聚合函数）。

三种函数的创建与使用方法如下：

- 从合适的基类派生自己的类，重写基类的几个方法。
- 将代码编译打包，得到 jar 文件。
- 在 Hive 命令行中将 jar 加入 Hive 的 classpath，我们的类才可被 Hive 使用。
- 创建一个临时函数指向我们的类。
- 调用临时函数。

使用 VSCode 创建一个最基本的 Maven 工程，工程模板可以选择普通 Java 工程 maven-archetypequickstart。下面由易到难逐一讲解这三种函数。

> **注 意**
>
> 本程序的示例工程可以从 Git 仓库获取：git clone https://gitee.com/niugao/hive3-udf-demo.git。

1. UDF

UDF 的数据处理模式是：进一条，出一条，就像 round、upper 等函数。我们的函数要实现的功能是判断一个字符串的长度是否超出一个值，如果超出，就截断它，并返回截断后的字符串。例如：select myudf("sssssss",3);，其结果应是："sss"。

创建 UDF，需要从类 GenericUDF 派生一个类，命名为 MyUDF，并把它放在包 com.udf 下，所以这个类的全名为 com.udf.MyUDF。重写 GenericUDF 类的三个方法，作用如下：

（1）ObjectInspector initialize(ObjectInspector[] arguments)：初始化方法。当函数对象被创建后，此方法先被调用，并且只调用一次，在其中应准备好后面用到的东西。一般主要做的是检查传给本 Hive 函数的参数数量和类型是否符合预期。

其参数是一个 ObjectInspector 数组。ObjectInspector 描述一个数据类型，通过它我们可以查看传给 Hive 函数的参数是否是我们能接受的类型。

一个 Hive 函数可以接受多个参数，这里设计的 UDF 接受两个参数：第一个是要被处理的字符串，第二个是限制长度。

此方法的返回值也是一个 ObjectInspector，通过它告诉 Hive 最终返回的数据是什么类型。这里应该返回字符串类型。

（2）Object evaluate(DeferredObject[] arguments)：进行数据处理的地方。arguments 中是调用 Hive 函数时传入的参数，这里只能有两个：第一个是字符串，第二个是限制长度。此方法返回的是截断后的字符串。

（3）String getDisplayString(String[] children)：返回一个字符串，在本 Hive 函数执行出错时显示这个字符串，更多用于调试。

下面是类的实现：

```java
package com.udf;

import org.apache.hadoop.hive.ql.exec.Description;
import org.apache.hadoop.hive.ql.exec.UDFArgumentException;
import org.apache.hadoop.hive.ql.exec.UDFArgumentTypeException;
import org.apache.hadoop.hive.ql.metadata.HiveException;
import org.apache.hadoop.hive.ql.udf.generic.GenericUDF;
import org.apache.hadoop.hive.serde2.objectinspector.ObjectInspector;
import org.apache.hadoop.hive.serde2.objectinspector.primitive.
IntObjectInspector;
import org.apache.hadoop.hive.serde2.objectinspector.primitive.
PrimitiveObjectInspectorFactory;
import org.apache.hadoop.hive.serde2.objectinspector.primitive.
StringObjectInspector;
import org.apache.hadoop.io.Text;

//当使用 "describe function 函数名" 查看函数信息时，会显示注解中的文字
@Description(name = "myudf",
        value = "_FUNC_(string, limit) - Return truncated string.",
        extended = "Example: > SELECT _FUNC_(myudf(\"abcdefg\"),3);")
public class MyUDF extends GenericUDF {

    //保存输入参数的类型对象
    private transient StringObjectInspector param1ObjectInspector;
    private transient IntObjectInspector param2ObjectInspector;


    private transient ObjectInspector arrayElementOI;

    //保存本 Hive 函数返回的数据，必须用可序列化的类型
    private Text result = new Text();

    //初始化方法
    public ObjectInspector initialize(ObjectInspector[] arguments)
```

```java
        throws UDFArgumentException {
    //如果参数数量不是 2，不接受
    if (arguments.length != 2) {
        throw new UDFArgumentException(
                "The function MYUDF only accepts 2 arguments.");
    }

    //第一个参数类型必须是 string，如果不是，就抛出异常
    if (!(arguments[0].getTypeName().equals("string"))) {
        throw new UDFArgumentTypeException(0,
                "\"string\" expected at function MYUDF, but \""
                + arguments[0].getTypeName() + "\" " + "is found");
    }
    //第二个参数必须是整数，如果不是，就抛出异常
    if (!arguments[1].getTypeName().equals("int")) {
        throw new UDFArgumentTypeException(0,
                "\"long\" expected at function MYUDF, but \""
                + arguments[1].getTypeName() + "\" " + "is found");
    }

    //保存参数的类型对象，后面用它转换参数类型
    this.param1ObjectInspector = (StringObjectInspector) arguments[0];
    this.param2ObjectInspector = (IntObjectInspector) arguments[1];

    //本 Hive 函数要返回的类型
    return PrimitiveObjectInspectorFactory.writableStringObjectInspector;
}

//处理一条数据
public Object evaluate(DeferredObject[] arguments) throws HiveException {
    String str = this.param1ObjectInspector.getPrimitiveJavaObject(
            arguments[0].get());
    int limit = this.param2ObjectInspector.get(
            arguments[1].get());

    if (limit <0 || limit > str.length()) {
        //最大长度不能是负数或 0，直接返回原输入内容
        this.result.set(str);
        return this.result;
    }

    //取出 0~limit 的部分
    this.result.set(str.subSequence(0,limit).toString());
    //返回
    return this.result;
}
```

```
    public String getDisplayString(String[] children) {
        assert (children.length == 2);
        return "myudf(" + children[0] + ", " + children[1] + ")";
    }
}
```

使用方法如下：

（1）编译与打包：在 VSCode 的 Terminal 窗口中执行 `mvn package`，执行成功后会在项目目录的 target 目录下出现一个 jar 文件（这里的文件名是 hiveudf-1.0-SNAPSHOT.jar）。

（2）上传：如果 Hive 是在虚拟机或 Docker 容器中运行，就需要把 jar 放进去，比如放在容器的 /app/hive 目录中。

（3）将 jar 加入 Hive 的 classpath：在 beeline 中执行命令 `add jar /app/hive/hiveudf-1.0-SNAPSHOT.jar;`。

（4）利用 UDF 类创建函数：在 beeline 中执行命令 `create temporary function myudf as 'com.udf.MyUDF';`，会创建一个临时函数，名叫 myudf。

（5）调用函数：在 beeline 中执行命令 `select myudf("ssssssss",4);`。

```
0: jdbc:hive2://localhost:10000> select myudf("ssssssss",4);
......
+-------+
|  _c0  |
+-------+
| ssss  |
+-------+
```

也可以在查询表数据时使用，比如查询 employee 表：

```
0: jdbc:hive2://localhost:10000> select eid,myudf(name,2) as name from employee;
......
+-------+-------+
|  eid  | name  |
+-------+-------+
| 1201  | Go    |
| 1202  | Ma    |
| 1203  | Ma    |
| 1204  | Ki    |
| 1205  | Kr    |
+-------+-------+
5 rows selected (0.469 seconds)
```

2. UDTF

这种函数叫用户自定义表函数，可以将一条数据变成一个表的形式。前面我们说过，Hive 表的字段类型可以是复杂类型，比如一个 Array，如果每个元素又是一个结构，那么这样的字段可以转成表的形式。所以，select 中使用 UDTF 时只能查询一个字段，因为其他字段可能不支持转成表，无法将它们组织在一起输出。

在我们的工程中添加新类 MyUDTF（需从 GenericUDTF 派生），主要实现以下两个方法：

（1）StructObjectInspector initialize(StructObjectInspector argOIs)：初始化方法，其参数是描述某种结构类型的类型，注意它不是数组，这一点不同于 UDF。UDTF 函数希望接受多个参数时，要验证各参数类型是否合格，怎么办呢？StructObjectInspector 可以包含多个字段的类型描述，可以从 argOIs 所描述的各字段中取出各参数的类型信息。

我们准备只接受一个参数，它是一个包含多个 key:value 对的字符串，一个 key:value 对转成一行的两个列，比如输入"name1:LaoWang;name2:XiaoMing"，输出为：

```
name1    LaoWang
name2    XiaoMing
```

本 Hive 函数返回的是由多行组成的表形式，一行也是一个结构，所以返回的是可以描述一个结构的类型 StructObjectInspector。

（2）void process(Object[] args)：进行数据处理的地方。args 是参数数组，我们的函数只接受一个参数，所以只有 args[0] 可以使用。args[0] 是一个字符串，例如："name1:LaoWang;name2:XiaoMing"。

在方法内，我们要分析字符串，以分号为界分割成多行，每行分割为两列，并把这两列放入一个数组，把数组传给 forword 方法，调用一次 forword，输出一行。

以下是我们创建的类：

```java
package com.udf;

import org.apache.hadoop.hive.ql.exec.Description;
import org.apache.hadoop.hive.ql.exec.UDFArgumentException;
import org.apache.hadoop.hive.ql.exec.UDFArgumentLengthException;
import org.apache.hadoop.hive.ql.exec.UDFArgumentTypeException;
import org.apache.hadoop.hive.ql.metadata.HiveException;
import org.apache.hadoop.hive.ql.udf.generic.GenericUDTF;
import org.apache.hadoop.hive.serde2.objectinspector.ObjectInspector;
import org.apache.hadoop.hive.serde2.objectinspector.ObjectInspectorFactory;
import org.apache.hadoop.hive.serde2.objectinspector.StructField;
import org.apache.hadoop.hive.serde2.objectinspector.StructObjectInspector;
import org.apache.hadoop.hive.serde2.objectinspector.primitive.PrimitiveObjectInspectorFactory;

import java.util.ArrayList;
import java.util.List;

//本 Hive 函数只接受 key:value 形式的字符串：name1:LaoWang;name2:XiaoMing
//冒号分割列，分号分割行
```

```java
    @Description(name = "myudtf",
        value = "_FUNC_(string) - Return truncated string.",
        extended = "Example: > SELECT _FUNC_(\"name:LoWang;name:XiaoMing\");")
    public class MyUDTF extends GenericUDTF {
        //初始化
        @Override
        public StructObjectInspector initialize(StructObjectInspector argOIs)
            throws UDFArgumentException {
            //得到结构体的字段
            List<? extends StructField> inputFields =
argOIs.getAllStructFieldRefs();
            if(inputFields.size()!=1){
                //传入的参数只能有一个字段
                throw new UDFArgumentLengthException(
                    "The function MYUDTF takes only one argument");
            }

            //参数类型必须是 string,如果不是,就抛出异常
            if (!(inputFields.get(0).getFieldObjectInspector()
                .getTypeName().equals("string"))) {
                throw new UDFArgumentTypeException(0,
                    "\"string\" expected at function MYUDTF, but \"" +
    inputFields.get(0).getFieldObjectInspector().getTypeName()
                    + "\" " + "is found");
            }

            //创建输出类型的描述对象,描述一行的结构
            ArrayList<String> fieldNames = new ArrayList<>();
            ArrayList<ObjectInspector> fieldOIs = new ArrayList<>();
            //第1列
            fieldNames.add("c1");
            fieldOIs.add(PrimitiveObjectInspectorFactory.
javaStringObjectInspector);
            //第2列
            fieldNames.add("c2");
            fieldOIs.add(PrimitiveObjectInspectorFactory.
javaStringObjectInspector);
            //返回
            return ObjectInspectorFactory.getStandardStructObjectInspector(
                fieldNames, fieldOIs);
        }

        //数据处理
        @Override
        public void process(Object[] args) throws HiveException {
            //只接收一个参数,只使用args[0]
```

```
        String input = args[0].toString();
        //以分号分区各行
        String[] strs = input.split(";");

        for (int i = 0; i < strs.length; i++) {
            //分割出一行中的两列
            try {
                String[] result = strs[i].split(":");
                //调用一次 forward，产生一行数据
                forward(result);
            } catch (Exception e) {
                continue;
            }
        }
    }

    @Override
    public void close() throws HiveException {
        //无事可做
    }
}
```

使用方式与 UDF 一样，假设创建的函数名为 myudtf，调用效果如下：

```
>select myudtf("name1:LaoWang;name2:XiaoMing;name3:Mary");
+--------+----------+
|   c1   |    c2    |
+--------+----------+
| name1  | LaoWang  |
| name2  | XiaoMing |
| name3  | Mary     |
+--------+----------+
3 rows selected (12.914 seconds)
```

3. UDAF

UDAF 是用户自定义聚合函数（像 avg、count 这样的函数）的意思，涉及多条记录（UDF 和 UDTF 都不涉及多条记录），最终的输出结果是一条数据。

聚合函数的执行过程比上面两种要复杂得多。我们知道 Hive 的查询要转成 MapReduce，而聚合函数会在 Mapper 和 Reducer 过程中被多次调用。

UDAF 类须从 AbstractGenericUDAFResolver 派生，实现 GenericUDAFEvaluator getEvaluator(TypeInfo[] info)方法：这是唯一需要实现的方法，返回一个 GenericUDAFEvaluator 对象。其实真正的逻辑全在 GenericUDAFEvaluator 里面，它才是主体。

所以，我们要仔细研究一下 GenericUDAFEvaluator 类中要实现的方法，而且我们以计数函数 count 为例进行分析。

（1）ObjectInspector init(Mode m, ObjectInspector[] parameters)：初始化方法，在其中做准备，检查参数是否符合要求等。其中，第一个参数是 count 函数运行的模式，第二个参数是传给 count 函数的参数。

因为 count 函数会被多次调用，每次调用所处的阶段和情况有所差别，所以分出了 4 种调用模式：

```
public static enum Mode {PARTIAL1,PARTIAL2,FINAL,COMPLETE};
```

- PARTIAL1：此模式是 count 在 map 方法中被调用，其参数是一条输入数据，参数的类型就是输入数据的初始类型，其输出是 Mapper 中处理的这部分数据的累计条数，所以类型是整数。
- PARTIAL2：此模式是 count 在 Combiner 的 reduce 方法中被调用，其参数是 PARTIAL1 输出的数据，也就是一个整数，其输出依然是累计条数，也是一个整数。
- FINAL：此模式是 count 在 reduce 方法中被调用，其参数是 PARTIAL2 输出的类型。既然最终只是一个数值，就定为整数了。
- COMPLETE：此模式是只有 Mapper 没有 Reducer 时执行的，count 的输入类型是原始数据类型，输出是整数。

总之，count 函数在每种模式下被调用时都是先创建函数对象再调用其初始化方法，然后调用某个业务方法。不同模式下调用的系列方法有些区别，而且传入的参数类型也不一样。

（2）void iterate(AggregationBuffer agg, Object[] parameters)：业务处理方法。此方法在 map 方法中被调用，一次处理一条数据（在参数 parameters 中），也就是说在模式 PARTIAL1 中会调用此方法。count 函数在此方法中要做的是累加每一条，把累加结果保存在参数 agg 中，这样其他方法也可以读取这个结果。

（3）void merge(AggregationBuffer agg, Object partial)：又一个业务处理方法。它在 Combiner 或 Reducer 的 reduce 方法中被调用，也就是说在模式 PARTIAL2 中会调用此方法。其参数 agg 保存了 count 方法上次被调用时输出的值，参数 partial 中是需要被累加的值（从各 Mapper 汇集来的计数）。在此方法中，要将 agg 中已有的值加上 partial 中的值。

（4）Object terminatePartial(AggregationBuffer agg)：在 PARTIAL1 或 PARTIAL2 模式下，属于其所在节点的那部分数据被处理完后，结果需要输出给 MapReduce 框架时，此方法会被调用。它的参数 agg 中保存了这部分数据的结果，对 count 函数来说本方法的返回值是计数结果。

（5）Object terminate(AggregationBuffer agg)：这是 Reducer 最后调用的方法，在其中返回最后的数据，对 count 来说就是最终的计数值。

在每种模式下，UDAF 对象都被重新创建，然后调用其业务方法、结果输出方法，具体情况如下：

- PARTIAL1：依次调用 init()、iterate()、terminatePartial()。
- PARTIAL2：依次调用 init()、merge()、terminatePartial()。
- FINAL：依次调用 init()、merge()、terminate()。
- COMPLETE：依次调用 init()、iterate()、terminate()。

以下是我们的 UDAF 类，实现的是 sum 函数的功能，即累加类型为整数的列的值：

```java
package com.udf;

import org.apache.hadoop.hive.ql.exec.Description;
import org.apache.hadoop.hive.ql.exec.UDFArgumentException;
import org.apache.hadoop.hive.ql.exec.UDFArgumentTypeException;
import org.apache.hadoop.hive.ql.metadata.HiveException;
import org.apache.hadoop.hive.ql.udf.generic.AbstractGenericUDAFResolver;
import org.apache.hadoop.hive.ql.udf.generic.GenericUDAFEvaluator;
import org.apache.hadoop.hive.serde2.objectinspector.ObjectInspector;
import org.apache.hadoop.hive.serde2.objectinspector.ObjectInspectorFactory;
import org.apache.hadoop.hive.serde2.objectinspector.PrimitiveObjectInspector;
import org.apache.hadoop.hive.serde2.typeinfo.TypeInfo;

@Description(name = "myudaf",
        value = "_FUNC_(column_name) - Return sum of all rows.",
        extended = "Example: > SELECT _FUNC_(\"clounm\") from table;")
public class MyUDAF extends AbstractGenericUDAFResolver {

    @Override
    public GenericUDAFEvaluator getEvaluator(TypeInfo[] info) {
        //创建一个 GenericUDAFEvaluator 对象并返回
        return new CountLettersEvaluator();
    }

    //真正实现 UDAF 功能的地方
    public static class CountLettersEvaluator extends GenericUDAFEvaluator {
        //保存所查询的表中每条数据的类型
        PrimitiveObjectInspector inputOI;
        //保存中间数据的类型（累加值，所以是整数）
        PrimitiveObjectInspector integerOI;

        @Override
        public ObjectInspector init(Mode m, ObjectInspector[] parameters)
                throws HiveException {
            super.init(m, parameters);

            //函数只能接收一列作为参数
            if (parameters.length != 1) {
                throw new UDFArgumentException(
                    "The function MYUDAF only accepts 2 arguments.");
            }

            //参数必须是整数，如果不是，就抛出异常
```

```java
        if (!parameters[0].getTypeName().equals("int")) {
            throw new UDFArgumentTypeException(0,
                    "\"long\" expected at function MYUDF, but \""
                            + parameters[0].getTypeName() + "\" "
                            + "is found");
        }

        if (m == Mode.PARTIAL1 || m == Mode.COMPLETE) {
            //在 Mapper 处理中或只有 Mapper 没有 Reducer 时，
            //UDAF 的输入数据类型是初始类型
            inputOI = (PrimitiveObjectInspector) parameters[0];
        } else {
            //否则就是一个累加值
            integerOI = (PrimitiveObjectInspector) parameters[0];
        }

        //创建描述 UDAF 输出类型的对象，输出是整数
        return ObjectInspectorFactory.getReflectionObjectInspector(
                Integer.class,
                ObjectInspectorFactory.ObjectInspectorOptions.JAVA);
    }

    //聚合过程所用到的缓存，必须用来保存中间产生的业务数据
    static class SumBuffer extends AbstractAggregationBuffer {
        int sum = 0;
        //仅实现一个累加方法而已
        void add(int num) {
            sum += num;
        }
    }

    @Override
    public AbstractAggregationBuffer getNewAggregationBuffer()
            throws HiveException {
        SumBuffer result = new SumBuffer();
        return result;
    }

    //重置业务数据，仅将计数值清 0 即可
    @Override
    public void reset(AggregationBuffer agg) throws HiveException {
        SumBuffer myagg = new SumBuffer();
    }

    //在 Mapper 的 map 方法中被反复调用
    @Override
```

```java
public void iterate(AggregationBuffer agg, Object[] parameters)
        throws HiveException {
    assert (parameters.length == 1);

    if (parameters[0] != null) {
        //取出参数值，往buffer中累加
        SumBuffer myagg = (SumBuffer) agg;
        Object p1 = inputOI.getPrimitiveJavaObject(parameters[0]);
        myagg.add(Integer.parseInt(String.valueOf(p1)));
    }
}

//属于一个Mapper的部分数据被处理完了
@Override
public Object terminatePartial(AggregationBuffer agg)
        throws HiveException {
    //返回这部分数据的累加值
    SumBuffer myagg = (SumBuffer) agg;
    return myagg.sum;
}

//在Reducer或Combiner中被反复调用
//参数partial中保存各Mapper汇集来的累加值
@Override
public void merge(AggregationBuffer agg, Object partial)
        throws HiveException {
    if (partial != null) {
        //累加传入的值，
        SumBuffer myagg1 = (SumBuffer) agg;
        Integer partialSum = (Integer)
                integerOI.getPrimitiveJavaObject(partial);
        myagg1.add(partialSum);
    }
}

//最终的输出
@Override
public Object terminate(AggregationBuffer agg)
        throws HiveException {
    SumBuffer myagg = (SumBuffer) agg;
    return myagg.sum;
}
  }
}
```

8.11 总　结

- Hive 用 HDFS 存储数据，用 MapReduce（或其他计算框架）执行数据处理。
- Hive 通过 Meta 为 HDFS 上的数据赋予结构意义。
- Hive 是一个基于 Hadoop 的关系型数据库，但 Hive 本身不是分布式。
- Hive 与普通关系型数据库（DBMS）还是有区别的，最显著的是不支持主键、不支持外键关联。
- Hive 表分外部表和内部表，外部表只有 Meta 数据被 Hive 管理，文件不被管理，所以删除外部表时不能将文件删除。
- Hive 表支持分区和分桶。一个分区是一个文件，分区内可以再分区；一个桶也是一个文件，桶内不能再分桶；分区内可以包含分桶，但分桶不能包含分区。
- Hive 适合 OLAP，普通 DBMS 适合 OLTP。
- Hive 的组件包括 HiveServer2、MetaStore、Meta database、beeline，可以任意组合，实现独立或嵌入式运行模式。
- HiveServer2 支持 JDBC、Thrift、ODBC 编程接口。
- Hive 支持自定义函数、SerDe 等，具备很强的定制能力。
- HCatalog 是基于 Hive 的 MetaStore 独立出来的数据结构映射和管理服务。

第 9 章

HBase

HBase 是开源组织 Apache 所管理的一个开源项目，其官网地址为：https://hbase.apache.org/。

9.1 什么是 HBase

1. HBase 是一个数据库服务

HBase 自己的定位是数据管理工具，但是我们还是喜欢把它当作一种数据库服务。事实是，它不是关系型数据库，不支持 SQL 这样的查询语言，它叫作 NoSQL 数据库。NoSQL 已经存在多种实现，它们的共同特点是不支持 SQL 模式的查询，因为其数据在组织形式和抽象层面都不是严格的表状结构。HBase 中有表的概念存在，但表和表之间也不能定义严格一致的关联关系。这使得数据存储模型比较自由松散，带来的优势是读写速度快，而且容易横向和纵向扩张，劣势是无法提供关系型数据库那样的复杂查询。

Hive 是一个关系型数据库，这是 HBase 与 Hive 的主要差别之一。

2. HBases 是一个分布式数据库

HBase 是一个主从架构的分布式数据库，这一点也与 Hive 不同，Hive 不是分布式架构，它只有一个服务进程。

HBase 与 HDFS 一样，可以动态增减节点，也支持高可用。HBase 之所以适合分布式架构，正因为它是 NoSQL，其数据存储模型可以有效地支持分布式存储。

3. HBase 支持海量数据快速读写

Hive 依赖 HDFS 的加持，支持海量数据读写，但是 Hive 太慢，尤其是随机写入操作，所以它适合的是对大量已存在数据的批量加载、转换和分析。HBase 的读写操作被分散到不同节点上，同时其数据存储机制可支持快速随机读写，所以 HBase 可以用于对大量数据的实时读写场景。

HBase 的目标是可以支持 10 亿级行×百万级列的大表!

4. HBase 成本低

分布式数据库早已有之，Oracle、MySQL 等都支持集群，但是它们依赖昂贵的硬件，同时它们的扩展与性能的比率不好。扩展性能比率指的是节点数增加与带来的性能增加的比率，HBase 可以保持一个非常好的曲线，比如 10 个节点比 5 个节点增加 0.9 以上的性能。

HBase 依靠普通的个人计算机就可以搭建高可用、高伸缩性的集群，所以其门槛低、成本低。

总之，HBase 是为了快速处理海量数据而出现的数据管理服务，适合 OLTP，相比 Hive，它最大的特点就是一个字：快！

9.2　HBase 架构

HBase 基于 Hadoop。与 Hive 不同，HBase 可以不将数据存于 HDFS 中，而存于本地文件系统，但是这种方式一般仅用于测试，生产环境中都基于 HDFS。

HBase 也是一主多从的主从架构。主组件叫作 HMaster，从组件叫作 HRegionServer。我们知道，所有主从架构的分布式系统都要想方设法减少主节点的负载，因为主节点只有一个。HBase 在这方面做得比较好，它甚至做到了在客户端读写一个表的数据时可以完全不与 HMaster 通信。HBase 对 HMaster 和 HRegionServer 的分工非常科学，HMaster 不参与表的管理，不参与客户端对表的访问，其主要工作是故障恢复和负载平衡。故障恢复是指 HRegionServer 的故障恢复，HMaster 监视 HRegionServer 的状态，一旦某个 HRegionServer 出问题，就将这个 HRegionServer 的工作转移给其他 HRegionServer。负载平衡指的是 HMaster 定期检查各 HRegionServer 的数据负载状况，将数据从负载过重的节点移到较轻的节点。

HBase 还有一个必需的组件：ZooKeeper。ZooKeeper 的作用是高可用，解决 HMaster 的单点故障。HMaster 可以有多个，但只有一个起作用，其余作为备份，选举时要 ZooKeeper 帮忙。除此之外，ZooKeeper 还是寻找表的路由入口，因为表存在不同的 HRegionServer 节点，必须有数据记录表数据与节点间的对应关系，要查找这个关系，得从 ZooKeeper 入手。所以客户端要使用 HBase 服务，给它的连接地址不是 HMaster，而是 ZooKeeper 的各节点地址。HMaster 监控 HRegionServer 也是通过 ZooKeeper，HRegionServer 在 ZooKeeper 中建立自己的数据节点，HMaster 只需监视这些数据节点即可。

三个组件的主要作用如下：

- HMaster：监控 HRegionServer、故障转移、负载平衡。
- HRegionServer：向客户端提供数据管理服务。
- ZooKeeper：帮助 HMaster 监视 HRegionServer、帮助 HMaster 实现高可用、存储访问表的路由入口。

一个全分布式的 HBase 架构如图 9-1 所示。

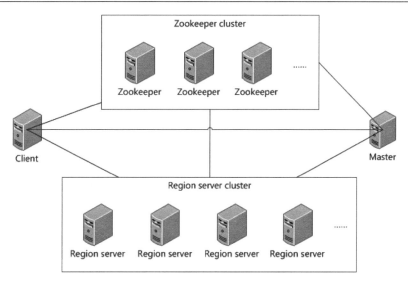

图 9-1

清楚了顶层架构之后,我们先配置一个 HBase 服务,再深入剖析它的原理。

9.3 安装与配置

HBase 依赖 Java 运行时、Hadoop 和 ZooKeeper。我们需要为它准备好 Java 和 Hadoop,至于 ZooKeeper,HBase 文件包中自带。

HBase bin 压缩包下载页面为 https://hbase.apache.org/downloads.html,这里下载的是 hbase-2.4.0-bin.tar.gz。

HBase 的配置文件是 conf/hbase-site.xml。

HBase 共有三种运行模式:独立模式、伪分布式、全分布式。

> **注**
> 本节的 Docker 描述文件可以从 https://download.csdn.net/download/nkmnkm/15314642 下载。

9.3.1 独立模式运行

此模式下 HBase 的各组件都运行于一个进程中,所以配置也相当简单,只需配置两个环境变量即可:

- JAVA_HOME。
- LD_LIBRARY_PATH:指向本地化运行库(不在 JVM 中运行的代码)的目录,HBase 通过它去找到这些库,必须将目录${HADOOP_HOME}/lib/native 加入此变量中。

HBase 本身的配置项都可以使用默认值,所以其配置文件 conf/hbase-site.xml 不用改动。

独立模式的 HBase 主要用于测试。这里将 HBase 压缩包解压到 d:/work/hbase(可以自行选择合适的路径）目录下，并将解压后的文件夹改名为 hbase2，所以宿主系统中 HBase 的根目录是 d:/work/hbase/hbase2。然后在 d:/work/hbase 下创建文件 Dockerfile 和 docker-compose.yml。

Dockerfile 的内容如下：

```
FROM centos:latest

ENV HADOOP_HOME /app/hadoop
ENV HBASE_HOME  /app/hbase
ENV JAVA_HOME /usr/lib/jvm/java
ENV LD_LIBRARY_PATH ${HADOOP_HOME}/lib/native:${LD_LIBRARY_PATH}

RUN dnf install java-1.8.0-openjdk java-1.8.0-openjdk-devel -y \
    && dnf install openssh-server openssh-clients -y \
    && dnf install findutils hostname -y \
    && ssh-keygen -q -t rsa -b 2048 -f /etc/ssh/ssh_host_rsa_key -N '' \
    && ssh-keygen -q -t ecdsa -f /etc/ssh/ssh_host_ecdsa_key -N '' \
    && ssh-keygen -t dsa -f /etc/ssh/ssh_host_ed25519_key -N '' \
    && ssh-keygen -t rsa -P '' -f ~/.ssh/id_rsa \
    && cat ~/.ssh/id_rsa.pub >> ~/.ssh/authorized_keys \
    && chmod 0600 ~/.ssh/authorized_keys \
 && mkdir /var/hadoopdata \
 && mkdir /var/hadoopdata/nn \
 && mkdir /var/hadoopdata/dn

#NameNode WebUI 服务端口
EXPOSE 9870

#Yarn WebUI
EXPOSE 8088

#HBASE WebUI
EXPOSE 16010

CMD /sbin/sshd -D
```

与 Hive 的 Dockerfile 基本相同，只做了少许改动（见黑体行），向外暴露了端口 16010，它是 HBase 服务对外提供的 Web 界面，通过它可以查看 HBase 的运行状态。需要注意的是，Dockerfile 中使用的基础镜像是 centos 而不是 fedora（fedora 镜像中缺少很多工具软件，配置麻烦，所以选择了 centos）。

下面是 docker-compose.yml 的内容：

```
version: '3'
services:
  hbase:
      context: ./
      dockerfile: Dockerfile
```

```
  ports:
    - "9870:9870"
    - "8088:8088"
    - "16010:16010"
  volumes:
    - "./hadoop3:/app/hadoop"
    - "./hbase2:/app/hbase"
```

在 volumnes 中将宿主机中的 hbase2 和 hadoop3 目录映射到了容器中，所以 d:/work/hbase 目录下需要有 hadoop3 目录。可以将前面 hive 目录下的 hadoop3 复制过来，免了再修改 Hadoop 的配置文件。需要注意一下 Hadoop 的版本，因为 HBase 不同版本与 Hadoop 的各版本不是完全兼容的，因此要查看一下 HBase 官方指南中的版本兼容表，网址是 https://hbase.apache.org/book.html，如图 9-2 所示。

	HBase-1.4.x	HBase-1.6.x	HBase-1.7.x	HBase-2.2.x	HBase-2.3.x
Hadoop-2.7.0	✗	✗	✗	✗	✗
Hadoop-2.7.1+	✓	✗	✗	✗	✗
Hadoop-2.8.[0-2]	✗	✗	✗	✗	✗
Hadoop-2.8.[3-4]	!	✗	✗	✗	✗
Hadoop-2.8.5+	!	✓	✗	✓	✗
Hadoop-2.9.[0-1]	✗	✗	✗	✗	✗
Hadoop-2.9.2+	!	✓	✗	✓	✗
Hadoop-2.10.x	!	✓	✗	!	✓
Hadoop-3.1.0	✗	✗	✗	✗	✗
Hadoop-3.1.1+	✗	✗	✗	✓	✓
Hadoop-3.2.x	✗	✗	✗	✓	✓

图 9-2

> **提 示**
>
> 如果 HBase 运行时遇到难以解决的错误，可以考虑换一下 Hadoop 的版本（换掉除 conf 目录之外的目录即可，因为配置项不用变）。

下面创建并启动容器，在 d:/work/hbase 目录下执行命令 `docker-compose up`。第一次执行要下载 centos 镜像并创建我们的镜像，花时间比较多，请耐心等待。显示如下信息表示启动成功：

```
Successfully built 9dafbbf14fd0
Successfully tagged hive_hbase:latest
WARNING: Image for service hbase was built because it did not already exist.
To rebuild this image you must use `docker-compose build` or `docker-compose up
--build`.
Creating hive_hbase_1 ... done
Attaching to hive_hbase_1
```

容器名为 `hive_hbase_1`，在另一个控制台中连接容器的控制台 `docker exec -it hive_hbase_1 bash`，进入容器内操作。

执行 `/app/hbase/bin/start-hbase.sh` 命令启动 HBase 服务，可能需要等一会才能启动成功。可以在浏览器中打开地址 http://localhost:16010 查看 HBase 的状态，验证是否成功，如图 9-3 所示。

图 9-3

进行命令操作时，可以启动命令行工具：`/app/hbase/bin/hbase shell`。成功后会出现如下提示：

```
HBase Shell
Use "help" to get list of supported commands.
Use "exit" to quit this interactive shell.
For Reference, please visit: http://hbase.apache.org/2.0/book.html#shell
Version 2.4.0, r3e4bf4bee3a08b25591b9c22fea0518686a7e834, Wed Oct 28 06:36:25 UTC 2020
Took 0.0018 seconds
hbase(main):001:0>
hbase(main):002:0*
```

我们并没有启动 Hadoop。在此模式下，HBase 会用到 Hadoop 库，却不需要 Hadoop 服务。这是因为 HBase 默认将数据存储到本地文件系统中（/app/hbase/tmp/hbase 下）。我们也可以设置其存储到 HDFS 中，后面会讲到。

下面就可以以交互的方式操作 HBase 了。如果要退出 HBase 命令行，执行命令 quit 即可。如果现在就想进行数据操作，可跳至 9.4 节。

9.3.2 伪分布模式

我们在独立模式基础上配置伪分布模式。在此模式下，HBase 的三个核心组件依然运行于同一主机中，但是不在同一进程，每个组件运行于自己的进程中。

如果 HBase 正在运行，就先停止 HBase，在容器中执行命令：`/app/hbase/bin/stop-hbase.sh`。可以用 jps 查看 HBase 是否还在运行，如果看不到 HMaster 进程，就表明已停止。

首先，修改 HBase 的/app/hbase/conf/hbase-site.xml 文件，将 hbase.cluster.distributed 的值改为 true：

```
<property>
  <name>hbase.cluster.distributed</name>
  <value>true</value>
</property>
```

然后，将 HBase 的数据存储目录设置在 HDFS 中，在 hbase-site.xml 中添加设置项：

```
<property>
  <name>hbase.rootdir</name>
  <value>hdfs://localhost:9000/hbasedata</value>
</property>
```

hbasedata 目录可以被 HBase 自动创建，所以只要确保它的父目录存在即可（其父目录是根，肯定存在）。同时，还要将两个设置项删除或注释掉（使用"<!--"和"-->"，参见下面代码）：

```
<!-- <property>
  <name>hbase.tmp.dir</name>
  <value>./tmp</value>
</property>
<property>
  <name>hbase.unsafe.stream.capability.enforce</name>
  <value>false</value>
</property> -->
```

最后，修改 conf/hbase-env.sh 文件，在其中创建 JAVA_HOME 环境变量（在容器系统中创建的 JAVA_HOME 不起作用）：export JAVA_HOME=/usr/lib/jvm/java/。

运行 HBase 时，先启动 HDFS，再启动 HBase：`/app/hbase/bin/start-hbase.sh`。如果没有错误，就可以看到如下 3 个进程：

```
[root@ff5456badab0 hbase]# jps
5632 HQuorumPeer
5748 HMaster
5882 HRegionServer
```

其中，HQuorumPeer 是 ZooKeeper 服务进程。

其实 Value 也可以这样写：<Value>/hbase</Value>，因为 URL 默认就是 HDFS 协议。此时必须先将 Hadoop 启动才能正确启动 HBase。

9.3.3 全分布模式

我们在伪分布模式基础上配置全分布模式。Dockerfile 文件的内容不用改动，主要改动 docker-compose.yml 和 HBase 的配置文件。

这里只使用三个容器组成集群，主机名分别为 HBase1、HBase2、HBase3，而且分布式 HBase 要与分布式 Hadoop 一起部署，各容器中运行的组件如图 9-4 所示。

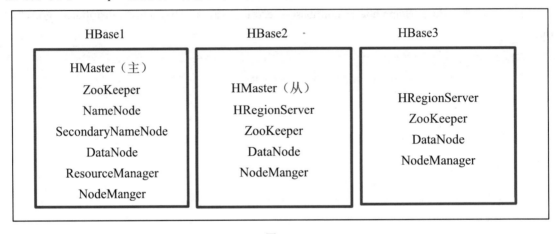

图 9-4

在此模式下，需要在容器首次启动后设置一下 HBase1 到 HBase2 和 HBase3 的 SSH 免密登录（在配置 Hadoop 集群时讲过）。

下面是 docker-compose.yml 的内容：

```
version: '3'
services:
  hbase1:
    build:
      context: ./
      dockerfile: Dockerfile
    ports:
      - "19870:9870"
      - "18088:8088"
      - "16010:16010"
    volumes:
      - "./hadoop3:/app/hadoop"
      - "./hbase2:/app/hbase"
    hostname: hbase1
  hbase2:
    build:
      context: ./
```

```
      dockerfile: Dockerfile
    ports:
      - "29870:9870"
      - "28088:8088"
      - "16020:16010"
    volumes:
      - "./hadoop3:/app/hadoop"
      - "./hbase2:/app/hbase"
hostname: hbase2
  hbase3:
    build:
      context: ./
      dockerfile: Dockerfile
    ports:
      - "39870:9870"
      - "38088:8088"
      - "16030:16010"
    volumes:
      - "./hadoop3:/app/hadoop"
      - "./hbase2:/app/hbase"
hostname: hbase3
```

需要注意一下容器到宿主机的端口映射，不能将多个容器映射到宿主机的同一端口，要对它们进行区分。另外，还为每个容器指定了 hostname，如果不指定，用的是容器的 id，那么在配置文件中将无法用 HBase1、HBase2、HBase3 这样的名字来访问容器。

修改 Hadoop 的配置文件，使其组件分布在 3 个容器中。

在配置文件/app/hadoop/etc/hadoop/core-site.xml 中，将 NameNode 的 HostName 指定为 HBase1，再用 localhost 是不行的，因为这会使各个节点都以为自己运行了 NameNode。

```
<property>
    <name>fs.defaultFS</name>
    <value>hdfs://hbase1:9000</value>
</property>
```

在/app/hadoop/etc/hadoop/hdfs-site.xml 中修改副本数为 3：

```
<property>
    <name>dfs.replication</name>
    <value>3</value>
</property>
```

修改/app/hadoop/etc/hadoop/workers，告诉 worker 组件（DataNode 和 NodeManger）要运行于哪些容器：

```
hbase1
hbase2
hbase3
```

下面修改 HBase 配置文件。

修改/app/hbase/conf/hbase-site.xml 文件，将 HDFS 的 HostName 指定为 HBase1：

```
<property>
    <name>hbase.rootdir</name>
    <value>hdfs://hbase1:9000/hbase</value>
</property>
```

修改/app/hbase/conf/regionservers，指明哪些容器中运行 HRegionServer，内容如下：

```
hbase2
hbase3
```

创建/app/hbase/conf/backup-masters 文件，在其中指明谁是从 HMaster：

```
hbase2
```

配置 ZooKeeper，在/app/hbase/conf/hbase-site.xml 中添加以下配置项：

```
<property>
  <name>hbase.zookeeper.quorum</name>
  <value>hbase1,hbase2,hbase3</value>
</property>
<property>
  <name>hbase.zookeeper.property.dataDir</name>
  <value>/app/zookeeperdata</value>
</property>
```

hbase.zookeeper.quorum 指定了 ZooKeeper 服务节点所在的容器，以逗号分隔即可。

hbase.zookeeper.property.dataDir 指定 ZooKeeper 的数据存放于哪个目录下，必须是本地目录（容器中的目录，非 HDFS 目录）。

下面可以启动服务了。第一次运行时，要格式化 HDFS。先启动 Hadoop，再启动 HBase。

9.4 基本数据操作

9.4.1 表管理

首先启动 HBase 服务，任何运行模式都行，然后运行其命令行程序。

创建一个表：

```
hbase(main):001:0> create 'test', 'cf'
0 row(s) in 0.4170 seconds
=> Hbase::Table - test
```

此命令创建了一个名叫 test 的表，包含一个列族 cf。

HBase 的命令不像 SQL，看起来很简捷。与 Hive 不同，HBase 没有 database 的概念，所以可以直接创建表。如果想为表分组，可以创建 namespace，与 database 有点相似。

HBase 的表是支持列的，但是列必须放在列族中。因为在底层的数据存储中一个列族对应一个文件，一个文件中只有一个列族。

创建列族时，不用提前指定列和列的数据类型，因为列可以随时添加，列的数据类型只有一种：二进制数组。这其实就是没有类型，需要自己根据业务需要将数据转成某种类型。

（1）查看表：list。也可以在后面指明要查看哪个表，以确定它是否存在。

```
hbase(main):002:0> list 'test'
TABLE
test
1 row(s) in 0.0180 seconds
=> ["test"]
```

（2）查看表的详细信息：describe '表名'。

```
hbase(main):003:0> describe 'test'
Table test is ENABLED
test
COLUMN FAMILIES DESCRIPTION
{NAME => 'cf', VERSIONS => '1', EVICT_BLOCKS_ON_CLOSE => 'false',
NEW_VERSION_BEHAVIOR => 'false', KEEP_DELETED_CELLS => 'FALSE',
CACHE_DATA_ON_WRITE => 'false', DATA_BLOCK_ENCODING => 'NONE',
TTL => 'FOREVER', MIN_VERSIONS => '0', REPLICATION_SCOPE => '0',
BLOOMFILTER => 'ROW', CACHE_INDEX_ON_WRITE => 'false', IN_MEMORY => 'false',
CACHE_BLOOMS_ON_WRITE => 'false', PREFETCH_BLOCKS_ON_OPEN => 'false',
COMPRESSION => 'NONE', BLOCKCACHE => 'true', BLOCKSIZE => '65536'}
1 row(s)
Took 0.9998 seconds
```

COLUMN FAMILIES DESCRIPTION 后显示的是列族信息，在其中也有列族的各种配置信息，后面我们用到时会解释。

（3）向表中添加列族：alter '表名','列族名'。

```
hbase(main):002:0> alter 'test','cf2'
Updating all regions with the new schema...
1/1 regions updated.
Done.
Took 3.6211 seconds
```

（4）从表中删除列族，有两种语法：一是 `alter '表名', { NAME => '列族名', METHOD => 'delete' }`；二是 `alter '表名', 'delete' => '列族名'`。

```
hbase(main):003:0> alter 'test', 'delete' => 'cf2'
Updating all regions with the new schema...
1/1 regions updated.
Done.
Took 2.5718 seconds
```

（5）删除表：删除表前要先 disable 表，使表不能被访问。在分布式架构中，这个操作是必需的，目的是为了保证数据的一致性。

```
hbase(main):006:0> disable 'test2'
Took 0.7282 seconds
```

```
hbase(main):007:0> drop 'test2'
Took 1.2078 seconds
```

9.4.2 添加数据

向表中添加数据：`put '表名','行键','列族:列名','列值'`。比如，向表 test 中添加一行，向行中添加一列，放在列族 cf 中：

```
hbase(main):003:0> put 'test', 'row1', 'cf:a', 'value1'
0 row(s) in 0.0850 seconds
```

再向表 test 中添加一行，向行中添加一列，放在列族 cf 中：

```
hbase(main):004:0> put 'test', 'row2', 'cf:b', 'value2'
0 row(s) in 0.0110 seconds
```

再向表 test 中添加一行，向行中添加一列，放在列族 cf 中：

```
hbase(main):005:0> put 'test', 'row3', 'cf:c', 'value3'
0 row(s) in 0.0100 seconds
```

以上操作使表具有 3 行 3 列数据，对每一行来说并不是每列都有数据，以表的抽象来看其数据是这样的：

row key	a	b	c
row1	Value1		
row2		Value2	
row3			Value3

其在文件中的物理存储肯定不是这样的，它是一个稀疏表。

每一行都有唯一的行键作为标志，比如要向某行添加数据时，执行命令 `put 'test','row2','cf:c','Value4'`，表的内容就变成了这样：

row key	a	b	c
row1	Value1		
row2		Value2	**Value4**
row3			Value3

可以看到 HBase 的表相比 Hive 是非常随意的，随时可以添加列，也可以随时添加列族，表的横向扩展能力非常强。

注意，一个 put 命令只能插入一行中的一列（一个单元格 cell）数据，无法一次插入一行的所有数据。

9.4.3 修改数据

修改数据的命令格式为 `put '表名','行键','列名','新值'`，比如将 row1 行 a 列的值改为 Value11：

```
hbase(main):008:0> put 'test','row1','cf:a','value11'
Took 0.0281 seconds
```

成功后，表数据变成了如下形式：

row key	cf:a	cf:b	cf:c
row1	**Value11**		
row2		Value2	**Value4**
row3			Value3

注意，这条命令可能没有修改原有数据，而是在目标 cell 中新增了一条数据。也就是说，一个 cell 中也可以有多条数据。cell 中的各条数据以时间戳区分，因为每条数据都带有一个时间戳，我们也把时间戳称作数据的版本。也就是说，数据修改的历史是可以被保留的。查询数据时，默认取出的是最新版本，当然也可以指定取哪个版本的数据。

创建表时，如果不指定一个列族的数据版本如何配置，那么这个列族的一个 cell 中只能有一个版本的数据，此时向其中放入数据时会覆盖现有数据，如果要保留多个版本，就需要在创建表时指定版本配置，也可以修改现有表中列族的版本配置，比如使 test 表中列族 cf 能保留三个版本：

```
hbase(main):006:0> alter 'test',{NAME=>'cf',VERSIONS=>3}
Updating all regions with the new schema...
1/1 regions updated.
Done.
Took 3.1919 seconds
```

再向 row1 行的 cf:a 中放入数据 100 和 1000，那么表中的数据会变成如下形式：

row key	cf:a	cf:b	cf:c
row1	1000（T3）		
	100（T3）		
	Value11（T1）		
row2		Value2	Value4
row3			Value3

时间戳 T1、T3 是数据插入时的系统时间，比如"2020-12-14T08:32:27.059"。

9.4.4 获取数据

HBase 支持两种数据获取命令：获取一条用 get，获取多条用 scan。获取一条数据时，需要指定其行键，这是其唯一标志。

1. 获取一条数据

从 test 表中获取行 row1 的所有列:

```
hbase(main):010:0> get 'test','row1'
COLUMN            CELL
 cf:a             timestamp=2020-12-15T08:07:47.084, value=100
1 row(s)
```

因为此行只有一列数据,所以只显示一条数据,2020-12-15T08:07:47.084 是它的时间戳,100 是它的值。

如果要获取多个版本的数据,就要指定 VERSIONS 的值:

```
hbase(main):012:0> get 'test','row1',{COLUMN=>'cf:a',VERSIONS=>4}
COLUMN               CELL
 cf:a                timestamp=2020-12-15T08:07:47.084, value=100
 cf:a                timestamp=2020-12-15T02:43:24.169, value=value11
 cf:a                timestamp=2020-12-14T08:32:13.445, value=value1
1 row(s)
Took 0.0238 seconds
```

因为我们指定列族 cf 的每个 cell 最多存三个版本数据,所以即使获取时指定 VERSIONS 为 4,也只能取出三个版本。

可以指定只获取某几列的值,以下语句获取 row3 行 b、c 两列的值:

```
hbase(main):025:0> get 'test','row3','cf:b','cf:c'
COLUMN            CELL
 cf:b             timestamp=2020-12-15T10:17:26.767, value=100000
 cf:c             timestamp=2020-12-14T08:32:27.059, value=value3
 row(s)
```

2. 获取多条数据

以下语句从表 test 中获取全部行的所有列数据:

```
hbase(main):026:0> scan 'test'
ROW               COLUMN+CELL
 row1             column=cf:a, timestamp=2020-12-15T08:07:47.084, value=100
 row2             column=cf:b, timestamp=2020-12-14T08:32:20.701, value=value2
 row3             column=cf:b, timestamp=2020-12-15T10:17:26.767, value=100000
 row3             column=cf:c, timestamp=2020-12-14T08:32:27.059, value=value3
3 row(s)
Took 0.1054 seconds
```

以下语句获取全部行 c、b 两列的数据:

```
hbase(main):028:0> scan 'test',{COLUMNS => ['cf:a','cf:b']}
ROW               COLUMN+CELL
 row1             column=cf:a, timestamp=2020-12-15T08:07:47.084, value=100
 row2             column=cf:b, timestamp=2020-12-14T08:32:20.701, value=value2
```

```
row3                column=cf:b, timestamp=2020-12-15T10:17:26.767, value=100000
3 row(s)
Took 0.0534 seconds
```

scan 时，也可以指定类型在 SQL 中 where 的过滤条件，但是不是任何列都可以放入过滤条件中的。过滤条件中可以指定行键范围、时间戳的范围，比如获取从 row1 到 row3（不包括 row3）所有的行：

```
hbase(main):032:0> scan 'test',{STARTROW=>'row1',STOPROW=>'row3'}
ROW                 COLUMN+CELL
row1                column=cf:a, timestamp=2020-12-15T08:07:47.084, value=100
row2                column=cf:b, timestamp=2020-12-14T08:32:20.701, value=value2
2 row(s)
Took 0.0203 seconds
```

如果要将任意列作为过滤条件，可以使用过滤器。

9.4.5 删除数据

（1）删除一个 cell 的数据：delete '表名','行键','列名','时间戳'

从 test 表中删除一行的语句如下：

```
hbase(main):038:0> delete 'test','row1','cf:a'
Took 0.0057 seconds
```

如果不指定时间戳，则一次删除一个版本，因为(row1,cf:a)中有三个版本的数据，所以删三次才能将 cell 中的数据全部删除。不指定时间戳的情况下，每次只删除时间戳最大的版本。

（2）删除一行数据：deleteall '表名','行键'

```
hbase(main):002:0> deleteall 'test','row1'
Took 0.1201 seconds
```

> **注 意**
> 它会将所有列族中行键为 row1 数据的所有版本全部删除，比 delete 彻底。

（3）清空表：truncate '表名'

```
hbase(main):006:0> truncate 'test'
Truncating 'test' table (it may take a while):
Disabling table...
Truncating table...
Took 11.0317 seconds


hbase(main):007:0> scan 'test'
ROW                     COLUMN+CELL
0 row(s)
```

9.5　HBase 设计原理

HBase 出现的目的是充分利用分布式系统的并行能力,提供高可用、高性能、实时数据管理服务。为了发挥分布式的优势,HBase 把表数据分散存储到不同的 HRegionServer 节点上。一个表的数据会跨多个 HRegionServer,这样的设计使我们在操作同一个表的不同部分时,可以做到完全并行,将访问压力分散到不同的节点上。

前面我们接触了 rowkey,需要牢记的一点是:HBase 表中的各行是以 rowkey 的字典序按顺序存放的!

9.5.1　Region

HBase 中进行数据均衡操作的单位是 Region。一个表被存放于一个或多个 Region 中,每个 Region 包含表中一定范围的行,如图 9-5 所示。

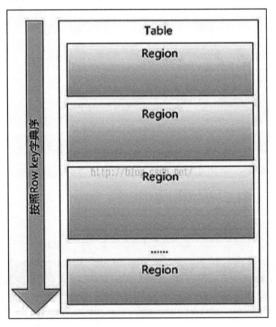

图 9-5

Region 是按行的方向来划分的,而不是按列,所以 Region 中必然包含表的所有列。一个 HRegionServer 可以存放不同表的 Region,也可以存放同一张表的多个 Region,具体存放多少由 HMaster 研究决定。

随着客户端对表的操作,Region 会越长越大。当一个 Region 大到一个阈值(可以自己设置)时,就需要把它分成 2 个,就像细胞分裂。分裂后,等到 HMaster 进行负载均衡时(HMaster 研究集群的负载均衡情况),可能会把这个 Region 移到其他节点上。

负载均衡的单位是 Region,同时也是实现数据分布式存储的基础,因而 Region 可以说是 HBase 的核心概念,其余的设计都是围绕它展开的。

图 9-6 展示了表、Region 以及 HRegionServer 之间的关系。

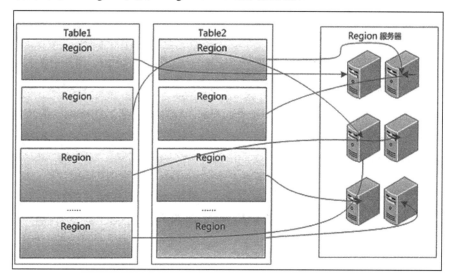

图 9-6

9.5.2 定位数据

所有表的 Region 信息被放在 hbase:meta 表中，需要注意的是 hbase:meta 中并不记录普通表的元数据，只记录各 Region 的信息，包括 Region 所属的表、Region 所包含行的范围（rowkey 是有序的，只需记录起始 rowkey 和结束 rowkey 即可）、Region 所处的 HRegionServer 等。

客户端要访问某个表的一条数据，必须给出其 rowkey。在 hbase:meta 表中，根据 rowkey 可以很容易找到它所在的 Region 信息，然后可以取得 Region 所在的 HRegionServer，客户端连接 HRegionServer，与 HRegionServer 交互，HRegionServer 根据用户请求的 rowkey 在本地找到目标 Region，从 Region 中读出那条数据返回给客户端。

问题来了，hbase:meta 表在哪里？在 HMaster 中吗？不是！我们前面讲过了，HMaster 的作用不是存储数据。与普通表一样，hbase:meta 也以 Region 的形式存储数据，所以它位于某个 HRegionServer 上；与普通表不同的是，hbase:meta 只有一个 Region，所以它只在一个 HRegionServer 中有数据。它到底在哪个 HRegionServer 呢？这得去问 ZooKeeper！因为在 ZooKeeper 的一个固定路径下存放着 hbase:meta 的 Region 信息。因为只有一个 Region，所以信息量很少，放在 ZooKeeper 中非常合理！

客户端要访问普通表的一条数据，需要先访问 ZooKeeper，获取 hbase:meta 所在的 HRegionServer，然后连接 HRegionServer，读取 hbase:meta 表，再找出普通表的目标 Region 信息，根据此信息确定目标 HRegionServer，连接目标 HRegionServer 读取目标 Region 中的数据。图 9-7 展示了这个过程。

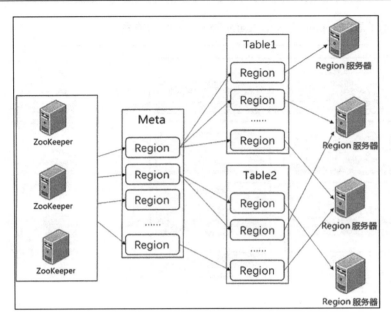

图 9-7

这套设计方案带来的好处是，用户访问普通表时，只需要与 ZooKeeper 和 HResgionServer 打交道，避免了对 HMaster 的访问，减轻了 HMaster 的负载（起作用的 HMaster 只有一个，它可能成为一个瓶颈）；因为 ZooKeeper 本身是一个分布式架构，既提高了整体的并行性，又没有单点故障。另外，客户端一旦得到一个表的位置，就会把它缓存到本地。所以，当我们创建 HBase 客户端程序时指定的连接地址不是 HMaster 的，而是 ZooKeeper 的。

9.5.3 数据存储模型

前面在练习数据基本操作时，我们已经了解了 HBase 数据模型中的各层概念：表→行→列族→列→单元格→版本。这是逻辑上的模型，在数据存储层面是什么样呢？

在存储层面，表被分成 Region，Region 中包含很多文件，表数据就存于文件中，那么这些文件与表的行、列族、列之间又是什么关系呢？

首先明确一点，一个表，不同的列族必然存于不同的文件中！所以，当我们只访问一个列族内的数据时，速度是最快的，这也是 HBase 的一个重要特征：面向列。

Region 对表在行方向进行分割，所以一个 Region 中必包含所有的列族，也就是说，属于一个 Region 的 rowkey 范围内的列族不可能位于另一个 Region 中。

列族文件叫作 StoreFile，其实一个列族不止对应一个文件，原因是为了提高访问速度，Region 为每个列族提供了一个内存缓冲区，叫作 MemStore（当前版本是 128MB 大小），数据的修改（增删改）操作先在 MemStore 中发生，当 MemStore 接近满时，其内容被全部存入文件中，从而创建一个新的 StoreFile。也就是 Region 中的一个列族是由一个 MemStore 和多个 StoreFile 组成的，它们也被称作一个 Store，反过来可以说一个 Store 对应 Region 中的一个列族，如图 9-8 所示。

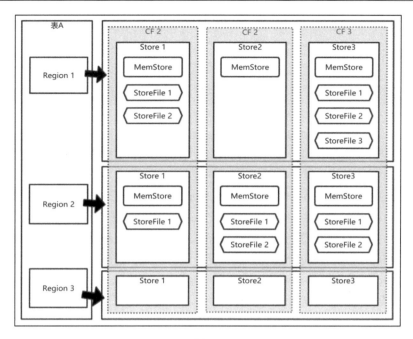

图 9-8

当一个表的列族很多时，这个表是非常耗内存的，所以我们在设计表时要考虑这个因素。

9.5.4 快速写的秘密

HDFS 是一个不支持随机写的文件系统，但是 HBase 却在 HDFS 上为客户端提供了在任何位置插入数据的能力。比如插入一条数据时，要保证按 rowkey 排序，必须找到合适的位置写入数据，这就是随机写。下面让我们揭示 HBase 快速写的秘密。

因为 HDFS 不支持随机写，所以只能先在内存中写。具体来说是这样的：

- 要增加一条数据，在 MemStore 中增加。
- 要修改一条数据，也是在 MemStore 中修改。如果这条数据原先不在 MemStore 中而在一个 StoreFile 中，就在 MemStore 中增加一条数据，然后想办法让文件中的原数据失效，但是无法从文件中删除它。
- 要删除一条数据，但是这条数据又不在 MemStore 中，就在内存中记录下来，使其失效。

那么如何使文件中的数据失效呢？HBase 在内存中保存了一个索引，这个索引记录了各 StoreFile 与 rowkey 范围之间的关系，通过这个索引可以快速找到一个 cell 在哪个 StoreFile 中（当然也可能在 MemStore 中）。要使 StoreFile 中的一个 cell 失效，只需要修改索引中对应的信息即可。当修改一个 cell 的数据时，只需要将索引指向新的 cell，原 cell 就不起作用了，这样也不用改动文件了。

借助 MemStore 和索引，HBase 做到了随机写。因为写操作都发生在内存中，所以可以保证比较高的速度。

由于 HBase 是支持并发操作的系统，因此我们必须考虑不同客户端同时向一行写数据的情况：如果不对写操作加同步锁，那么可能引起数据混乱，比如把 A 列的数据写到 B 列。所以，同一行的写操作需要加锁,以保证行级操作的强一制性。所以我们说 HBase 实现了行级事务。

9.5.5 快速读的秘密

与写数据不同,读数据就不能保证一定发生在内存中了,甚至可以说大部分时候是从文件中读。

我们已经知道,通过内存中的索引可以快速定位数据所在的 StoreFile,但是 StoreFile 可能很大(因为它会被合并)。那么如何快速从 StoreFile 中快速找到目标数据呢?HBase 为此专门创建了一种文件格式,以支持快速定位数据,这种格式叫作 HFile。

HFile 是 HBase 的数据存储文件格式,一个 StoreFile 就是一个 HFile。大体来说,它内部将各 cell 数据划分成很多 block,一个 block 中包含多个 cell 的数据,在文件尾部有一段数据,记录了这些 block 所包含数据的 rowkey 范围,以及 block 在文件内的位置。通过这些信息就可以快速定位某个 block,再从 block 中找出要读的数据就快多了,因为它默认只有 64KB 大小。文件还包含了本身所对应的起始 rowkey 和结束 rowkey,在加载一个 Region 时,HRegionServer 会将 Store 中所有 StoreFile 的信息读入内存以创建索引。

在一个列族中,同一行的 cell 可能处于不同的 StoreFile 中。比如向已存在的 rowkey 插入一个 cell,如果这个 rowkey 已经被 flush 到 StoreFile 中,并且新加的 cell 列名也是新的,它就会被放在 MemStore 中;当 MemStore 被 flush 时,创建新的 StoreFile,此时就会有两个 StoreFile 保存同一行的 cell。所以,读一行数据时,即使是一个列族也可能涉及多个文件。如果列很多,就可能涉及非常多的文件,找 cell 就要扫描很多文件,这明显会带来一个问题:慢。

如何解决这个问题呢?为每个 cell 在文件中的位置做索引?这样的确快,但不现实,因为会占用太多内存,只能找一个折中的办法。如果我们能快速判断一个 cell 是否在一个 StoreFile 中,是不是可以避免无用的扫描而节省大量时间?HBase 就是采用的这种方案,它使用了一种名叫"Bloom Filter"的技术实现。图 9-9 展示了读取一行时 Bloom Filter 所起的作用。

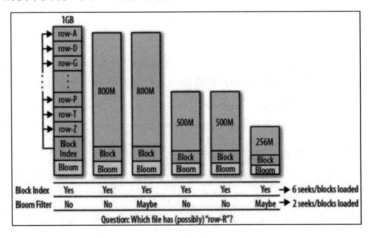

图 9-9

图 9-9 中有 6 个 StoreFile,6 个文件都会被读取,如果使用 BloomFilter,那么只需读取 2 个(标记为 Maybe 的)。Bloom Filter 的特点是:不能通过它确定某个文件中包含一个 rowkey,但是可以确定一个 rowkey 不在某个文件中。

BloomFilter 应用在列族上，创建表时可以为各列族分别指定是否支持，若支持，则列族的 StoreFile 大小会增加，一个 Store 对内存的使用量也会增加。总之，要速度、要追求快感是要付出代价的。

9.5.6 合并 StoreFile

我们知道 HBase 的目标是快速、实时，所以它为每个 Store（也就是列族）提供了 MemStore。由于 MemStore 的大小限制，产生的 StoreFile 都是小文件，当列族的数据被分散到太多的文件中时，读取数据的速度会严重下降，所以为了提高读速度，RegionServer 会经常将小文件合并成大文件。这种事情不是定时发生的，而是根据一些条件触发的，比如当有 3 个以上小于某个 size 的文件出现时执行合并，当然合并策略是可以配置的。注意，合并发生在 Store 内，一个表的 Store 各自为战，互不影响。

以上的合并方式叫作小合并（minor），其实还有大合并（major）。大合并将 Region 一个 Store 所有的 StoreFile 合并成一个，这相当耗时费力，严重影响 HBase 对外服务，所以应该挑合适的时间进行。可以设置定时（比如 n 天）进行大合并，但是很多人直接禁止自动大合并，改为人工手动执行，由人决定什么时候合并。小合并与大合并的示意图如图 9-10 所示。

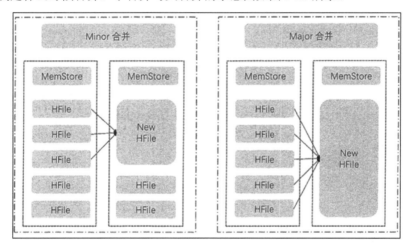

图 9-10

从上一节我们知道，删除和修改操作如果不能在 MemStore 中命中，就会造成数据增加（因为原数据并没有被删除或替换）。无用的数据带来的问题是占用文件空间、增加访问延迟，有没有好办法将它们去除呢？要去除不难，就是耗时间，我们要找的是一个合适的时机，而文件合并就是个好时机！可以将文件合并与去除无用数据结合起来，同时还可以让数据的排列在物理层面上更接近逻辑顺序。注意，这种事情只发生在大合并中，小合并只求快速完成，并不会处理这些麻烦事。

总结：HRegionServer 会定时合并 StoreFile，而且在大合并时会去除无用数据并归正数据的位置。

9.5.7 Region 拆分与合并

Region 拆分的主要目的是均衡数据。然而，当 Region 过多时，HBase 又会将 Region 合并。这个原因也很容易理解：每个 Region 都要使用一些内存（MemStore、索引等），如果 Region 太多，而又没有增加 HRegsionServer 节点，那么内存会越来越紧张。

下面我们研究一下 Region 的拆分过程。Region 是否拆分由一个阈值（对应配置项 hbase.hregion.max.filesize）决定，当 Region 中某个列族的总大小超出这个阈值时（注意，有一列族达到即可），HRegionServer 就开始拆分这个 Region。拆分时，首先将 Region 下线，此时客户端不能访问这个 Region，然后创建两个目录对应拆分后的两个 Region，删除原 Region，再将原 Region 中的数据平均复制到两个新 Region 中，接着更新 meta 表，并通知 HMaster，因为 HMaster 要掌握 Region 的数量和状态以满足负载平衡。这种拆分策略叫作 ConstantSizeRegionSplitPolicy。

这种简单而又明了的拆分策略会带来问题：阈值太大，则小表得不到拆分，无法体现分布式的优点；阈值太小，则大表分出的 Region 太多，占用太多内存，拉低集群的性能。如何改正这个问题呢？其实也没有什么更好的思路：将域值改成可变值，于是出现了一种新的策略：IncreasingToUpperBoundRegionSplitPolicy。

策略 IncreasingToUpperBoundRegionSplitPolicy 会照顾小表和大表，它根据表在一个 HRegionServer 中 Region 的个数动态调整拆分阈值，Region 数越多，阈值越大，具体公式是：Region 数的立方 × flush_size × 2。其中，flush_size 是 MemStore 的大小，如果阈值超过配置项 MaxRegionFileSize 的值，则以 MaxRegionFileSize（默认是 10GB）为阈值。

然而，策略 IncreasingToUpperBoundRegionSplitPolicy 也会带来一些问题，如果整个集群中有很多小表，则会出现太多的 Region，对内存造成压力，但是其表现比 ConstantSizeRegionSplitPolicy 强多了。

当前版本默认的策略不是 IncreasingToUpperBoundRegionSplitPolicy，而是 SteppingSplitPolicy。这种策略也会照顾大表和小表，但是其算法简单得多：如果一个表在一个 HRegionServer 中的 Region 只有 1 个，则切分阈值为 flush_size * 2，否则为 MaxRegionFileSize。

最后，还有一种策略叫作 DisabledRegionSplitPolicy，禁止自动拆分，意思就是"放着我来"，人工选择合适的时机进行拆分。

9.5.8 故障恢复

故障恢复是每个分布式系统的设计者都要考虑的基本事项。HBase 是主从结构，主节点支持 HA（高可用），一主多备+ZooKeeper 即可实现主节点的自动故障恢复。HRegionServer 的故障恢复就要靠主节点帮忙。

HMaster 负责监督 HRegionServer 的生命状态（通过 ZooKeeper），一旦检测到某个 HRegionServer 停止反应，HMaster 就对这个 HRegionServer 节点启动故障恢复。故障恢复主要是将 HRegionServer 的工作分给其他 HRegionServer，这就像把一个离职员工的工作重新分给其他员工。

具体来讲就是将死掉的 HRegionServer 中的 Region 分发给其他 HRegionServer，再更新 hbase:meta 以及通知 HMaster（注意，其主机并没有死，如果主机死了，就无法复制数据）。事情并不是这么简单，因为有部分数据可能丢失，那就是 MemStore。内存中所有未 flush 到 StoreFile 的数据 HMaster 是无法读取的，必须想办法记录这部分数据到硬盘才行。这带来一个矛盾：使用内存缓冲是为了提高响应速度，而为了数据持久化又必须向硬盘中写数据。如何解决这个矛盾呢？HBase 采用了一个小技巧：WAH（Write Ahead Log，写入前先写日志）。HRegionServer 准备了一个日志文件（格式叫作 HLog），数据更新操作被应用到 MemStore 之前，先将这个操作作为一条日志写入 HLog，写一条日志比将更新应用到 StoreFile 中要快得多，然后将更新应用到 MemStore 中，当 MemStore 中的内容被 flush 到 StoreFile 后，对应的 HLog 条目便没用了，被标记为失效。这样既解决了响应速度问题又解决了持久化问题。当 HRegionServer 重启时，会将 HLog 中未应用的条目按顺序执行应用到 MemStore 中，这个机制与 HDFS 的 edits 原理相同。当 HMaster 对 HRegionServer 进行故障恢复时，需要将 HLog 拆分后发给其他的 HRegionServer。这些 HRegionServer 将 HLog 中的条目执行并应用到 MemStore 中。

需要注意的是，一个 HRegionServer 只有一个 HLog 文件。也就是说，它管理的所有表的所有 Region 都使用同一个 HLog，这样可以减少硬盘的 IO 操作，提升响应速度。

9.5.9 总结

- HBase 是一个高可靠、高性能、面向列、可伸缩的分布式存储系统。
- 主从结构，一主多从。
- 借助 ZooKeeper 实现从节点管理和主节点高可用。
- 在 ZooKeeper 中存储表的路由入口，客户端访问表时不需要主节点介入。
- 主节点主要负责从节点的负载平衡、故障恢复。
- 表分成 Region，以 Region 为负载均衡单位。
- 列包含于列族中，以列族为存储单位。
- 不支持 SQL 查询。
- 每一行有唯一标记（行键），并且数据按行键排序。
- 一次只能写一个 cell。
- 一次可以读一行，也可以扫描多行，扫描时可以加过滤器进行数据选择。
- 写表数据采用 WAL，且一个从节点上所有的 Region 共用一个 HLog。

学完本节内容，读者可以自行研究图 9-11。

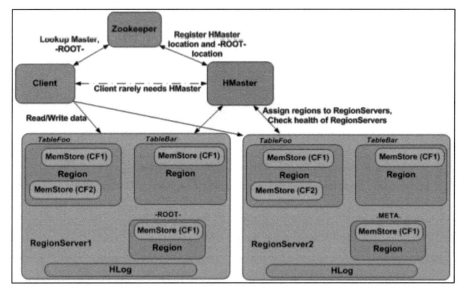

图 9-11

9.6 HBase 应用编程

编程访问 HBase，程序作为 HBase 的客户端，可以对 HBase 进行表和数据操作。对表数据的某些操作还可以利用大数据计算框架（比如 MapReduce）以分布式执行，类似于 Yarn 这样的资源调度框架，可以自动安排计算代码在数据所在的节点上执行，减少了数据复制或移动的代价。

> **提示**
> 下面的示例代码可以从 Git 仓库获取：git clone https://gitee.com/niugao/hbase-demo.git。

9.6.1 Java API 访问 HBase

使用 VSCode 创建一个 Java Maven 工程。

HBase 客户端至少需要依赖 hbase-client 库，其 pom.xml 中的依赖项如下：

```xml
<dependencies>
  <dependency>
    <groupId>org.apache.hbase</groupId>
    <artifactId>hbase-client</artifactId>
    <version>2.4.0</version>
  </dependency>
</dependencies>
```

程序中要先连接 HBase 服务，实际上连接的是 ZooKeeper。ZooKeeper 的地址和端口在配置对象中指定。连接成功后就可以操作表或表数据了。操作表用 Admin 对象，操作表数据根据操作方式使用不同的对象，插入或更新用 Put，删除用 Delete，获取一条用 Get，获取多条用 Scan。

1. 连接 HBase

连接成功后得到一个 Connection 对象，通过它获取 Admin、Put、Get、Scan 等对象，源码如下：

```java
import java.io.IOException;

import org.apache.hadoop.conf.Configuration;
import org.apache.hadoop.hbase.HBaseConfiguration;
import org.apache.hadoop.hbase.client.Connection;
import org.apache.hadoop.hbase.client.ConnectionFactory;

public class App {
    // 保存连接对象
    static Connection connection = null;

    public static void main(String[] args) throws IOException {
        // 创建配置对象，至少要设置如何连接 HBase，即 ZooKeeper 的地址和端口
        Configuration config = HBaseConfiguration.create();
```

```
        // 如果是分布模式，以逗号分隔各 ZooKeeper 节点，如"hbase1,hbase2,hbase3"
        config.set("hbase.zookeeper.quorum", "localhost");
        config.set("hbase.zookeeper.property.clientPort", "2181");

        // 创建连接
        connection = ConnectionFactory.createConnection(config);

        // 某些操作
        ......

        //断开连接，释放资源
        connection.close();
    }
}
```

下面再增加一些功能，使程序可以做一些产生效果的事情。

2. 创建表

下面创建一个表 test，表有一个列族 cf1，需要使用 Admin，代码封装在 App 类的静态方法 createTable 中：

```
private static void createTable() throws IOException {
    // 构建一个表名对象
    TableName tableName = TableName.valueOf("test");
    // 查看表是否存在，对表的操作需使用 Admin 对象
    Admin admin = connection.getAdmin();
    if (admin.tableExists(tableName)) {
        // 如果存在，就删掉它
        admin.disableTable(tableName);
        admin.deleteTable(tableName);
        System.out.println(tableName.toString() + " is exist,delete it");
    }

    // 创建表描述构建对象，构建表的描述
    TableDescriptorBuilder tableDescBuilder = TableDescriptorBuilder.newBuilder(tableName);
        // 要添加列族，先创建列族构建对象，列族名叫 cf1
    ColumnFamilyDescriptorBuilder cfBuilder =
            ColumnFamilyDescriptorBuilder.newBuilder(Bytes.toBytes("cf1"));
    // 构建列描述对象
    ColumnFamilyDescriptor cfDesc = cfBuilder.build();
    // 添加一个列族
    tableDescBuilder.setColumnFamily(cfDesc);
    // 构建表描述对象
    TableDescriptor tableDesc = tableDescBuilder.build();
    // 创建表
```

```
    admin.createTable(tableDesc);
    // 用后别忘了释放资源
    admin.close();
}
```

以下是 main 方法,在 main 中调用 createTable:

```
public static void main(String[] args) throws IOException {
    // 创建配置对象,至少要设置如何连接 HBase,即 ZooKeeper 的地址和端口
    Configuration config = HBaseConfiguration.create();
    // 如果是分布模式,以逗号分隔各 ZooKeeper 节点,如"hbase1,hbase2,hbase3"
    config.set("hbase.zookeeper.quorum", "localhost");
    config.set("hbase.zookeeper.property.clientPort", "2181");

    // 创建连接
    connection = ConnectionFactory.createConnection(config);

    // 创建一个表
    createTable();

    //断开连接,释放资源
    connection.close();
}
```

以下是导入类:

```
import org.apache.hadoop.conf.Configuration;
import org.apache.hadoop.hbase.HBaseConfiguration;
import org.apache.hadoop.hbase.TableName;
import org.apache.hadoop.hbase.client.Admin;
import org.apache.hadoop.hbase.client.ColumnFamilyDescriptor;
import org.apache.hadoop.hbase.client.ColumnFamilyDescriptorBuilder;
import org.apache.hadoop.hbase.client.Connection;
import org.apache.hadoop.hbase.client.ConnectionFactory;
import org.apache.hadoop.hbase.client.TableDescriptor;
import org.apache.hadoop.hbase.client.TableDescriptorBuilder;
import org.apache.hadoop.hbase.util.Bytes;
```

本程序假定运行于伪分布式的 Hadoop+HBase 环境中。尤其要注意的是,配置文件中的主机地址需要统一起来,如果用 localhost,就用 localhost;如果用 HBase1,就用 HBase1。比如使用 localhost,相关的配置有如下几个:

Hadoop 的 core-site.xml 中:

```
<property>
    <name>fs.defaultFS</name>
    <value>hdfs://localhost:9000</value>
</property>
```

Hadoop 的 workers:

```
localhost
```

HBase 的 hase-site.xml 中：

```xml
<property>
    <name>hbase.rootdir</name>
    <value>hdfs://localhost:9000/hbase</value>
</property>

<property>
    <name>hbase.zookeeper.quorum</name>
    <value>localhost</value>
</property>
```

HBase 的 regionservers：

```
localhost
```

另外，伪分布式下不需要文件 backup-masters。

最后，程序中也要使用 localhost：

```
config.set("hbase.zookeeper.quorum", "localhost");
```

要运行程序，先构建 jar（比如 hbaseDemo.jar），命令是 `mvn package`。然后将 jar 上传到容器中的某个路径下，执行时需要将 HBase 的 Java 库加入 classpath，命令如下（在容器中执行）：

```
java -classpath /app/hbase/lib/*:/app/hbase/lib/client-facing-thirdparty/*:hbaseDemo.jar demo.App
```

注意，执行命令所处的目录下必须有 hbaseDemo.jar 文件。执行完毕后，可以进入 hbase shell，用 list 查看 test 表是否存在。

3. 向表中添加数据

在 App 类中添加静态方法 insertData，封装向 test 表中插入数据的逻辑：

```java
private static void insertData() throws IOException {
    //通过连接对象获取表对象，参数是表名
    Table table = connection.getTable(TableName.valueOf("test"));
    //一次插入或更新多个列，所以用 List 保存
    List<Put> puts = new ArrayList<Put>();

    //下面插入三行数据，row1 行两个 Cell，row2 行一个 cell，row3 行一个 Cell
    //创建一个 Put，用于插入或更新一个 cell。put 对应一个 Cell，保存的是 Cell 的信息
    Put put1 = new Put(Bytes.toBytes("row1"));
    put1.addColumn(Bytes.toBytes("cf1"),
Bytes.toBytes("name"), Bytes.toBytes("wd"));

    Put put2 = new Put(Bytes.toBytes("row1"));
    put2.addColumn(Bytes.toBytes("cf1"),
```

```
Bytes.toBytes("age"), Bytes.toBytes("25"));

        Put put3 = new Put(Bytes.toBytes("row2"));
        put3.addColumn(Bytes.toBytes("cf1"),
Bytes.toBytes("weight"), Bytes.toBytes("60kg"));

        Put put4 = new Put(Bytes.toBytes("row3"));
        put4.addColumn(Bytes.toBytes("cf1"),
Bytes.toBytes("sex"), Bytes.toBytes("男"));

        //将 4 个 Put 放入 List
        puts.add(put1);
        puts.add(put2);
        puts.add(put3);
        puts.add(put4);
        //一次执行 4 个 Put
        table.put(puts);

        //别忘了关闭 table，释放资源
        table.close();
    }
```

在 main 方法中，替换对 createTable 方法的调用，打包，上传。执行命令同前面，完成后在 hbase shell 中用 scan 查看数据：

```
hbase:001:0> scan 'test'
ROW                   COLUMN+CELL
 row1                 column=cf1:age, timestamp=2021-01-12T23:11:00.928, value=25
 row1                 column=cf1:name, timestamp=2021-01-12T23:11:00.928, value=wd
 row2                 column=cf1:weight, timestamp=2021-01-12T23:11:00.928, value=60kg
 row3                 column=cf1:sex, timestamp=2021-01-12T23:11:00.928,
value=\xE7\x94\xB7
3 row(s)
```

4. 获取一条数据

在 App 类中添加静态方法 getRow，封装获取一条数据的逻辑：

```
    public static void getRow() throws IOException {
        Table table = connection.getTable(TableName.valueOf("test"));
        // 创建一个 Get 对象，用于获取一行数据
        Get get = new Get(Bytes.toBytes("row1"));
        // 通过 table 对象获取指定表的一行，结果放到 Result 中
        // Result 代表一行数据，由多个 cell 组成
        Result result = table.get(get);
        // 获取所有的 Cell
        Cell[] cells = result.rawCells();
        // 枚举每个 Cell，输出它的信息
```

```
        for (Cell cell : cells) {
            //获取 cell 的列名
            String colName = Bytes.toString(cell.getQualifierArray(),
cell.getQualifierOffset(), cell.getQualifierLength());
            //获取 Cell 的值
            String colValue = Bytes.toString(cell.getValueArray(),
cell.getValueOffset(), cell.getValueLength());
            //输出
            System.out.println(colName + " = " + colValue);
        }
        table.close();
    }
```

用本方法替换 main 中对 insertData 的调用,打包,上传,执行命令同上。

对于取得一个 cell 的列名和值的方式,我们解释一下。Bytes.toString 方法有三个参数:第一个是一个 byte 数组,第二个是列名在这个数组中开始的位置,第三个是列名的 byte 数量。根据后两个参数可以从第一个参数中取出一段 byte 数组,转成字符串,也就是列名。值的取得原理相同。

一个 cell 是一个 Key-Value 结构的数据,但 Key 和 Value 是以连续的 byte 数组存储的,因而要想办法区分它们,其结构大体如图 9-12 所示(不同的版本有所不同)。

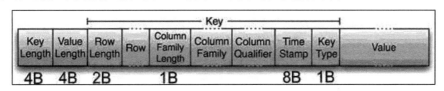

图 9-12

开始两块数据分别是 Key 的长度和 Value 的长度,它们都是固定长度,所以很容易定位到后面的数据(两大块数据,分别是 Key 部分和 Value 部分)。Key 部分是很复杂的,由 rowkey、列族、列、时间戳、Key 类型组成。Value 部分存放的就是 cell 的值,是 byte 数组。

它的格式设计原则其实很简单,一块变长数据的前面是长度,而长度本身是可以用固定长度来存储的,这样从头部开始就能快速定位到各部分。

一个 Cell 对象对应这样一块 byte 数组,Cell 构建时记录下各部分的起始位置和长度,所以可以通过它包含的相应方法从中取出各部分。

5. 全表扫描

在 App 类中添加静态方法 scanTable,封装获取一个表的全部数据的逻辑:

```
public static void scanTable() throws IOException {
    Table table = connection.getTable(TableName.valueOf("test"));

    //创建 Scan 对象
    Scan scan = new Scan();
    //全表扫描,不用过滤器。ResultScanner 可以认为是一个包含多行的临时表
    ResultScanner results = table.getScanner(scan);
```

```
        //迭代每一行
        for (Result rs : results){
            //获取 rowkey
            String rowKey = Bytes.toString(rs.getRow());
            System.out.println("row key :" + rowKey);

            //取得一行的 cell
            Cell[] cells = rs.rawCells();
            //输出各 cell 的内容
            for (Cell cell: cells){
                String family = Bytes.toString(cell.getFamilyArray(),
cell.getFamilyOffset(), cell.getFamilyLength());
                String column = Bytes.toString(cell.getQualifierArray(),
cell.getQualifierOffset(), cell.getQualifierLength());
                String value = Bytes.toString(cell.getValueArray(),
cell.getValueOffset(), cell.getValueLength());
                System.out.println(family + "::" + column + "::" + value);
            }
            System.out.println("---------------");
        }
    }
```

执行过程不再赘述（别忘了将 scanTable 在 main 中调用），输出如下：

```
row key :row1
cf1::age::25
cf1::name::wd
----------------
row key :row2
cf1::weight::60kg
----------------
row key :row3
cf1::sex::男
```

9.6.2 使用扫描过滤器

为 Scan 添加一个行键过滤器：

```
//扫描时过滤行键
Scan scan = new Scan();
//创建一个行键过滤器对象，参数 1 是一个常量，表示进行是否相等的比较运算
//参数 2 是一个支持正则表达式的比较器，"Key1$" 表示行键的开头是 "row1" 就算相等
RowFilter filter = new RowFilter(CompareOperator.EQUAL,
    new RegexStringComparator("row1$"));
//为 Scan 设置过滤器
scan.setFilter(filter);
ResultScanner results = table.getScanner(scan);
... ...
```

也可以同时使用多个过滤器，代码示例如下：

```
Scan scan = new Scan();
```

```
// 创建过滤器列表,以存放多个过滤器
FilterList list = new FilterList(FilterList.Operator.MUST_PASS_ALL);
//创建一个单列列值过滤器
//参数 1 是列族名,参数 2 是目标列的列名,参数 3 是比较运算的方式,参数 4 是要比较的值
//本过滤器表示只有 cf1:name 等于 wd 的列才被取出
SingleColumnValueFilter filter1 = new SingleColumnValueFilter(
Bytes.toBytes("cf1"), Bytes.toBytes("name"),CompareOperator.EQUAL,
Bytes.toBytes("wd"));
//创建一个根据列名的前缀进行过滤的过滤器,
//参数 "na" 表示只有列名以 na 开头的列才被取出
ColumnPrefixFilter filter2 = new ColumnPrefixFilter(Bytes.toBytes("na"));
list.addFilter(filter1);
list.addFilter(filter2);
scan.setFilter(list);
ResultScanner rscan5 = table.getScanner(scan);
```

9.6.3 MapReduce 访问 HBase 表

HBase 实质上只是一个数据存储和管理的工具,不提供复杂的数据处理能力。要对数据进行复杂处理(比如类似 SQL 的查询)时,需要我们自己实现逻辑。为了充分利用分布式平台的优势,我们应该使用分布式计算框架编写处理程序,首选 MapReduce(因为其他的还没有学到)。

对 MapReduce 程序来说,HBase 只是提供表形式的数据存储的地方,原先数据的输入输出发生在 HDFS 文件之间,现在发生在 HBase 表之间或 HBase 表与 HDFS 文件之间。从表中读取数据使用的 Splitter 为 TableInputFormat,向表中写数据使用的 Splitter 为 TableOutputFormat。

1. CLASSPATH 问题

其实 HBase 程序包中已带有一个 MapRecude 程序:lib/hbase-mapreduce-2.x.x.jar。它包含了一些基本处理,比如行数统计、cell 数统计、表数据的导入导出、不同集群间的导入导出、不同集群间的数据比较等。

要执行它有点麻烦,主要是类库依赖的问题,因为这个程序既需要 Hadoop 的库也需要 HBase 的库。我们可以用 Hadoop 的 bin/hadoop 命令执行 jar,以解决 Hadoop 库的依赖问题。将 HBase 的库放入 Hadoop 的环境变量 HADOOP_CLASSPATH,这样 Hadoop 命令就可以加载这些库了。

注意,执行此命令前要启动 Yarn。我们先查看一下 hbase-mapreduce 提供的功能(容器中执行):

```
[root@bf0c887b0829 hbase]#
HADOOP_CLASSPATH=/app/hbase/lib/*:`/app/hbase/bin
/hbase classpath` /app/hadoop/bin/hadoop jar
/app/hbase/lib/hbase-mapreduce-2.
4.0.jar
An example program must be given as the first argument.
Valid program names are:
  CellCounter: Count cells in HBase table.
  WALPlayer: Replay WAL files.
  completebulkload: Complete a bulk data load.
  copytable: Export a table from local cluster to peer cluster.
  export: Write table data to HDFS.
```

```
        exportsnapshot: Export the specific snapshot to a given FileSystem.
        import: Import data written by Export.
        importtsv: Import data in TSV format.
        mobrefs: Check the mob cells in a particular table and cf and confirm that
the files they point to are correct.
        rowcounter: Count rows in HBase table.
        verifyrep: Compare data from tables in two different clusters. It doesn't work
for incrementColumnValues'd cells since timestamp is changed after appending to WAL.
```

解释一下命令行：首先向 HADOOP_CLASSPATH 中添加 hbase-server-2.4.0.jar，又以 hbase classpath 命令添加 HBase 客户端依赖库，然后执行 Hadoop 命令，参数 jar 后面是要执行的 jar 程序。

输出中列出了支持的功能：

- CellCounter：统计一个表中所有 cell 的数量。
- WALPlayer：重新执行 WAL。
- completebulkload：加载 Bulk 数据。一种批量导入数据的方式，自己产生 HFile 然后放到 HBase 中。
- copytable：从当前集群的一个表导出数据放入另一个集群中。
- export：将 HBase 中的数据导出到 HDFS 的文件中。
- exportsnapshot：将特点的快照导出到文件中，文件既可以放在本地文件系统，也可以放在 HDFS 等。
- import：导入前面用 Export 导出的数据。
- importtsv：导入 TSV 格式的文件。
- mobrefs：检查表和列族中的 mob cell，确认它们指向的文件是正确的（MOB 是超过 100 KB 的大个头对象，其存储方式与小对象不同）。
- rowcounter：统计一个表的行数。
- verifyrep：比较两个集群中的表的数据。它不能比较 incrementColumnValues 的 cell，因为被添加到 WAL 后其时间戳被改变。

试着用 hbase-mapreduce 统计表 test 的行数：

```
    [root@bf0c887b0829 hbase]#
HADOOP_CLASSPATH=/app/hbase/lib/*:`/app/hbase/bin
    /hbase classpath` /app/hadoop/bin/hadoop jar
/app/hbase/lib/hbase-mapreduce-2.
    4.0.jar rowcounter test
    ... ...
    2021-01-05 23:10:40,763 INFO impl.YarnClientImpl: Submitted application
application_1609885646289_0001
    2021-01-05 23:10:40,969 INFO mapreduce.Job: The url to track the job:
http://bf0c887b0829:8088/proxy/application_1609885646289_0001/
    2021-01-05 23:10:40,972 INFO mapreduce.Job: Running job:
job_1609885646289_0001
    2021-01-05 23:11:11,515 INFO mapreduce.Job: Job job_1609885646289_0001 running
in uber mode : false
    2021-01-05 23:11:11,520 INFO mapreduce.Job:  map 0% reduce 0%
```

```
2021-01-05 23:11:29,799 INFO mapreduce.Job:  map 100% reduce 0%
2021-01-05 23:11:29,830 INFO mapreduce.Job: Job job_1609885646289_0001
completed successfully
2021-01-05 23:11:30,415 INFO mapreduce.Job: Counters: 44
......
```

2. 示例程序 1

既然是一个 MR 程序,就要有 Mapper 类和 Reducer 类,还要创建 job。如果一个 Job 只需 Mapper 就可完成,那么可以没有 Reducer 类。本示例是一个只有 Mapper 的 MR 程序,我们要实现的是表数据复制,将一个表中所有的行复制到另一个表中,不需要 Reducer。具体代码如下:

pom.xml 中的依赖项:

```xml
<dependencies>
    <dependency>
      <groupId>org.apache.hbase</groupId>
      <artifactId>hbase-client</artifactId>
      <version>2.4.0</version>
    </dependency>
    <dependency>
      <groupId>org.apache.hbase</groupId>
      <artifactId>hbase-server</artifactId>
      <version>2.4.0</version>
    </dependency>
    <dependency>
      <groupId>org.apache.hbase</groupId>
      <artifactId>hbase-mapreduce</artifactId>
      <version>2.4.0</version>
    </dependency>
</dependencies>
```

Mapper 类:

```java
//必须从 TableMapper 派生,才能访问 HBase 的表
// ImmutableBytesWritable 表示输出的 key 类型, Put 表示输出的 Value 类型
//如果要将输出插入另一个表,则输出的类型需是 Put
public static class MyMapper extends TableMapper<ImmutableBytesWritable, Put> {
    // row 是行键,value 是一行的内容
    public void map(ImmutableBytesWritable row, Result value, Context context)
        throws IOException, InterruptedException {
        // 取得行键的值,用它构建一个 Put 对象
        Put put = new Put(row.get());
        // 循环一行中所有的 cell
        for (Cell cell : value.listCells()) {
            // 将 cell 添加到 Put 中,准备插入另一个表
            put.add(cell);
        }
        // 告诉 MapReduce 输出的 Key 和 Value
        context.write(row, put);
    }
```

}
```

与普通 MR 程序不同的是，其基类必须是 TableMapper，它按行读入数据，一行调用一次 map 方法。它的范型参数只有两个：第一个是输的 Key 类型，第二个是输出的 Value 类型。输入的 Key 和 Value 类型是固定的<ImmutableBytesWritable, Result>，也是 map 的输入参数类型。

Put 用于向表中插入或更新数据，一个 Put 对应一个 rowkey。此 Mapper 类的输出 Value 之所以是 Put，因为本程序的 Job 只有 Mapper，Mapper 的输出会插入目标表中。

Result 中放的是 get 或 scan 得到的结果中一行的数据。

```java
public static void main(String[] args) throws IOException,
InterruptedException, ClassNotFoundException {
    // 源表名和目标表名，HBase 中必须提前创建这两个表，且源表中必须有数据
    String sourceTable = "table1";
    String targetTable = "table2";

    // 在配置对象中至少要指明如何连接 HBase，即 ZooKeeper 的地址和端口
    Configuration config = HBaseConfiguration.create();
    //采用伪分布模式，所以 hostname 是 "localhost"，
    // 如果采用分布模式，以逗号分隔各 ZooKeeper 节点，如"node1,node2,node3"
    config.set("hbase.zookeeper.quorum", "localhost");
    config.set("hbase.zookeeper.property.clientPort", "2181");

    Job job = Job.getInstance(config, "copy-table");
    job.setJarByClass(App.class); // 设置 Jar 中的主类

    // 创建一个 Scan 用于扫描源表
    Scan scan = new Scan();
    // 设置缓存的行数，默认是 1，太少对 MR 不好，改为 500
    scan.setCaching(500);
    // 对 MR，应禁止缓存块
    scan.setCacheBlocks(false);

    // 初始化 Job，Mapper 部分
    TableMapReduceUtil.initTableMapperJob(sourceTable, // 输入表名
        scan, //Scan 对象
        MyMapper.class, //mapper class
        null, //mapper output key，直接写入目标表，不需要指定
        null, //mapper output value，直接写入目标表，不需要指定
        job);
    //初始化 Job，Reducer 部分
    TableMapReduceUtil.initTableReducerJob(targetTable, // 目标表名
        null, //reducer class，因为只有 Mapper，所以置为 null
        job);
    // 不需要 Reducer
    job.setNumReduceTasks(0);

    // 提交 job
    boolean b = job.waitForCompletion(true);
    if (!b) {
```
```

```
            throw new IOException("error with job!");
        }
    }
```

其过程与普通 MR 程序类似。向 Job 设置 Mapper 和 Reducer 时使用了类 TableMapReduceUtil。需要注意的是，虽然我们没有创建 Reducer 类，但是为了设置目标表的名字必须调用 initTableReducerJob 方法，后面调用 setNumReduceTasks(0)，告诉 MR 没有 Reducer 任务。

要运行本程序，先在 VSCode 的控制台窗口执行命令 `mvn package` 打包 jar，再将 jar 放到容器的某路径下，然后在容器中执行命令：

`HADOOP_CLASSPATH=/app/hbase/lib/*:`/app/hbase/bin/hbase classpath` /app/hadoop/bin/hadoop jar /你的路径/hbaseDemo.jar demo.CopyApp` 。

这里的主类是 domo.CopyApp，如果运行时不是这个主类，请替换掉。

注意，要想此命令正确执行，需在 HBase 中提前准备好 table1 和 table2 两个表，table1 中要有数据，table2 中可以没有数据，但是 table1 所拥有的列族 table2 中也必须有。

3. 示例程序 2

在这个示例程序 2 中，我们要完成的功能与 WordCount 类似，是统计一个表中值相同的 cell 的数量，结果放在另一个表中。

此例必须使用 Reducer 类，由 Mapper 输出的数据不是直接存入表中，所以它的输出 Value 的类型不是 Put，而是一个整数（cell 的值），而 Reducer 的输出 Value 类型必须是 Put，因为最终结果要存在表中。

下面是 Mapper 类：

```java
//范型参数 Text 是输出的 Key，即 cell 的值，参数 IntWritable 是这个值出现的次数
public static class MyMapper extends TableMapper<Text, IntWritable> {
    // 源表中要统计的列所在的列族
    public static final byte[] CF = "cf".getBytes();
    // 要统计的列
    public static final byte[] COL = "col1".getBytes();

    // 数值1，作为输出的 Value
    private final IntWritable ONE = new IntWritable(1);
    // 存放输出的 Key，Cell 值就是 Key
    private Text text = new Text();

    // row 是源表中一行的 rowkey，value 包含一行所有的 cell
    public void map(ImmutableBytesWritable row, Result value, Context context)
            throws IOException, InterruptedException {
        // 取出目标列的值
        String val = new String(value.getValue(CF, COL));
        text.set(val); // 保存到输出对象
        context.write(text, ONE);
    }
}
```

下面是 Reducer 类，由于 Key 相同的数据要被合并，因此需要 Reducer：

```java
// 范型参数 Text 是输入 Key 类型，是 cell 的值
// IntWritable 是输入的 Value 类型，是同值 cell 的数量
// ImmutableBytesWritable 是输出的 Key 类型，是 rowkey,
// 其输出的 Value 类型是固定的：Put
public static class MyTableReducer extends
TableReducer<Text, IntWritable, ImmutableBytesWritable> {
    // 目标表的列族
    public static final byte[] CF = "cf".getBytes();
    // 目标表的列
    public static final byte[] COUNT = "count".getBytes();

    // 参数 key 是 cell 的值，values 是同值的各 cell 的数量
    public void reduce(Text key, Iterable<IntWritable> values, Context context)
            throws IOException, InterruptedException {
        int i = 0;// 保存计数
        // 累加各 cell 的数量
        for (IntWritable val : values) {
            i += val.get();
        }
        // 放到 Put 中，以写入目标表
        Put put = new Put(Bytes.toBytes(key.toString()));
        put.addColumn(CF, COUNT, Bytes.toBytes(i));
        context.write(null, put);
    }
}
```

下面是 main 方法：

```java
public static void main(String[] args) throws IOException,
InterruptedException, ClassNotFoundException {
    // 创建配置对象
    Configuration config = HBaseConfiguration.create();
    config.set("hbase.zookeeper.quorum", "localhost");
    config.set("hbase.zookeeper.property.clientPort", "2181");
    // 创建作业对象
    Job job = Job.getInstance(config, "ExampleSummary");
    job.setJarByClass(SummerApp.class);

    // 创建扫描对象，从源表中取数据
    Scan scan = new Scan();
    scan.setCaching(500);
    scan.setCacheBlocks(false);

    // 设置 Mapper
    TableMapReduceUtil.initTableMapperJob("table1", // 源表
        scan,
          MyMapper.class, // mapper class
        Text.class,         // mapper output key
        IntWritable.class, // mapper output value
```

```
        job);

    // 设置 Reducer
    TableMapReduceUtil.initTableReducerJob("table2", // 目标表
            MyTableReducer.class, // reducer class
            job);
    job.setNumReduceTasks(1); // 至少要有一个 Reducer

    // 提交并等待作业完成
    boolean b = job.waitForCompletion(true);
    if (!b) {
        throw new IOException("error with job!");
    }
}
```

运行本程序的方法可参考上一节，不过要把主类改为 demo.SummerApp。需要注意的是，table1 中必须有列族 cf，其中有列 col1。table2 中必须有列族 cf，其中有列 count。还要保证 table1 的 cf:col1 中有数据。

执行成功后，scan 表 table2 以获取结果（在 cf:count 列中）：

```
hbase:003:0> scan 'table2'
ROW                     COLUMN+CELL
 value1      column=cf:count,timestamp=..., value=\x00\x00\x00\x02
... ...
```

表示 table1 的 cf:col1 列中 Value1 的 cell 数量为 0002。

9.7 总 结

- HBase 是分布式数据存储和管理服务，支持创建很大的表存储数据（数十亿行数百万列）。
- HBase 的特点是快（与 Hive 相比），所以适合用于大数据实时处理场景。
- HBase 与 ZooKeeper 深度结合，甚至内置了 ZooKeeper；在 ZooKeeper 的帮助下实现 HMaster 高可用、自动故障恢复、Meta 入口存储等。
- HBase 表的存储单位是列族。
- 可以随时向表中添加新列。
- 一个表可以分散到很多 Region 中，Region 处于不同的 RegionServer 节点，利用 Region 既能提高并行性，又木可以做负载平衡。
- HBase 表的每行有唯一的行键，并且行键是有序的。
- HBase 提供了 Java API。
- 使用 get 命令，一次读取一行数据。
- 使用 scan 命令，读取所有行的数据，可以通过加入过滤器避免全表扫描。
- 客户端读取数据时，不用通过 HMaster，所以 HMaster 的负载很轻。

后 记

虽然还有很多内容可以装进来，但是本书的内容到此为止了，Hadoop 的主要概念基本都覆盖了，足够你快速掌握 Hadoop 这门技术。

本书的大结局正是你的新开端，相信通过本书的帮助，你可以不那么痛苦地入门，然后进入快速提高的佳境！祝你早日成为大数据技术大师！